COMMUNICATION LEADERSHIP

軍소통리더십

허동욱

박영사

머리말

오늘날 우리 사회에서 '리더십'이란 단어는 매우 다양한 분야에서 사용되고 있다. 성공하기 위해서는 리더십이 있어야 한다. 이러한 사실을 모르는 사람은 없다. 그렇다면 어떻게 하면 리더십이 있는 능력자가 될 수 있을까?

성공하는 리더는 조직 내 원활한 소통능력을 가지고 있어야 한다. 성경 말씀에 "비판을 받지 아니하려거든 비판하지 말고, 남에게 대접을 받고자 하는 대로 남을 대접하라"고 하였다. 항상 상대방의 입장에서 생각하고 마음에 문을 열어 역지사지(易地思之)를 행동으로 실천하라는 것이다.

능력 있는 리더가 되는 방법에 대해 많은 학자들은 다양한 리더십이론을 제시하고 있다. 수많은 리더십 책들 가운데 능력 있는 리더의 역할과 사람의 마음을 움직이는 상담심리학의 소통을 아우르는 자료들을 모아서 대학강의 교재로 「軍 소통리더십(Military Communication Leadership)」을 발간하게 되었다.

소통하는 리더!
존경받는 리더!
유머가 있는 리더!
노래 잘하는 리더가 되고 싶은 분에게 이 책을 권하고 싶다.

지금으로부터 3천년 전 손자(孫子)는 전쟁은 국가 중대사이므로 전쟁을 하기 전에 반드시 점검해 보아야 할 다섯 가지가 있는데, 그중의 하나로 장수(將帥: 리더로 표현)를 꼽았고, 리더가 갖추어야 할 자질을 지(智)·신(信)·인(仁)·용(勇)·엄(嚴)으로 규정하였다(시계편). 손자가 리더를 대단히 중요한 존재로 보았음을 알 수 있다. 리더의 중요성은 옛날이나 지금이나, 그리고 앞으로도 변함이 없을 것이므로 리더에 부합하는 덕성을 갖추는데 힘써야 한다.

또한 손자는 윗사람과 아랫사람의 의지가 같으면 승리(勝利)한다고 했다(모공편). 이는 '소통리더십(Communication Leadership)'을 매우 중요하게 봤다는 것이다. 그렇다면 리더가 어떻게 하면 아랫사람의 의지를 같게 만들 수 있다고 보았을까? 지형편에 보면 리더는 용사들을 갓난아기처럼 아껴야 한다. 그렇게 함으로써 그들과 함께 깊은 계곡이라도 뛰어들 수 있는 것이다. 용사들을 자식 같이 사랑하는 것을 보여줌으로써 그들이 생사(生死)를 같이 하게 되는 것이다. 그러나 용사들을 너무 잘 대해주면 부릴 수 없으며, 군기가 문란해져도 다스리지 못하면 마치 버릇없는 자식이 쓸모가 없는 것과 같다고 하였다. 리더가 용사를 자식 같이 사랑함으로써 함께 사지(死地)에라도 뛰어들 수 있다는 점을 말하는 한편, 지나친 사랑은 해(害)가 되므로 경계할 것을 강조하였다.

최근 군에서는 "상대방이 무슨 생각을 하고 있는지 모르겠다. 대화가 통해야 이야기를 해 보지… 답답하고 너무 힘들다."라는 말을 많이 한다. 군생활에서 가장 견디기 힘든 것은 함께 생활하며 임무를 수행해야 하는 상황에서 상대방과 말이 통하지 않을 때 가장 답답하고 힘이 들 것이다. Z세대에게 불통의 스트레스는 죽음에 이르게도 하고, 병영에서 뛰쳐나가게도 한다.

왜 군에서 소통(Communication)은 어려운 것일까? '소통리더십'이 부족하기 때문이다. 우월적 지위를 앞세워 갑질하지 말고, 상대방이 마음에 문을 열도록 도와주고 기다리며, 상대방의 말을 경청하고 공감해 주며, 상대방을 칭찬하여 동기를 부여할 수 있어야 한다. 일방적으로 '나를 따르라'가 아닌, 함께 어깨동무하여 춤출 수 있는 리더가 되어야 한다. 상대방의 말을 들어주지 않고 자기 주장만 강요하여 대화가 통하지 않는다면 얼마나 답답하겠는가? 이러한 상황이 반복된다면 상대방은 만남을 거부하거나 회피하게 되고 그 조직을 떠나고 싶어할 것이다. 문제의 원인을 상대방에게 탓하며 우월적 지위를 앞세워 큰소리치고 처벌하면 된다고 생각하는가? 계급장을 내려놓고 오기장군(吳起將軍)처럼 상대방의 고통을 감싸주고 함께 나누는 리더가 되고 싶지 않은가?

이 책은 국가공무원이 되어 군에서 부사관, 장교로 군 리더를 꿈꾸는 학생들에게 필독서이며, 국방의무를 수행하는 용사들에게는 명예로운 전역을 하여 국가기관과 사회에서 훌륭한 리더가 되는 길을 제시하였다. 군에서 하사는 주임원사를 꿈꾸고, 소위는 장군이 되는 꿈을 '軍 소통리더십'을 통해 이룰 수 있을 것이다.

군에서 '나를 따르라', '안 되면 되게하라', '이겨놓고 싸운다' 등 많은 슬로건이 사용되고 있다. 군에서 구호를 외치고 리더가 지시하면 다 된다고 생각하는가? 그것은 옛날 말이다. 오늘날 군 리더들이 가장 힘들어 하는 것이 '소통'이다. 용사에서 장군까지 상대방 마음에 문을 열게 하는 것이 가장 힘들다고 한다. 상대방을 이해시키고 설득하려면 대화와 소통이 이뤄져야 하는데 마음에 문을 닫아버리고 서로 다른 방향으로 향한다면 임무수행은 어렵게 된다. Z세대 장병들과 잘 소통하기 위해서 상대방을 이해하고 공감하며 칭찬하는 리더의 역할이 필요하다.

본 책은 저자가 30여 년의 군생활 경험과 대학에서 7년 동안 군 리더십 강의 Knowhow를 바탕으로 총 13개 장으로 편성하여 한 학기 동안 중간·기말평가를 제외한 13주 강의교재로 집필하였다.

대학강의에서 학생들이 재미있게 수업에 참여할 수 있도록 각 장별로 군 소통리더십의 '핵심이론'을 사례 중심으로 정리하였고, 다함께 참여하는 '조별 토의', 리더십 분야 '면접시험 출제문제 풀이', 배꼽잡고 웃을 수 있는 '유머 한마디', 노래 잘 할 수 있는 '박수받는 애창곡' 순으로 편집하였다.

한 학기 수업을 마치고 나면 소통리더십으로 준비된 軍 리더가 될 것이며, 수업시간이 재미있었고, 소통리더십 교과목이 학생들에게 오래 기억될 것이다.

끝으로 이러한 「軍 소통리더십」 대학 강의교재를 출판할 수 있도록 배려해 주신 박영사 안종만 대표이사님과 출판사 관계자 여러분께 진심으로 감사드리며, 대한민국의 국가안보를 책임지기 위해 국가공무원이 되어 군에서 부사관, 장교로 리더의 길을 걷고 싶어 하는 학생들과 대학에서 리더십 강의를 하시는 교수님들께 조금이나마 도움이 되시길 기원합니다.

2020년 5월 20일
대덕대학교 연구실에서
허동욱

차례

Chapter 08   군 소통리더십의 이해

Chapter 09   군 리더의 자질과 역량

Chapter 10   군 소통리더십 발휘

Chapter 11   긍정형 소통리더십

CHAPTER

01

소통의 리더십

01 소통의 리더십

오늘날 우리사회의 CEO들이 관심을 갖는 분야는 무엇일까? 사회과학(social science) 측면에서 보면 심리학과 리더십이라고 생각한다. 우리대학 도서관에서 '심리학'을 검색하였더니 600여 건의 책이 나왔으며, '리더십'은 300여 건이 검색되었다. 대학 도서관에 소장하고 있는 책이 많다는 것은 학생들이 많은 관심을 갖고 있는 분야라는 것이며, 큰 도서관에서 검색하면 아마도 더 많은 책이 검색되리라고 본다. 대학생들에게 '리더십'은 필독서가 되었으며, 심리학은 대인관계에서 상대방에 마음을 읽고 싶은 욕망에서 누구나 한번쯤 공부해보고픈 분야이다.

본 교재는 리더십과 심리학을 통합하여 '소통리더십'으로 개발하여 교양 교과목으로 개설하고자 준비하였다. 역사적으로 '소통의 달인'하면 세종대왕을 떠오르게 한다.

일찍이 세종대왕은 즉위 후 세제개편을 추진하려 했으나 반대가 심하자 역사상 최초로 여론조사를 실시하였다. 백성과의 소통을 원활하게 하기 위해서 한글을 만들었는데 한글의 전파를 위해서 함경도에서부터 과거시험 과목으로 넣었다. 중앙의 정책이 백성들에게 제대로 전달되지 않은 것은 지방관들의 책임의식 결여 때문임을 깨닫고 지방관을 임명하여 내려보낼 때에는 직접 만나 장시간 지방관의 임무와 역할과 비전을 낱낱이 확인하였다. 특히 세종대왕은 토론을 좋아하였다. 사안이 있을 때마다 신하들과 토론하기를 즐겼으며, 이것은 하나의 의사결정 방식으로 자리 잡았다. 격렬히 반대하는 신하들에게도 항상 "너의 말이 참 아름답다"며 찬반을 가리지 않고 자유롭게 말할 수 있는 분위기를 조성하려 애썼다.[1]

---

1 육군본부, 「초급간부 자기개발서 리더십」(대전: 국군인쇄창, 2018), p.143.

이러한 소통의 달인인 세종대왕의 소통리더십을 각 주제별로 대화와 일화, 어록에 기초하여 사례 위주로 정리하면 다음과 같다.

1. 세종대왕의 소통리더십[2]

1) 자신과의 소통

리더의 절제와 희생은 신뢰를 낳는다. 신뢰는 마음을 얻는 것이다. 사적 조직도 그렇지만 공적인 영역에서 지위가 높을수록 그 지위의 기반은 사람들의 마음을 얻는데 있다. 곧, 정당성과 권위를 확보할 수 있다. 이 사실을 세종은 잘 알고 있었다. 과거에도 군주들과 신하들이 자신의 몸과 마음을 정결하게 반성·성찰하면서 내면의 목소리에 귀를 기울이고 공공직무에 임했는데, 세종은 그 정도가 더욱 강했다. 백성에게 닥치는 좋지 않은 일들과 정책 실패의 원인을 다른데 돌리지 않고, 스스로에게 두면서 책임을 다하는 모습은 신뢰를 주기에 충분했다. 자신의 진정한 마음에 걸리는 일은 하지 않았다. 자신은 물론 자신의 세력을 위해서 정치와 국정 운영을 하지 않았다. 더구나 세종은 자신의 몸에 많은 병이 있음에도 백성을 위한 군주의 업무를

---

2 김헌식, 「세종 소통의 리더십」(서울: 북코리아, 2009), pp.9~16. 참고하여 정리.

허투루 하지 않았다. 철저한 자기희생에 바탕을 두고 있었다. 무엇보다 정책 실행과 정책 목표를 달성하는데 이는 매우 중요하게 작용한다. 정책의 결정, 집행자를 믿지 못하면 정책 저항이 일어나 아무리 좋은 정책 방안도 현실에서 실현될 수 없기 때문이다. 자신이 깨끗해야 백성에게 믿음을 주고 국정을 운영할 수 있다는 사실을 세종은 너무 잘 알고 있었다.

2) 인문학적 커뮤니케이션 – 국정 철학의 정립과 소통

세상의 사회적 과제는 사람에서 시작해 사람으로 맺어진다. 사람을 모르면 사회적으로 아무 일도 할 수 없다. 대인적 혹은 사회적 커뮤니케이션을 할 수 없기 때문이다. 조직이나 국가의 운영도 마찬가지다. 삶과 생명을 존중하고, 사유와 세계관의 성숙을 길러준다. 세종이 성공한 임금이 될 수 있었던 것은 인문학적 예술적 소양이 탄탄했기 때문이다. 양녕이 세자일 때, 충녕은 당장에 쓸모가 없을 듯 한 인문학이나 예술에 충실했다. 이는 모두 사람에 관한 것이다. 경영도 사람을 모르면 할 수 없다. 요즘 해외 유명 경영자들이 인문학에 관심을 보이는 이유이다. 인문학에서 문학은 사람의 마음에 관한 것이고, 역사는 사람의 기억에 관한 것이다. 철학은 사람의 사유와 세계관을 논한 것이다. 때문에 태종은 후계자로 충녕을 선택했다. 세종은 정치권력의 행사나 통치 그 자체가 아니라 계속 인문학적 커뮤니케이션을 했던 것이다.

3) 마음으로 통하였느냐?

마음이 통하면 만사가 통한다. 무엇보다 세종은 사람과 생명을 우선시 했다. 사람을 해치고 생명을 파괴하는 의사결정은 아무리 효율성이 높아도 뒤로 미루었다. 국정 책무에서 부자와 권력자가 아니라 힘없는 사회적 약자들을 우선순위에 두었다. 나라의 구성원들은 대부분 빈곤하고, 힘없는 사람들이다. 부모 없는 어린이는 무조건 살리고 양육하게 하며, 출산 휴가 제도를 마련하고 노인복지제도를 신분에 관계없이 실시했다. 그들을 위한 정책을 1순위로 실행하였다. 부자와 기득권을 위한 부역, 세법이나 육기법 등은 폐하게 했다. 여기에서 중요한 것은 사람들은 자신들을 위한 리더인지 아닌지를 즉각적으로 안다는 점이다. 만약 그 심성이 불순하다면, 즉각 사람들은 마음을 거둔다. 세종은 자신의 진정성을 유지하려 노력했고, 솔직하게 밝히고 이해를 구했다. 은폐하고 숨기면 스스로 고통스러워 했다. 진실하지 않으면 백성은 물론 하늘이 벌을 내린다고 여겼다. 하늘이 곧 백성이니 당연하게 받아들였던 것이다. 공권력과 군사의 뒤에 숨지 않고 세종은 마음을 얻기 위해 끊임없이 귀를 열고 들으려고 했다. 이 가운데 사람들의 입을 열어두게 하고 토론과 대화, 여론 수렴이 끊임없이 이루어지도록 했다. 그렇지 않으면 죄를 짓는 것으로 여겨 괴로워하기도 했고, 아예 곡기를 끊고 근신에 들어가면서 오래도록 스스로 회개했다. 그것이 세종의 일상이었다.

4) 국민투표를 실시

신문고는 촛불과 같았다. 촛불에 대한 논란은 신문고에 대한 논란과 같았다. 세종은 신문고와 같은 제도를 활성화시키고, 신문고 두드리는 행위를 방해하는 관리들은 엄단하게 했다. 관리들은 아무나 신문고를 친다고 신문고의 폐해를 말했지만, 세종은 억울한 사람들의 소통이 중요하다고 여겼기 때문이다. 이는 항상 사람들과 소통하고자 하는 세종의 의지를 나타낸다. 또한 여론조사를 실시한 것도 잘 알려진 사실이다. 1430년 3월 세종은 전국 17만 2,806명의 신하와 백성에게 세제인 공법에 대한 여론조사를 실시하도록 했다. 일종의 국민투표인 것이다. 당시에 과반 수 이상의 백성이 개정을 찬성했다. 따라서 공법을 바꾸어야 했다. 하지만 개정된 공법을 준비 없이 졸속으로 한순간에 만들어낸 것은 아니다.

5) 오랜 숙의로 정책을 추진

세종은 오랫동안 숙의와 성찰을 거친 끝에 '연분 9등, 전분 6등법'을 내놓기에 이른다. 14년 동안 착실하게 준비했던 것이다. 오래 고민한 이유는 이 공법이 나라의 살림살이뿐만 아니라 백성의 민생과 생명에 밀접하게 연관되어 있는 중요한 문제였기 때문이다. 이렇게 오래 걸렸던 이유 가운데 하나는 지주와 관리가 짜고 속이는 행태가 근절되지 않았고, 지주와 관리를 중심으로 하는 기득권 세력의 거센 반발도 한몫했기 때문이다. 어떻게 돌파할 것인가, 세종은 전문성을 바탕으로 처벌하고 준비해서 개정된 공법을 마련하게 된 것이다.

6) 전문성과 현장성으로 백성과 소통

개정된 공법 '연분 9등, 전분 6등법'은 해마다 작황을 풍년과 흉년을 통해 9등급으로 구분하고, 토지의 비옥도 6단계에 따라 총 36유형으로 분류하고, 1결에 10두의 정액세를 거두는 방식이었다. 무엇보다 직접 논과 밭에 나가서 그 작황을 조사하기 때문에 지주와 관리가 짜고 속일 수 없었다. 그 결과 세금 부과는 줄었는데, 세수는 늘어나게 되었다. 만약에 전문성을 갖지 않거나 현장과 실정을 정확하게 조사하여 반영하지 않았다면 기득권의 반발에 개혁정책은 좌초되었을 것이다. 무조건적인 백성과의 소통이 아니라 전문성과 현실성에 기반을 두었을 때, 민의를 수렴한 정책안들은 효과적으로 입안되고 성공적인 집행을 할 수 있다. 세법이나 인사정책뿐만 아니라 한글이나 음악, 각종 문서 편찬, 과학 발명 등 세종대에 만들어진 대부분의 업적은 한순간에 만들어진 것이 아니라 오랫동안의 고민과 성찰 끝에 나온 것이었다.

7) 특정 인사, 이념과 종교를 초월한 인재 등용

세종은 이념적 편 가르기를 하지 않았다. 조선이 성리학을 나라의 근간으로 하기에 불교와 승려들을 배척할 수 있었을 것이다. 하지만 세종은 불교와 승려가 비록 이단이라고 해도 그들이 전하는 전리에 대해서는 귀를 기울였다. 이 때문에 나라의 근간을 파괴한다는 비판을 듣기도 했다. 유생들과 승려의 패싸움에 대해서는 오히려 유생들을 꾸짖고, 승려들을 두둔했다. 즉, 이념에서 어느 한쪽을 일방적으로 편들기 보다는 다 같이 존중하고자 했다.

인사 편 가르기를 하지 않았다. 자기에게 편한 사람만 등용하지 않았다. 나이 많고 적음, 신분상하를 염두에 두지 않고, 인사에서 능력 있는 사람들을 우선시 했다. 무엇보다 각 인재들의 능력뿐만 아니라 그 사람의 심성을 매우 중요하게 생각했다. 아무리 능력이 있더라도 진정성이 없는 인재들은 배제했다. 무엇보다 한번 믿으면 끝까지 신뢰하고 지지했다.

8) 2인자 시스템을 통한 소통

위대한 1인은 2인자들을 포진시켰을 때 나올 수 있다. 그렇지만 자신의 능력을 과신하는 이들은 2인자를 무시했다가 역사에서 무시당한다. 세종에게 관리나 상대방은 자신의 종이 아니었다. 자신을 대변하고 보좌하는 또 다른 분신이었다.

세종은 관리가 통제자가 아니라 백성과 임금을 소통시키는 메신저 역할을 한다는 점을 강조했다. 세종은 지방관을 파견할 때, 현령일지라도 반드시 직접 불러서 이러한 점을 강조했다. 특히 지방관은 임금의 대리자라는 점을 강조하고, 백성들의 소리를 잘 귀담아 듣고 그들이 원하는 것을 임금에게 보고하는 것뿐만 아니라 임금을 대리해서 조치를 취하는 존재라는 점을 주지시켰다. 수령들이 임금의 대리자로 수행하는 국정 시스템을 만들려 했다. 일종에 대리자를 통한 소통 시스템이다. 그들이 바르게 일한다면 백성과의 소통은 원활해진다.

세종의 장점은 무수한 2인자를 통해 국정을 운영했다는 점에 있다. 흔히 훌륭한 리더들은 2인자들을 두지 않고, 혼자 독단으로 의사결정을 하는 경우가 많다. 그러다가 의사결정에 치명적인 결과를 가져오는 사례를 많이 볼 수 있다. 리더의 성공은 1인자 혼자가 아니라 2인자들의 뒷받침이 있어야 가능했다. 실천적 정책가 황희, 청백리의 상징 맹사성, 노비 출신 발명왕 장영실과 천재적 과학자 이순지, 천재 음악가 박연, 집현전의 브레인 신숙주 등 세종에게도 다양한 2인자가 있었다.

이러한 시스템 차원에서 세종은 위임소통을 구사했다. 이는 두 가지 방식이 있다. 하나는 위임소통이고, 다른 하나는 프로젝트 위임이다. 전문성을 가진 신하나 신뢰할 수 있는 인재에게 권한을 위임하고, 일정한 결과물을 내도록 재량권을 폭넓게 인정했다. 당장의 단기적 성과에 연연해하지 않았다. 한 가지 사안에 대해서 동서고금의 사례를 계속 조사·분석해서 최종안을 제출하게 만드는 방식을 즐겨 사용했다. 프로젝트 위임방식이라고 볼 수 있다. 이런 결과물들을 두고 세종은 끊임없는 대화와 토론을 통해서 최적이 아니라 최선의 대안들을 찾는 역할을 계속했다. 다만, 모두 다른 2인자들에게 맡기지 않았다. 스스로 공부하고 대안을 연구·모색했다. 토론을 주재하는 사람은 전반적으로 맥락을 꿰뚫어야 한다. 전문가이지만 전문가의 티를 내지 않는 것이 2인자 리더십에서 매우 중요하고 그것을 세종은 적절하게 구사해 성공했다.

9) 정조와 세종의 리더십 스타일(불도저 VS 네트워크)

마지막으로 정조를 들어 비교하면서 세종의 리더십 스타일을 말할 수 있겠다. 정조가 1인자 리더십이라면, 세종은 2인자 리더십을 보였다. 1인자 리더십은 리더가 앞에서 주도적으로 이끌어가는 리더십 유형이다. 워낙 정조가 다방면에 아는 바가 많았고, 다재다능했기 때문에 가능한 일이었다. 반면, 재주 많은 세종은 2인자의 리더십으로 규정되는데, 항상 앞에서 진두지휘하기보다는 일보 물러나 있는 듯한 리더십의 특징을 지녔기 때문이다. 전문적인 식견과 능력이 있는 이들이 자유스럽게 그 역량을 발휘할 수 있도록 후견하는 리더십을 보여준다. 자신이 먼저가 아니라 다른 이들이 먼저였다. 말없이 지원하는 방식이나 신하들과 토론과 대화를 즐긴 것에서도 알 수 있다. 정조가 위에서 리더가 수렴하는 수통(首統)형 리더십이라면 세종은 수평적 소통(疏通)형 리더십이다. 세종이 기득권 세력의 엄청난 반대를 했음에도 불구하고 한글을 만든 것도 결국 세종은 끊임없이 소통을 하고자 했기 때문이다. 한 사람에게 이끌려가는 것이 아니라 스스로 구성원들이 다양하게 자신의 역량을 발휘할 때, 더 다양하고 훌륭한 성과물들이 나오기 마련이다. 그것이 세종대왕의 실제 모습이었다. 그래서인지 정조의 작업은 많은 부분 미완의 개혁으로 남고 말았다.

2. '소통'이란 무엇인가?

소통이란? 상호작용을 통해 자신의 생각을 전달하고 상대방을 이해하는 것이며, 말과 글을 정확하고 간결하게 표현하여 자신의 생각을 전달하고, 상대방의 의사표현은 존중의 마음으로 잘 경청하는 것이다.

1) 왜 '소통'해야 하는가?

올바른 '소통'을 했을 때 얻게 되는 이점은 구성원 간 친밀도와 유대감이 높아지고, 신뢰가 형성된다. 상대방이 쉽게 이해·공감하여 부대가 한 방향으로 움직이게 된다. 전투준비, 교육훈련, 부대관리에 임무형지휘가 가능해진다.

'소통'을 제대로 하지 않았을 때 문제점과 불이익은 자신의 것대로만 상대방의 말과 행동을 이해하기 때문에 상대방·동료들과 현저한 인식 차이가 발생한다. 일방적인 지시와 전달 위주의 부대운영으로 부대 내에 소통의 벽이 생기고, 상하 간 신뢰가 깨진다. 부대 내 불평과 불만이 고조되고, 단결을 저해하여 효율적인 조직성과 달성이 제한된다.

2) 어떤 모습이 잘못된 '소통'인가?

상대방이 의견을 개진할 때 귀담아 듣지 않고, 자기주장만 되풀이하며 훈계나 설교조의 말투로 대화하고, 회의 시 일방적 지시나 경고·위협투의 의사표현으로 참석자들의 의견 개진을 막고, 토의 분위기를 경직시킨다. 논쟁을 할 때 상대방의 열등감이나 무능력을 은근히 암시하는 표현을 하여 상대방의 기분을 상하게 대화를 한다. 자신의 업무나 업적을 과시하기 위해서 업무와 무관한 사람들에게 업무내용을 과장하여 자랑하는 행위 등이다.

3) 어떻게 하면 '소통'이라는 요소를 개발할 수 있는가?

마음과 생각 바꾸기로 사회와 조직은 다양성이 존재하는 곳이다. 무엇을 보고 판단할 때 다름과 다양성의 차이를 인정하며, 오늘 출근하여 상대방과 대화할 때 중간에 말을 끊지 않고, '열린 마음으로 끝까지 경청'하겠다는 스스로 다짐이 필요하다. 하루를 정리하면서 동료에게 상처를 주거나 실수한 것은 없는지 생각하고, 반성해 보는 습관을 갖는다.

행동으로 실천하기는 상대방과 대화를 할 때 '너-메시지(You-message)'보다는 '나-메시지(I-message)'를 적극 사용하며, 공감적 경청과 간결하고 정확하게 말하는 연습을 한다. '긍정형 말투'를 사용하고 '덕분에' 운동을 실천하며, 말하기 전 내용의 핵심을 머릿속으로 정리한 후 가능한 수치나 백업 자료를 활용하여 말하는 습관을 기른다. 자신의 말을 녹음하여 들어보고, 불필요한 언어습관이나 부정확한 발음과 내용을 반복 연습하여 고친다. 개인적 의견이나 고충은 반드시 지휘계통으로 건의하고, 상대방들의 정당한 의견과 고충은 적극적으로 해결하며, 중요한 사항은 적절한 시점에 복명복창과 임무수행계획보고(Back Briefing)로 정확히 이해했는지를 확인하여 다양한 의사소통방법을 개발하여 주기적으로 실시한다.

3. 소통의 사례: 조직원의 마음을 움직이는 5가지 Key[3]

어떻게 해야 조직원의 마음을 잘 움직일 수 있겠는가? 특히 군대는 전쟁이라는 극한적 상황 속에서 임무를 수행해야 하며, 때로는 상대방들이 하나뿐인 목숨까지도 기꺼이 내어놓도록 하지 않으면 안 되기 때문에 어느 조직의 리더보다 상대방의 마음을 움직이는 최고의 리더십을 발휘해야 한다.

군 생활을 통하여 리더십에 대한 많은 이론과 훌륭한 리더들의 사례를 공부하면서 이 문제에 대하여 고민도 많이 했다. 그 결과 상대방의 마음을 움직이는 키는 다섯 가지라는 결론에 도달하였다. 그것은 바로 '설득, 솔선수범, 인정과 칭찬, 사랑, 그리고 엄함'이다.

1) 설득은 공감을 만들어 내는 것이다

설득이란 한마디로 '팔로워들의 공감을 만들어 내는 것'이다. 팔로워의 마음을 움직이기 위해서는 무엇보다도 먼저 팔로워가 리더의 생각에 동의하도록 하는 과정이 필요하다. 팔로워들의 지식수준이 낮았고 정보가 리더의 전유물이었던 과거에는 리더의 카리스마나 일방적 지시만으로도 팔로워들을 따라오게 할 수 있었다.

그러나 이제는 교육이 보편화되어 리더와 팔로워 사이에 지식수준에 차이가 없어지고, 언론의 자유가 보장되고 정보통신 수단이 발달하여 웬만한 정보는 리더와 팔로워가 공유하게 되었다. 따라서 무조건 리더를 믿고 따라오라는 식의 일방적 리더십으로는 팔로워들의 마음을 움직일 수 없다. 그래서 리더의 생각이 무엇이며 왜 그렇게 하고자 하는지 팔로워들을 이해시키고 설득해야 한다. 그래야 팔로워들이 논리적으로 공감할 수 있다.

또 팔로워들은 논리적으로 공감할 뿐만 아니라 적극적으로 공감할 때 가장 확실하게 마음을 움직인다는 것을 알아야 한다. 이치로 보면 너무도 당연

---

3 임관빈, 「성공하고 싶다면 오피던트가 되라」(성남: 팩컴북스, 2011), pp.114~126. 참고하여 정리.

한 일인데 팔로워들이 행동으로 옮기지 않는 것은 정서적 공감이 부족하기 때문이다. 사람은 이성과 감성을 함께 가지고 있는 존재이므로 논리적 공감만으로는 행동을 이끌어 내지 못할 수도 있다. 오히려 사람은 정서적으로 공감할 때 쉽게 움직이고, 논리적으로 공감할 때 신념화된 행동을 지속적으로 유지할 수 있는 것이다. 그래서 리더는 상대방들의 정서적 공감까지 이끌어 낼 수 있도록 노력해야 한다.

설득을 잘하기 위해서는 다음 네가지 요소가 필요하다고 생각한다.

첫째는 신념이 있어야 한다. 리더가 신념이 없다면 팔로워들의 공감을 이끌어 낼 수 없다. 나폴레옹은 항상 승리할 수 있다는 확신과 신념에 차 있었기에 상대방들의 마음을 효과적으로 움직일 수 있었다.

세계에서 가장 가난하고 보잘 것 없었던 대한민국이 가난의 고리를 끊고 오늘날 잘 사는 나라로 발전할 수 있었던 것은 박정희 대통령이 조국근대화라는 비전과 '우리도 할 수 있다'는 신념을 가지고 모든 국민들의 마음을 긍정과 열정의 세계로 이끌었기 때문이다.

둘째는 팔로워와 눈높이를 맞추는 것이다. 리더의 목표가 뚜렷하고 신념이 투철하며 아무리 논리적이라고 하여도 팔로워들의 눈높이를 맞추지 못하면 팔로워들은 리더의 뜻을 이해하지 못하고 공감을 만들어 내지 못한다. 이는 특히 정서적 공감을 만들어 내는데 필수적이다. 지휘관 시절 용사들 교육을 할 때는 스포츠나 연예가 얘기를 하고 게임도 하는 등 용사들로 하여금 '우리 지휘관도 우리와 대화가 통하는 분이구나' 하는 생각을 먼저 갖도록 관심을 기울였다. 설득을 할 때는 팔로워의 언어와 정서로 설득하는 것이 효과적이다.

셋째는 언변술이다. 리더가 자신의 뜻을 팔로워들에게 전달하는 수단은 여러 가지가 있다. 그러나 가장 기본적이고 효과적인 수단은 '말'이다. 표현력의 중요성에서도 말한 바와 같이 똑같은 말이라도 어떻게 표현하느냐에 따라 전달 효과에 많은 차이가 있다.

넷째는 쌍방향 소통이다. 설득을 자신의 뜻을 상대방들에게 일방적으로 전달하는 것으로 생각해서는 절반의 효과밖에 얻을 수 없다. 진짜 설득은 리더가 하고 싶은 말을 상대방들이 스스로 하게 할 때 최고의 효과를 내는 것이다. 그래서 리더는 일방적 설득이 아니라 상대방들이 허심탄회하게 말할 수 있도록 하고 그들의 말에 귀를 기울일 줄 알아야 한다. 임무성격상 불가피한 경우는 어쩔 수 없겠지만 가능한 경우에는 언제든지 상대방들을 적극 참여시켜 그들로부터 참신한 아이디어와 중지를 모으고 반대되는 의견까지도 다양하게 들어봐야 한다.

사람은 자기가 참여한 만큼 그 일에 책임감을 느끼게 되어 있다. 비록 반대의견을 가졌더라도 자기가 의견을 충분히 개진할 기회를 가졌다면 그 사람은 그 일에 적극 참여하게 될 것이다.

2) 솔선수범 앞에는 안 따라올 상대방이 없다

팔로워들은 논리적으로 설득되어도 아직 행동으로 옮기기를 주저하는 경우가 있다.

이때 이들을 결정적으로 움직이게 하는 것이 리더의 솔선수범이다. 리더 자신이 앞장서서 실천하는 것이 리더의 신념을 확실하게 보여주고 팔로워들의 정서적 공감을 이끌어내는 가장 효과적인 방법이다.

베트남 전쟁 시 아이드랑 전투에 참여했던 미군 무어 중령의 이야기를 극화한 'We were Soldiers'라는 영화에는 리더의 솔선수범이 무엇인지를 보여주는 감동적 장면이 나온다. 무어 중령은 제7기갑연대 1대대장으로 임명되어 베트남으로 떠나는 출정식에서 자신의 상대방들에게 말한다. "우리는 이제 전투하러 떠납니다. 나는 제군들이 살아서 돌아오도록 하겠다는 약속은 할 수 없습니다. 하지만 한 가지만은 맹세할 수 있습니다. 나는 가장 먼저 전투현장에 들어갈 것이고(First in), 가장 나중에 그곳을 나올 것입니다(Last out)"라고 말하고 늘 진두에서 지휘함으로써 상대방들은 그를 전적으로 믿고 따랐다.

위기 시의 솔선수범은 더욱 중요하다. 특히 조직이 위기에 처했거나 어렵고 힘든 상황일 때 리더의 솔선수범은 조직의 사활을 좌우할 만큼 매우 중요한 요소다. 지휘관이 아무리 "공포에 떨지 마라! 과감하게 진격하라!"라고 말해도 상대방들을 공포감에서 해방시켜 주지 못한다. 이때 지휘관이 최일선에 나타나 진두지휘한다면 상대방들은 용기를 얻어 기꺼이 위험에 뛰어들게 되는 것이다.

한국전쟁 당시 한국군이 패전을 거듭하며 낙동강 전선에서 최후의 방어선을 구축했을 때 1사단장이었던 백선엽 장군은 지쳐 쓰러져 있는 용사들을 향해 "내가 맨 선두에 설 것이다. 나를 따르라! 내가 물러나면 나를 쏴라!"라고 하면서 최일선에서 솔선수범함으로써 그 유명한 다부동지구전투를 승리로 이끌 수 있었다.

리더는 어렵고 힘든 상황일수록 솔선수범을 해야 한다. 리더의 솔선수범이야말로 임무를 성공적으로 이끌 수 있는 가장 핵심적인 요소이다.

> **≋ 전투 중 리더의 태도가 상대방의 전의에 미치는 영향**
> 제2차 세계대전 중 지중해전선에 출전한 미군 병사를 대상으로 "여러분의 경험으로 미루어 보아 장교들의 어떤 행동이 거칠고 몸서리치는 상황 속에서 여러분에게 자신감을 가져다줍니까?"라는 설문에 대한 답변이다.
> ① 솔선수범, 위험한 일을 스스로 함 (31%)
> ② 상대방들을 격려, 농담, 원기를 북돋을 때 (26%)
> ③ 상대방들의 안전과 복지에 대해 적극적 관심을 둘 때 (23%)
> ④ 공적 사무를 떠나 친절하게 대해 줄 때 (5%)
> ⑤ 기타 (15%) 용기와 냉정을 보일 때

3) 인정은 사람의 기본 욕구다

팔로워들의 마음을 움직이는 세 번째 요소는 인정과 칭찬이다. 인정은 팔로워 한 사람 한 사람이 조직 내에서 꼭 필요한 존재이며 중요한 역할을 수행한다는 것을 인식시켜 주는 것을 말한다. 칭찬은 팔로워가 수행한 역할과 성과를 높이 평가해 줌으로써 보람과 기쁨을 느끼게 하는 인정의 한 방법이다.

모든 인간은 자신의 존재가치를 인정받고 싶어 한다. 미국의 심리학자인 윌리엄 제임스는 "인간 본성에서 가장 기본적인 원리는 인정받고자 하는 갈망이다"고 했다. 2차 세계대전 시 미 육군 참모총장이었던 마샬 장군은 그의 저서 『전장 속의 인간들』에서 나이 어린 용사가 전투 중 포탄에 맞아 죽어가면서 "중대장님, 중대원들이 항상 저더러 비겁한 놈이라고… 하지만 이번만은 저도 용감했지요? 인정해 주세요"라고 말하고, 중대장의 "그럼, 너는 정말 용감한 용사였다"라는 한마디에, 얼굴에 웃음을 띠며 눈을 감는 장면을 감동적으로 보여주고 있다.

지휘관으로 부임할 때마다 가장 먼저 하는 말은 부대원 한 사람 한 사람이 모두 나처럼 부대에 소중한 존재라는 말이다. 지휘관은 부대의 지휘관이니까 더 중요하고 용사는 단순한 일을 하니까 덜 중요하다고 생각해서는 안 되며, 역할이 다른 것이지 그 중요도는 부대의 승리와 성공적 임무완수에 똑같이 소중하다고 강조하는 것이다. 심지어 능력이 떨어져 고문관 소리를 듣는 용사도, 사고를 일으켜 문제아로 낙인찍힌 용사도 그들의 필요성과 가치를 인정해 주었을 때 그들은 최선을 다하여 임무를 수행하고 부대를 위해 놀라운 희생정신을 발휘하는 것을 많이 보았다.

"칭찬은 고래도 춤추게 한다" 이 말은 칭찬의 위력과 중요성을 잘 표현한 명언이 되었다. 칭찬으로 춤추게 할 수 있는게 어디 고래뿐이겠는가? 연구결과에 따르면 동물은 물론이고 식물까지도 사랑이 담긴 칭찬의 말을 들으면 잘 자란다고 하지 않는가?

상대방들을 가장 신바람나게 하는 것이 바로 칭찬이다. 상대방들에게 훈시를 하거나 교육을 하는 모든 경우에 항상 칭찬부터 시작하였다. 심지어 상대방들을 질책하고 벌을 주어야 할 때도 그들이 잘한 점들을 먼저 칭찬한 후에 질책하였다. 이렇게 하면 질책과 처벌의 목적도 더 효과적으로 달성하고 마음의 상처 같은 후유증도 남지 않는다.

칭찬은 가능한 공개적으로 해야 한다. 지휘관이 칭찬을 하는 것은 칭찬받을 일을 한 사람의 노고를 치하하는 의미도 있지만 이를 통해서 다른 조직원들에게 '나도 잘 해서 칭찬을 받아야겠다'는 동기를 유발시켜 주는 것에 더 큰의미가 있는 것이다. 그래서 칭찬은 공개적으로 하는 것이 효과적이다.

또한 기대 칭찬과 맞춤식 칭찬을 적극 활용하였다. 기대 칭찬은 지금 잘하는 것은 아니지만 앞으로 잘 할 것을 기대하고 미리 칭찬을 하는 것이다. 이것은 능력이 좀 떨어지거나 부정적 자세를 가진 상대방들에게 효과가 있다. 능력이 부족하면 칭찬받을 일이 안 생기고 그러면 잘 하고 싶은 마음도 안생기는 악순환이 생기기 쉽다. 부정적 생각을 가진 사람도 칭찬거리가 없기는 마찬가지다. 이 때는 사소한 것도 적극 칭찬해 주고 또 너는 마음만 먹으면 정말 잘할 것 같다는 식으로 먼저 칭찬을 해주었다.

능력이 부족한 경우는 맞춤식 칭찬을 하였다. 부대에는 어느 하나도 제대로 하지 못하는 사람들이 항상 있게 마련이다. 이때 그 사람이 잘하는 것을 드러낼 수 있는 적절한 이벤트 등을 만들어서 칭찬을 해주었다. 일단 한두 번 칭찬을 받게 되면 사람은 변하게 되어 있다.

4) 사랑이다

리더의 사랑이란 팔로워와 고락을 함께하며, 팔로워를 진심으로 아끼고 배려하며, 나아가 상대방에 대하여 책임을 지는 것이다. 한마디로 상대방에 대한 사랑은 상대방을 위해 마음을 쓰는 것이다. 상대방의 마음을 움직이기 위해서는 머리보다 먼저 마음을 써야 한다. 팔로워들은 리더로부터 진정한 사랑을 느낄 때 리더와 진실로 한마음이 되고 리더를 위해 어떤 희생도 감수하게 된다.

상대방이 리더로부터 진실로 사랑을 받는다고 느끼면 설득과 솔선수범이 굳이 필요하지 않은 완전한 신뢰단계로 발전할 수 있다. 예를 들어 소대장이 소대원들에게 소대가 수행해야 할 임무를 왜 해야 되는지를 소상히 설명하려 하면 소대원은 "소대장님! 이유는 설명하지 않으셔도 됩니다. 명령만 내리십시오"라고 말하게 된다. 소대원들은 소대장을 절대 신뢰하기 때문에 소대장이 명령만 내리면 되지 굳이 그들을 설득하지 않아도 된다는 것이다. 또 소대장이 위험한 일이나 궂은일을 앞장서서 하려고 하면 소대원들은 "소대장님! 이런 일은 저희가 하겠습니다. 소대장님은 더 중요한 일을 하십시오"라고 말할 것이다.

물론 아무리 상대방들이 신뢰하는 단계에 갔더라도 리더의 설득과 솔선수범은 여전히 중요하고 꼭 필요한 요소지만 리더는 상대방들로부터 이러한 신뢰까지 받을 수 있도록 상대방들을 진실로 사랑해야 한다.

5) 엄(儼)함이다

앞에서 말한 설득, 솔선수범, 인정과 칭찬, 사랑은 사람 마음의 긍정적 속성에 바탕을 둔 리더십이다. 그런데 사람의 마음에는 긍정적 속성만 있는 것이 아니다. 사람에게는 본성적으로 편함을 추구하고, 고통이나 수고로움을 피하고 싶고, 어떠한 통제로부터도 벗어나고 싶으며, 죽음을 두려워하는 등 조직목표 달성에 부정적인 요소도 있음을 알아야 한다. 그래서 리더에게는 사람 마음의 부정적 속성을 차단하고 잘못을 경계하기 위한 엄함이 함께 있어야 한다. 또 위기시 등 상황이 긴박하거나 위중한 경우에는 단호함과 엄격함이 좀 더 효과적일 수 있으므로 리더는 임무와 상황에 따라 적절한 리더십을 발휘할 수 있어야 한다.

정리하면 설득, 솔선수범, 인정과 칭찬, 사랑으로 대부분 상대방의 자발적인 복종과 참여를 이끌어 낼 수 있다. 그러나 일부 상대방은 단호하고 엄격함이 오히려 그들의 마음을 효과적으로 움직이는 방법인 것 같았다. 상대방들에게는 "우리 지휘관은 정말 우리를 사랑하지만 잘못에 대해서는 절대 용서하지 않으신다. 함부로 잘못했다간 반드시 혼난다"는 인식이 꼭 있도록 해야 한다. 사랑을 바탕으로 하되 엄함이 반드시 함께 있어야 창끝 전투력을 발휘하는 강한 군대를 유지할 수 있고 임무도 성공적으로 완수할 수 있다.

소통하는 리더가 되고 싶다면 먼저 리더의 입장이 아니라 상대방의 입장으로 생각을 전환하는 마음자세가 필요하다. 마음의 안경을 바꿔쓰지 않으면 소통도 어렵고 인간관계도 힘들다. 리더의 안경 색깔에 따라 세상은 다른 색으로 보인다. 리더가 소통하고자 하는 상대방의 안경으로 세상을 바라보는 훈련을 해야 한다.

다함께 참여하는 조별과제

1. 세종대왕의 소통리더십에 대해 사례를 들어 조별 토의 후 발표하시오.

2. 전투 중 리더의 역할이 승패에 미치는 영향을 토의 후 발표하시오.

면접시험 출제[예상]

1. 국가기관이나 조직 내에서 상급자와 의견 충돌이 있을 경우 어떻게 하겠는가?

⚪ Tip

각기 사람들의 의견이 다를 수 있습니다. 상급자와 의견이 다르다는 이유로 부정하고 받아들이지 않는다면 조직 생활을 하기가 힘들 것입니다. 특히 공무원이나 군조직은 혼자서 하는 업무가 아니라 팀워크를 중요시하는 조직이라고 생각합니다. 팀 내에서 의견 충돌 시 어떻게 풀어나가는지를 묻는 질문입니다.

답변 예문 ①
다름을 인정하고 상급자의 의견을 충분히 경청한 다음, 상급자의 의견이 아주 부당하지 않다면 상급자의 의견을 따르고 양보하여 타협점을 찾겠습니다.

답변 예문 ②
먼저 상급자의 의견을 들어보도록 하겠습니다. 그리하여 상급자의 의견이 옳았다면 '제 생각이 짧았습니다.'라고 이야기를 하며 의견에 수긍하도록 하겠습니다. 하지만 제 의견이 더 옳다고 생각하면 기분 나쁘지 않게 제 의견에 대해 정중하게 말씀드리겠습니다.

2. 상급자 또는 동료의 비리를 알게 되었다면 어떻게 행동하겠는가?

Ⓞ Tip

국가 공무원이나 대기업에서 인재를 선발하면서 올바른 가치관을 갖고 있는 인재를 선발하고자 합니다. 비리를 발견하고 어떠한 행동을 할 것인가?를 묻는 질문입니다. 비리에 대한 확인 절차 후 스스로 본인의 잘못을 알리기를 권고하고 만약 그렇지 못한 경우에는 직속상관에게 보고해야 합니다. 그냥 넘어가게 된다면 더 큰 비리가 발생할 것이고 국가조직이 부패할 것입니다.

답변 예문 ①

동료의 비리가 고의인지, 과실인지를 파악하여 단순한 실수라면 본인이 직접 상관에게 알리도록 설득하겠습니다. 그러나 의도적인 불법행위라면 직속상관에게 알려서 일이 더 커지기 전에 해결할 수 있도록 하겠습니다.

답변 예문 ②

동료의 비리를 알게 되었다면, 어떤 결정을 하기에 앞서 심사숙고하겠습니다. 먼저 동료의 비리에 대해 상세하게 알아본 후 동료의 비리가 오해가 아닌 사실이라면 조직생활의 경험이 많은 직속상관에게 제가 알고 있는 사실을 이야기하고 그 지침에 따르겠습니다.

유머 한마디(나도 웃기는 리더가 될 수 있다~)

◆ Tip

① 이마에 있는 가르마를 영어로 말하면 뭐라고 할까요?

▶ "헤드라인"

② Beautiful에서 T를 빼면 무슨 뜻인가요?

▶ "Beautiful은 아름다운 이고 T를 빼면 티 없이 아름다운"이다.

나는 가수다(나도 노래를 잘 할 수 있다~)

● Tip

DNA   −BTS

첫눈에 널 알아보게 됐어
서롤 불러왔던 것처럼
내 혈관 속 DNA가 말해줘
내가 찾아 헤매던 너라는 걸

우리 만남은 수학의 공식
종교의 율법 우주의 섭리
내게 주어진 운명의 증거, 너는 내 꿈의 출처
Take it, take it 너에게 내민 내 손은 정해진 숙명

걱정하지 마 love
이 모든 건 우연이 아니니까
우린 완전 달라 baby
운명을 찾아낸 둘이니까

우주가 생긴 그 날부터 계속 (계속)
무한의 세기를 넘어서 계속 (계속)
우린 전생에도 아마 다음 생에도
영원히 함께니까

이 모든 건 우연이 아니니까
운명을 찾아낸 둘이니까 DNA

I want it this love (this love), I want it real
love (real love)
난 너에게만 집중해
좀 더 세게 날 이끄네
태초의 DNA가 널 원하는데 (하는데)
이건 필연이야 I love us (love us)
우리만이 true lovers (lovers)

그녀를 볼 때마다 소스라치게 놀라
신기하게 자꾸만 숨이 멎는 게 참 이상해 설마

이런 게 말로만 듣던 사랑이란 감정일까
애초부터 내 심장은 널 향해 뛰니까

걱정하지 마 love
이 모든 건 우연이 아니니까
우린 완전 달라 baby
운명을 찾아낸 둘이니까

우주가 생긴 그 날부터 계속 (계속)
무한의 세기를 넘어서 계속 (계속)
우린 전생에도 아마 다음 생에도
영원히 함께니까

이 모든 건 우연이 아니니까
운명을 찾아낸 둘이니까 DNA

돌아보지 말아
운명을 찾아낸 우리니까
후회하지 말아 baby
영원히 영원히 영원히 영원히
함께니까

걱정하지 마 love
이 모든 건 우연이 아니니까
우린 완전 달라 baby
운명을 찾아낸 둘이니까 DNA

La la la la la
La la la la la
우연이 아니니까
La la la la la
La la la la la
우연이 아니니까 DNA

CHAPTER

02

리더십의 효과성

02 리더십의 효과성

1. 리더십 효과성의 정의와 평가[1]

일반적으로 효과성(effectiveness)은 "목표의 달성 정도"를 의미하고, 유사한 용어인 효율성(efficiency)은 "투입(input) 대 산출(output) 비율", 즉 목표를 달성하거나 성과를 창출하는데 투입된 시간, 비용, 노력의 정도를 의미한다. 따라서 조직 효과성(organizational effectiveness)은 "조직이 목표 또는 임무를 달성하는 정도"로 정의할 수 있다. 그런데 조직 효과성은 리더십만이 아니라 조직 내외의 많은 상황변수(조직구조, 물적 자원, 문화, 외부환경 등)들에 의해서도 영향을 받는 반면, 리더십 효과성은 주어진 상황 하에서 리더의 특성과 행동에 의해 초래된 결과에 초점을 맞춘다.

이러한 맥락에서 리더십 효과성은 "리더십 발휘의 결과" 또는 "리더가 리더십 발휘를 통하여 목표를 달성한 정도"로 정의할 수 있다. 그리고 리더십 효과성에 대한 평가는 일반적으로 수익률, 매출액, 시장점유율, 생산성, 사고율, 결근율 등의 객관적인 지표와 팔로워의 리더십 만족도, 리더십의 영향력이 미치는 집단의 사기와 응집력, 직무만족도, 조직몰입, 집단 효능감 등의 주관적인 지표가 활용된다.

그런데 리더십 연구에서는 일반적으로 수익률, 매출액, 생산성 등의 객관적인 평가지표보다는 설문지 등을 이용하여 구성원 또는 상대방들의 주관적 태도를 측정하여 간접적으로 리더십 효과성을 평가하고 있다. 그것은 많은 연구 결과에서 사기, 응집력, 리더십 만족 등과 같은 주관적 태도가 조직 또

---

1 최병순, 「군 리더십」(서울: 북코리아, 2011), pp.32~43. 참고하여 정리.

는 집단목표달성 정도와 상관관계가 있음이 밝혀졌기 때문이다. 즉, 구성원 또는 상대방들의 사기, 응집력, 리더십 만족도가 높다면 조직이나 집단목표 달성에 긍정적인 영향을 미쳐 리더십 효과성이 높아진다는 것이다. 이와 같이 매출액, 수익률 등과 같은 결과변수가 아니라 과정변수라고 할 수 있는 사기, 응집력, 리더십 만족 등과 같은 평가지표를 널리 활용하는 또 다른 이유는 리더십 효과성을 결과변수로 측정할 경우 그것이 리더십 발휘의 결과인지, 아니면 리더십과 무관한 요인에 의한 것인지를 판단하기 어렵기 때문이다.

한편 팔로워들의 주관적인 태도와 최종 목표가 완전한 상관관계가 있는 것은 아니기 때문에 리더십 효과성을 정확히 평가하기 위해서는 주관적인 평가지표들뿐만 아니라 객관적인 평가지표들도 함께 활용하는 것이 바람직하다. 그러나 다양한 평가지표들을 복합적으로 활용할 경우에는 각각의 지표들이 최종목표달성에 기여하는 정도가 서로 다르기 때문에 평가지표별로 가중치를 다르게 부여해야 하는 어려움이 있다.

리더십 효과성을 평가할 때 또 다른 유의 사항은 단기적인 성과만이 아니라 장기적인 성과도 고려해야 한다는 것이다. 그것은 어떠한 성과는 단기간에 나타나지만 어떤 성과는 장기간에 걸쳐 나타나기 때문이다. 예컨대 교육기관이나 연구기관의 경우 많은 교육비나 연구비를 투입하더라도 단기적으로는 성과가 나지 않을 수 있지만 장기적으로는 높은 성과를 낼 수 있다. 기업의 경우에도 원가 절감을 위해 인적자원 개발이나 조직 혁신을 위해 비용을 지불하지 않으면 단기적으로는 수익이 발생할 수 있지만 장기적으로는 경쟁력이 떨어져 수익이 감소하고, 조직의 생존이 위태로워질 수도 있다. 그리고 어떤 조직의 리더가 교육훈련을 강하게 시킨다면 단기적으로는 구성원들의 사기나 리더십 만족도가 저하될 수 있지만, 장기적으로는 조직목표를 달성하는 데 기여할 수도 있다.

따라서 단기적인 성과를 위주로 리더십의 효과성을 평가할 때 나타날 수 있는 단기 업적주의의 역기능을 방지하기 위해서는, 지연되어 나타나는 장기적인 성과도 함께 평가하는 것이 바람직하다. 하지만 장기적인 성과 평가 시에는 그 기간 중에 리더십 이외의 다른 변수들도 성과에 영향을 미칠 수 있다는 것을 유의해야 한다.

이외에도 리더십 효과성을 평가할 때에는 평가자의 가치관과 평가 목적에 따라 평가기준이 달라질 수 있다는 것도 유의하여야 한다. 조직의 성장과 변화를 중시하는 진보적 가치관을 가진 사람은 적응력(adaptability)을 리더십 효과성 평가지표로 활용할 것이고, 조직의 안정과 유지를 중시하는 보수적 가치관을 갖고 있는 사람은 안정성(stability)을 평가지표로 활용할 것이다. 그리고 기업의 사장에게는 수익률, 군지휘관에게는 전투력 측정 결과 등이 중요한 지표가 되겠지만, 조직 구성원 또는 상대방들에게는 리더십 만족도나 사기 등이 더 중요한 지표가 될 수 있다.

이와 같이 평가자의 가치관과 이해관계자에 따라 리더십 효과성에 대한 평가기준이 다를 수 있기 때문에 평가 목적에 따라 다양한 평가기준을 고려하여 종합적인 평가를 하는 것이 바람직하다.

2. 군 리더십 효과성

1) 군 리더십 효과성의 개념과 평가

군의 사명 또는 존재 이유는 국가안보를 위협하는 적과 싸워서 이기는데 있기 때문에 군 지휘관의 리더십 효과성은 "적과 싸워서 이길 수 있는 능력, 즉 전투력을 얼마나 보유하고 있는가?"라고 할 수 있다. 그런데 적과 싸워서 이길 수 있는 전투력을 보유하고 있는지 여부는 실제로 전투를 해 봐야 알 수 있기 때문에 평시에 각급 부대 지휘관의 리더십 효과성, 즉 전투력을 평가하는 것은 현실적으로 한계가 있다. 그렇기 때문에 전쟁이 발생하지 않도록 억제력을 발휘하는 것은 군의 목표로 제시하기도 한다. 그러나 군의 사명 또는 목표가 전쟁 억제력 유지라고 한다면 전투를 하지 않을 군대를 왜 보유하는가라는 주장이 제기될 수도 있기 때문에 "전투 즉응력(卽應力) 또는 전투 준비태세(readiness), 즉 전투를 잘 수행할 수 있는 잠재력"이 군의 조직 효과성 또는 각급 부대 지휘관의 리더십 효과성을 평가하는 기준으로 활용되고 있다.

한국군에서도 실제 전투 시에 전투력을 얼마나 잘 발휘할 수 있을 것인가를 예측하는 '전술훈련평가'(ATT: Army Trainning Test)와 '전투력측정' 결과가 각급 부대 지휘관의 리더십 효과성을 평가하는 중요한 기준으로 활용되고 있다. 이외에도 지휘관의 리더십 효과성 평가를 위해 다양한 평가기준들을 활용하고는 있지만 사고율이나 군기위반 등과 같이 객관적인 평가가 가능한 것만을 평가요소로 하고 있기 때문에 리더십 효과성을 제대로 평가하지 못하고 있다고 할 수 있다. 그것은 객관적으로 평가가 가능한 리더십 효과성 평가요소만이 아니라 리더십, 사기, 응집력, 몰입 등의 질적 평가요소가 오랫동안 부대 성과를 결정하는 핵심요소로 식별되어 왔고, 한국군을 대상으로 한 전투상황에서의 리더십 연구에서도 사기, 응집력, 자신감, 상관 및 동료에 대한 신뢰 등과 같은 부대원들의 사회심리적 요인들이 전투의 승패를 결정하는 핵심요인으로 나타났기 때문이다. 따라서 리더십 효과성, 즉 전투력을 보다 정확히 측정하기 위해서는 객관적으로 측정 가능한 양적 지표만이 아니라 부대원의 사기, 응집력, 지휘관에 대한 리더십 만족도 등과 같은 질적 요소도 전투력 평가요소에 반영해야 한다.

또 다른 한편으로는 군의 궁극적인 목표가 싸워서 이기는 것이기 때문에 암묵적으로 "군인은 수단과 방법을 가리지 말고 목표를 달성해야 한다"는 인식이 널리 퍼져 있어 임무수행 과정에서 효율성이나 윤리성을 무시하는 것이 당연시되는 결과지상주의의 역기능을 야기하기도 했다. 그러나 동서고금의 전투에서 승리요인은 지휘관의 창의적인 전략·전술과 리더십, 실전과 같은 교육훈련, 그리고 부대원들의 높은 사기와 응집력 등이었지 비효율적이고 비합리적인 또는 비윤리적인 수단과 방법을 사용했기 때문에 승리할 수 있었던 것은 아니다.

따라서 리더십 효과성을 평가할 때는 나타난 결과만이 아니라 지휘과정에서의 효율성, 합리성, 윤리성 등도 함께 고려하도록 해야 한다. 예컨대, 훈련 중 사고가 발생한 부대와 사고가 전혀 발생하지 않은 부대가 있다면 사고 발생의 원인뿐만 아니라 사고가 발생하지 않은 이유까지도 살펴보아야 한다. 실전과 같은 훈련을 할 경우 불가피하게 안전사고가 발생할 수도 있는데, 전혀 사고가 발생하지 않았다면 실전과 같은 훈련을 하지 않았기 때문일 수도 있기 때문이다. 만일 사고가 발생하지 않은 것이 실전과 같은 훈련을 하지 않았거나, 사고를 예방하기 위해 해야 할 일을 하지 않는 등의 불합리한 지휘 때문이었다면 그러한 지휘관은 리더십을 효과적으로 발휘했다고 할 수 없을 것이다.

마지막으로 군 리더십 효과성을 평가할 때 군사적 목표의 달성만이 아니라 사회적 목표의 달성 여부도 고려해야 한다. 군의 1차적 목표인 군사적 목표는 적의 군사적 침략을 억제하고 억제가 실패할 경우 전쟁을 승리로 종결함으로써 국가의 안전을 보장하고, 국토를 방위하여 국민의 생명과 재산을 보존하는 것이다. 그리고 군의 2차적 목표인 사회적 목표는 전쟁의 억제와 수행에 직접적인 관련은 적지만 국가의 발전과 사회의 안정에 기여하는 활동들이다.

군사적 목표는 시대변화에도 불구하고 군의 가장 중요한 기본 임무로서 인식되고 있지만, 사회적 목표는 그것이 군의 기본 업무인 전쟁의 억제와 수행에 부정적으로 작용할 수 있기 때문에 군이 사회적 목표를 확대하는 것에 대해서는 부정적인 견해도 있다. 그러나 대부분의 국가들이 그 나라가 처한 시대적 상황과 군대의 특성에 따라 그 내용과 정도는 다르지만 군이 사회적 역할을 수행하고 있고, 그것을 당연한 것으로 받아들이고 있다. 그리고 새로운 시대 변화에 따라 군의 사회적 역할을 더욱 더 확대하여 전통적으로 수행해 오던 국민교육군, 경제기술군으로서의 역할뿐만 아니라 환경보호군, 재난재해구조군, 치안지원군으로서의 역할도 수행하도록 해야 한다는 주장도 제기되고 있다.

따라서 군의 1차적 목표인 군사적 목표만이 아니라 2차적 목표인 사회적 목표의 달성 여부까지도 리더십 효과성 평가요소에 반영할 필요가 있다.

(헌법 제5조 2항은 "국군은 국가의 안전 보장과 국토방위의 신성한 의무를 수행함을 사명으로 하며, 그 정치적 중립성은 준수된다"고 규정하고 있다. 그리고 군인복무규율 제4조 1항은 "국군은 국민의 군대로서 국가를 방위하고 자유민주주의를 수호하며 조국의 통일에 이바지함을 그 이념으로 한다"고 명시하고 있으며, 2항은 "국군은 대한민국의 자유와 독립을 보전하고 국토를 방위하며 국민의 생명과 재산을 보호하고, 나아가 국제평화의 유지에 이바지함을 그 사명으로 한다"고 규정하고 있다.)

2) 군 리더십 효과성 지표

군의 리더십 효과성 지표로는 사기, 응집력, 사고율, 리더십 만족도, 조직 몰입, 직무 만족도, 조직 시민행동 등 다양한 지표가 활용될 수 있지만, 여기서는 군 리더십 연구자들이 효과성 지표로 가장 많이 사용하고 있는 사기와 응집력에 대해 살펴본다. 또한 R.E. Quinn(1991)의 경쟁가치 모형을 기반으로 한 캐나다 군의 리더십 효과성 모형을 소개한다.

(1) 사기

사전적으로는 "의욕이나 자신감 등으로 가득 차서 굽힐 줄 모르는 의기" 또는 "개인이나 집단의 정신적 또는 도덕적 자신감의 정도"로 정의되는 사기(Morale)는 산업계, 교육계, 체육계 등에서도 널리 사용되고 있지만, 특히 군에서 많이 사용되는 용어이다.

이러한 사기에 대한 정의는 다음과 같이 개인 차원의 사기와 집단 차원의 사기로 정의되고 있다. Moran(1945)은 "개인의 역량을 제한하는 어떤 환경에서도 직무를 수행하는 능력", Guion(1958)은 "개개인의 욕구가 충족되는 정도"라고 개인적 차원에서 사기를 정의하고 있는 반면에, Tiffin & McComic(1965)은 "집단 차원의 반응이며, 집단 구성원 개개인의 상호작용에 의해 결정되는 것으로서 집단정신과 흡사한 것", Leighton(1943)은 "공동의 목적을 달성하기 위해 지속적으로 서로를 끌어당기는 집단의 역량"이라고 집단 차원에서 사기를 정의하고 있다.

그런데 군 관련 문헌에서는 사기를 전투의지와 연관시켜 "공포와 피로를 극복하게 해주는 정신적인 특성"(Mongmery, 1946), 또는 "구성원들이 전투를 하게 만드는 전투 집단에서의 심리적인 힘"(Grinker & Spigel, 1945) 등으로 사기를 정의하고 있다. 그리고 Manning(1991)은 이와 같은 다양한 사기에 대한 정의를 검토한 후 사기를 목표지향적인 집단구성원의 개인적 특성으로 보고, 전·평시에 모두 적용할 수 있도록 "집단 구성원들이 집단의 모든 활동에 적극 참여하는 열정과 끈기"로 조작적 정의(operational definition)를 하였다.

이상과 같이 학자마다 사기의 개념을 서로 다르게 정의를 하고 있지만, 대부분 사기는 개인 또는 집단 구성원들의 심리상태와 관련된 개념이라는 데 의견을 같이 하고 있다.

한편 미 육군 리더십 교범(Department of the Army, 1983)에서는 사기를 "행복, 희망, 자신감, 안정감, 보람, 슬픔 등을 얼마나 느끼는가와 같은 개인의 정신적·감정적·영적 상태"로 정의하고 있다. 그리고 육군 리더십 교범(육군본부, 2006)에서는 "부대원이 목표달성을 위해 자발적이고 적극적으로 참여하는 심리상태로서 공동의 목표를 달성하기 위해 최선의 노력을 다하게 하는 무형의 힘"으로 정의하고 있다.

이상과 같은 사기에 대한 정의에 따르면 사기가 높은 군인은 자신에게 부여된 임무를 능동적이고 적극적으로 수행할 뿐만 아니라 조직의 일원으로서 자긍심을 갖고, 공동의 목표를 달성하기 위해 다른 구성원들과 적극 협력하게 될 것이다. 실제 연구결과에서도 단결심과 사기가 높은 부대가 좋은 결과를 창출했고, 이스라엘 군을 대상으로 한 연구에서 사기가 높은 부대가 지휘관에 대한 신뢰도와 리더를 대신해서 희생하려는 의지가 더 높았다.

따라서 군에서 사기는 평상시 부대의 성과뿐만 아니라 전투력, 즉 전투상황에서 리더십 효과성에 영향을 미치는 핵심 영향요인의 하나이기 때문에 군 리더는 부대원들의 사기 앙양과 유지를 위해 노력해야 한다.

(2) 집단 응집력

집단 응집력(Group Cohesiveness)은 "집단 성원들을 집단 내부에 머물게 작용하는 모든 힘"(Festinger et al., 1950), "집단에 대한 매력 또는 집단을 떠나지 않으려는 정도"(Seashore, 1954), 그리고 "집단 성원 간에 정서적으로 서로 가깝다고 느끼고, 집단에 정서적인 애착을 느끼는 정도"(Mills, 1967) 등으로 정의하고 있다.

군에서 이러한 집단 응집력의 중요성은 다음과 같은 전투상황에서의 연구들에 의해 입증되어 왔다. Stouffer(1949)는 제2차 세계대전 참전자들에게 "무엇이 전투를 계속할 수 있게 해주는가?"라는 설문을 하였는데 "집에 가기 위해서"라는 응답이 가장 많았다. 그러나 두 번째로 많은 응답과 가장 중요한 전투 동기부여(combat motivation) 요인은 전투 중에 형성된 강한 집단 응집력이었다. 또한 "전투 중에 자신을 지탱해 준 힘의 원천이 무엇이었는가?"라는 설문에는 '기도였다'는 응답이 가장 많았고, 다음으로 '동료에 대한 의리를 지켜야 한다'는 것과 '다른 사람을 실망시킬 수 없다'는 생각이었다고 응답하였다. 제2차 세계대전 참전자들에게 중요한 전투 동기부여 요인은 이데올로기, 애국심, 또는 이념이 아니라 응집력 또는 동료들 사이의 정서적 유대감이 가장 중요한 전투 동기부여 요인이었다.

역사학자인 Marshall(1947)도 제2차 세계대전 참전자들을 대상으로 한 연구결과를 토대로 "보병 용사가 무기를 가지고 전진할 수 있는 거은 동료가 가까이 있거나 함께 있을 것이라는 믿음 때문이다"라는 것은 동료가 가까이 있거나 함께 있을 것이라는 믿음 때문이다"라고 주장하였다. 동료가 먼저이고, 무기는 다음이라는 것이다. 군인들은 거창한 이념 때문에 싸우는 것이 아니라 동료들을 실망시키지 않기 위해 싸운다는 것이다.

또 다른 전투동기에 대한 유명한 연구는 독일군 포로수용소에서 실시한 Shils & Janowitz(1948)의 연구이다. 그들은 독일군 보병 포로들을 대상으로 독일이 패망한다는 것이 명백함에도 불구하고 끝까지 열심히 싸운 이유가 무엇인가를 조사하였다. 그 결과 그들이 끝까지 싸운 이유는 정치적 또는 도덕적 이유 때문이 아니라 1차 집단 내의 대인관계, 즉 응집력 때문이었고, 히틀러에 대한 충성은 두 번째라고 응답하였다.

부대의 응집력에 대한 연구는 6·25전쟁 중에도 실시되었는데, 이 몇 개월 동안 전투를 하고 있는 보병 중대원들을 관찰한 결과 전투 중 용사들 간의 유대관계, 즉 동료관계(buddy relations)가 생존에 가장 중요하다는 것을 발견하였다. 또한 베트남전에서 군인들을 대상으로 인터뷰를 실시한 결과, 1차 집단의 결속력이 부대 효과성에 중요한 역할을 한다는 결론을 내렸다. 특히 흥미 있는 사실은 다른 동료들과 밀접한 관계를 맺는 것이 동료 군인들에 대한 이타적 관심이라기보다는 자기 자신의 안전을 보장하기 위한 이기적 관심의 결과일 수도 있다는 것이다. 그럼에도 불구하고 응집력이 전투성과를 높이는 데 중요한 역할을 한다는 것이다.

이와 같이 전투상황에서 군인들 상호 간의 대인관계가 중요하다는 것이 널리 받아들여지고 있음에도 불구하고 베트남전 후반기에는 이에 대한 견해가 바뀌기 시작했다. 베트남에서 병력교대제도(replacement system)와 장교단의 전문직업주의 결핍이 1차 집단의 응집력을 저하시켰다. 이러한 주장의 타당성이 의문시되기는 하지만 응집력을 저하시키는 잠재적 영향력 요인에 대한 관심을 불러일으키는 계기가 되었다. 이들은 베트남전에서의 약 800개의 사례 연구를 통해 적절한 규범이 없는 군인들 사이의 응집력은 조직목표달성을 저해할 수 있다는 것을 지적하였다.

MacCoun(1993)은 앞에서의 연구들과는 달리 응집력은 사회적 응집력(social cohesion)과 과업 응집력(task cohesion)의 두 가지 유형으로 구분할 수 있다고 주장하였다. 사회적 응집력은 '부대원들 간의 우정과 감정적 친밀감'으로 제2차 세계대전 후반기 연구에서 언급된 응집력이다. 반면에 과업 응집력은 '부대원 전체의 노력을 요구하는 과업을 수행하기 위한 부대원들의 헌신'을 말한다. 그는 과업 응집력은 부대 성과와 상관관계가 있지만 사회적 응집력은 성과와 거의 관계가 없고, 오히려 부대 성과를 저해할 수도 있다고 한다(예컨대, 집단사고 등).

한편 Wong 등(2003)이 이라크 자유작전(Operation IRAQI FREEDOM) 참전자들을 대상으로 "전투 경험에 비추어 전투를 계속하고, 최선을 다한 이유가 무엇인가?"라는 설문에 '집에 돌아가기 위해서'라는 응답도 있었지만, 전투동기(combat motivation)에 대한 가장 많은 응답은 '동료들을 위해 싸웠다'는 것이었다. "전투 시에 내가 포기한다면 동료들을 돕지 않게 된다. 그것이 첫번째 이유다." 또는 "나와 나의 동료들도 그렇게 말했다. 실제로 전투 시 우리의 유일한 걱정은 내 자신과 나의 동료였다"라고 응답했다. 즉, 군인들 간의 감정적 유대인 사회적 응집력이 중요하다는 것이다.

또한 이 연구에서는 사회적 응집력이 전투동기에 두 가지 역할을 하는 것을 발견하였다. 하나는 다른 동료들과의 유대관계가 서로에 대한 책임감을 갖게 만들어 집단이 성공하도록 지원하고, 외부의 위협으로부터 부대를 보호한다는 것이다. 한 전차병이 "나는 이 전차에서 계급은 가장 낮지만, 내가 할 수 있는 방법으로 무엇인가를 하기 위해 노력하고 있다. 나는 동료들을 실망시키고 싶지 않다."라고 말한 것처럼 집단에 대한 개인적 몰입이 부대의 성공에 중요한 역할을 한다. 임무에 대한 몰입이 아니라 1차 집단 구성원들 간의 사회적 계약으로부터 부대의 임무를 완수하려는 동기가 유발된다는 것이다.

응집력의 두 번째 역할은 자신감을 부여한다는 것이다. 그리고 동료들이 그들의 뒤에 있다는 확실한 믿음을 갖게 만드는 것이다. 이러한 믿음은 단지 역량, 훈련 또는 임무에 대한 몰입에서 나오는 것이 아니라 동료에 대한 신뢰로부터 나온다.

결론적으로 군인들은 동료들 사이에 형성된 신뢰와 조직으로서 군에 대한 신뢰 때문에 전투를 한다고 할 수 있다. 따라서 전투 양상이 변화되고, 앞에서 본 바와 같이 사회적 응집력과 그것이 성과에 미치는 영향에 대한 논쟁이 있음에도 불구하고 사회적 응집력은 여전히 군의 핵심적인 전투 동기부여 요인이라고 할 수 있다. 그리고 사회적 응집력이 직무를 잘 수행하도록 동기부여시킬 뿐만 아니라 다른 사람에 대해 책임감을 갖게 만든다고 할 수 있다.

(3) 캐나다 군의 리더십 효과성 모형

캐나다 군 리더십 교범에서는 누가 리드할 것인가, 그리고 어떻게 리드할 것인가를 명확하게 제시하고 있는데, 누가 리드할 것인가는 공유적 또는 분권적 리더십(shared or distributed leadership)으로, 어떻게 리드할 것인가는 가치기반 리더십(values - based leadership)으로 설명하고 있다. 그런데 캐나다 군의 가치(value)는 경쟁가치 모형을 기반으로 만든 리더십 효과성 모형에 잘 반영되어 있다.

캐나다 군은 리더십 효과성을 중요하고 바람직한 목표, 결과 또는 최종상태를 의미하는 필수적 성과(essential outcome)와 필수적 성과를 어떻게 이행할 것인가에 대한 수단과 관련된 행위가치(conduct values)로 구분하고 있다.

필수적 성과는 1차적 성과인 과업 성공(Misson Success)과 성과 향상에 기여하게 해주는 구성원의 복지와 헌신(Member Well - being and Commitment), 내부 통합(Internal Interation), 그리고 외부 적응성(External Adaptability)을 제시하고 있다.

여기서 '과업 성공'은 가장 중요한 1차적 성과이고, 리더가 최우선적으로 고려해야 하는 가치이다. 군 리더는 종종 상대방들의 인명 손실이나 재정적 손실에도 불구하고 과업(임무)을 완수해야 한다. 그러나 과업완수만으로 군의 전투력을 극대화할 수 없다. 임무는 완수했지만 훌륭하지 못한 리더(poor leader)도 많이 있다.

'구성원의 복지와 헌신'은 '과업 성공'에 매우 중요하지만 '과업 성공'을 지원하고 역량을 발휘하도록 하는 나머지 세가지 가치 차원의 하나이다. 구성원의 군 복무 조건에 대한 불만족은 과업 성과에 나쁜 영향을 미칠 뿐만 아니라 사기와 헌신 수준을 떨어뜨리기 때문에 중요하다.

'내부 통합'도 '과업 성공'을 가능하게 만들어 주는 효과성 지표로서 부대 또는 시스템의 기능을 조정하는 것을 의미한다. 안정적인 구조의 확립, 책임의 명확화, 내부 의사소통 체계 확립 등을 통하여 부대 또는 시스템의 구성 요소들을 유기적으로 연계시켜 한 방향 정렬이 되도록 하는 것이다. 또 다른 측면에서 내부 통합은 인간적 측면의 응집력(cohesion)과 팀워크 형성을 의미한다. 즉, '내부 통합'은 조직 내부적으로 질서와 예측성을 높임으로써 혼란을 감소시켜 과업의 성공에 기여하는 것이다.

'외부 적응성'도 1차적 성과인 '과업 성공'을 지원하는 것으로 군 외부환경 변화를 예측하고 적응하는 역량을 말한다.

그리고 군인정신(military ethos) 속에 구체화된 것으로 행위가치(conduct values)는 군 리더십 효과성 모형의 중앙에 위치하고 있다. 그것은 행위가치들은 리더의 모든 활동에 널리 영향을 미치고, 행동의 방향과 한계를 설정해 주기 때문이다.

캐나다 군은 실제적인 성과인 필수적 성과와 행위가치에 추가하여 2차적 성과(secondary outcomes)로 외부의 평판과 신뢰, 지원을 포함하고 있다. 즉, 캐나다 군이 직접적으로 영향력을 미치지는 않지만 캐나다 국민, 정부, 연합국의 군대, 그리고 국제사회가 군대로서, 고용자로서, 국가 기관으로서 캐나다 군에 대한 외부적 평판이 매우 중요하다는 것이다. 왜냐하면 군 외부 관계자들이 어떠한 평가를 하고 있느냐가 복무 중인 군인들의 긍지와 사기, 잠재적 군 지원자의 지원 여부, 정부와 국민들의 신뢰, 궁극적으로는 군에 대한 국민적 지원에 영향을 미치기 때문이다.

그런데 이러한 효과성 지표 또는 가치들을 동시에 실현하는 것은 가치들 간에 충돌이 있기 때문에 현실적으로 어려움이 있다. 예컨대, '과업 성공'과 '구성원의 복지'를 보장하려는 가치 사이에는 모순성(특히, 장병의 건강과 안전이 위험해질 수 있는 작전임무의 수행)이 있다는 것이다. 캐나다 군은 이러한 상황에서 과업의 성공을 무조건 최우선 가치로 두어서는 안 된다고 한다. 군인은 임무를 수행해야 할 법적·윤리적 의무가 있지만 작전적 목적 달성을 위해 그들에게 부여된 의무 이상(beyond the call of duty)의 활동을 수행하도록 요구하는 것은 비합리적이라고 한다.

조직의 통제력과 안정성을 높이려는 시도(내부 통합)는 예기치 않은 변화에 대응하는 유연성(외부 적응성)의 요구와 모순된다. 또한 군의 동질화와 집단 응집력의 강화로 인한 순종 현상은 다양성과 새로운 문제의 창조적 해결을 찾는 사고의 독립성을 제한한다. 또한, 원하는 결과(필수적 성과)를 산출해야 하는 의무와 이를 달성하는 수단과 방법이 법적·윤리적·직업적 기준과 일치하는가 사이에 갈등이 있을 수 있다.

어떤 목표의 달성, 마감 시한의 준수 또는 희소자원을 절약하라는 조직 내외의 압력은 리더에게 규정을 어기거나 무시할 것을 요구하기도 한다.

이와 같이 리더가 하나의 가치에 대해 지나치게 강조를 한다면 역효과가 발생할 수 있기 때문에 리더는 1차원적 접근을 지양해야 한다는 것이다. 그리고 캐나다 군의 핵심가치를 잘 알아 생활화하도록 하고, 이를 준수할 뿐만 아니라 경쟁하는 가치들이 조화와 균형을 이루도록 노력해야 할 것을 요구하고 있다.

이러한 캐나다 군의 리더십 효과성 모형은 일반적으로 군에서 최고의 가치를 두고 있는 '과업 성공'만이 아니라 과업완수에 기여하는 경쟁가치들과 외부의 평판과 신뢰 같은 2차적 성과까지도 효과성 지표로 포함했다는 것이 특징이라고 할 수 있다. 또한 일반적으로 군에서 효과성 지표에 포함하지 않는 구성원들의 복지와 헌신까지도 효과성 지표로 포함시키고 있다는 것은 한국군 리더들에게 시사해 주는 바가 크다고 하겠다.

육군은 리더십 효과성 지표로 군기, 사기, 단결, 직무에 대한 만족, 조직에 대한 몰입, 자발적 모범 행동 들을 제시하고 있다.

"측정대상이 되는 어떤 개념의 의미를 사전적으로 정의한 것"을 개념적 정의(conceptual definition)라고 하고, 이러한 개념적 정의를 "특정한 연구목적에 적합하도록 관찰 가능한 일정한 기준으로 변환시킨 것"을 조작적 정의라고 한다.

사기(士氣)에 대한 정의 속에는 만족(행복, 욕구충족 등), 동기부여, 그리고 집단에 대한 관심(협조행위, 공동 목표 등) 등을 포함하고 있는데, 한국군 용사들을 대상으로 수집한 자료의 요인분석을 통해 사기는 '자신감, 근무의욕, 만족감, 생동감'의 네 가지 차원으로 구성되어 있다.

군인복무규율(제4조 제5항)에서는 "사기는 군 복무에 대한 군인의 정신적 자세이며, 사기왕성한 군인은 자진하여 어려움에 임하고 즐거이 그 직책을 수행할 수 있다. 그러므로 군인은 자기 직책에 대한 이해와 자신감을 가져야 하며 굳센 정신력과 튼튼한 체력을 길러 죽음에 임하여서도 맡은 바 임무를 완수하겠다는 왕성한 사기를 간직하여야 한다"라고 명시하고 있다.

한국 육군에서는 집단 응집력과 유사한 개념인 '단결'을 리더십 효과성 지표로 제시하고 있는데, "전쟁의 승리는 오직 단결된 힘에 의해서만 얻을 수 있다. 단결의 요체는 구성원 모두가 팀워크와 공동체 의식을 기반으로 공동의 목표를 달성하기 위하여 모든 역량을 통합·집중하는 데 있다. 이러한 단결은 구성원 개개인의 힘을 합친 것보다 강한집단의 힘을 발휘할 수 있도록 함으로써 승패를 좌우하는 중요한 요소이다"라고 기술하고 있다.

집단 구성원들 간에 응집력이 높다고 해서 조직에 항상 긍정적인 영향을 미치는 것은 아니다. 집단 구성원들이 목표달성에 대한 의지가 없는 상태에서 응집력이 높다면 오히려 목표달성을 저해할 수 있고, 리더를 제외한 구성원들끼리만 응집력이 높다면 구성원들이 힘을 합쳐 리더에게 저항할 수도 있다. 또한 응집력이 지나치게 높다면 집단사고가 형성되어 반대 의견을 내지 못하는 획일적인 집단이 될 수 있다.

이라크전 참전자들을 대상으로 먼저 군에 입대한 이유를 조사한 결과 "대학 학자금을 벌기 위해, 직장을 구하기 전에 경험을 쌓기 위해, 군 복무를 한 가족의 전철을 밟기 위해, 또는 모험을 해보고 싶어서"라고 응답했다. 1~2명이 9·11테러 때문에 입대했다고 했지만 대부분은 입대 동기로 애국심이나 이데올로기를 언급하지 않았다. 그러나 이전의 연구와는 달리 자유, 민주주의 등의 이념들이 전투 동기부여의 중요한 요인으로 식별되었다.

이라크 군 포로들을 대상으로 한 연구에서는 "탈영을 하면 사후에 징벌을 받을 것이 두렵기 때문에 전투를 했다"고 한다. 강제로 병력을 더 이상 획득할 수 없기 때문에 모병제 군에서는 '신뢰에 의한 결속'이 '처벌의 공포에 의한 결손'을 대체했다.

캐나다 군 리더십 교범에서는 리더십 필수 기능들을 동료 및 하급 리더와 공유하고, 지휘계선상에 있는 장교, 준사관 및 부사관들의 리더십 잠재능력을 개발하여 활용하도록 하고 있다. 또한 캐나다 군 전 구성원의 잠재적 리더십 역량을 개발하고, 활용할 기회를 제공할 것을 요구하고 있다(Canadian Foreces Leadership Institute, 2005).

캐나다 군의 가치는 캐나다 군의 지향하는 것이 일반적 표현으로 구성원 개개인의 행동판단의 기준이 된다.

군인정신은 캐나다인의 핵심가치, 직업군인의 의무, 그리고 작전 구비요건을 반영하는 가치관, 신념 및 기대를 포함하고 있다. 이것은 직업 군인의 무게 중심 역할을 하고, 군사작전의 전문적 행위에 대한 윤리적 틀을 확립해 준다.

행위가치 속에는 캐나다의 시민 가치(선택과 표현의 자유, 이동의 권리, 법적 권리, 평등권 등), 법적 가치(사회 질서 확립과 이해 당사자 간의 충돌을 해결하는 법의 지배를 존중), 윤리적 가치(타인에 대한 행동을 관리하는 규칙과 원리를 규정하고, 사회적·문화적 차이와는 무관하게 모든 국민들에게 적용되는 가치, 예컨대 정직, 공정, 박애 등)가 포함된다.

다함께 참여하는 조별과제

1. 리더십의 효과성에 대해 조별 토의 후 발표하시오.

2. 군 리더십의 효과성에 대해 사례를 들어 조별 토의 후 발표하시오.

면접시험 출제[예상]

1. 우리 군의 해외파병에 대해 어떻게 생각하는가?

Tip

군의 장교, 부사관으로 간부가 되려는 지원자로서 긍정적인 답변이 필요합니다. 이라크 파병이나, 자이툰부대 파병 등 파병에 대해 기본지식이 있는지, 해외파병에 대한 가치관을 묻는 질문입니다.

답변 예문 ①

우리나라는 파병의 역사를 가진 나라입니다. 또한 UN군의 파병을 받아서 6·25전쟁을 치른 국가입니다. 해외파병에 찬성하며, 제가 장교, 부사관이 되어 해외파병 기회가 주어진다면 자부심을 가지고 적극 지원하겠습니다.

답변 예문 ②

6·25전쟁 시 한국을 지원한 UN파병국가는 16개 나라가 전투병을 파병(미국, 영국, 캐나다, 터키, 호주 등)하였고, 의료지원국(6개: 인도, 이탈리아, 덴마크, 스웨덴, 노르웨이, 독일), 물자/재정지원국(38개) 등 총 63개 국가에서 지원하였습니다.
한국군의 해외파병을 찬성하며 기회가 되면 적극 지원하겠습니다.

2. 신임 소대장(상급자)이 어려운 업무를 맡겼을 때 어떻게 하겠는가?

○ Tip

군 조직은 상명하복의 명령에 의해 움직이는 곳으로 절대복종의 긍정적인 마음가짐이 있는지를 묻는 질문입니다.

답변 예문

군의 조직은 상명하복이 존재하는 조직이라고 알고 있습니다. 따라서 먼저 명령에 복종하여 임무를 수행하고, 임무수행을 하다 어려움에 부딪치면 상관에게 적절한 대안을 건의해 볼 것이며, 그렇지 않다면, 임무완수를 위해 최선을 다해 노력할 것입니다.

유머 한마디(나도 웃기는 리더가 될 수 있다~)

◆ Tip

① 미국의 인디언 마을에서 가장 높은 사람은 누구일까요?[2]
  ▸ "추장"

② '추장' 보다 높은 사람은 누구일까요?
  ▸ "고추장"이다.

③ 그럼 '고추장' 더 보다 높은 사람은 누구일까요?
  ▸ "초고추장"이다.

④ 그렇다면 '초고추장' 보다 더 높은 사람은 없을까요?
  ▸ "태양초 고추장"이다.

---

2 류재화·정헌, 「유머의 추억」(서울: 페르소나), 2016. p.10.

나는 가수다(나도 노래를 잘 할 수 있다~)

○ Tip

바램	－노사연

내 손에 잡은 것이 많아서
손이 아픕니다
등에 짊어진 삶의 무게가
온 몸을 아프게 하고
매일 해결해야 하는 일 때문에
내 시간도 없이 살다가
평생 바쁘게 걸어 왔으니
다리도 아픕니다
내가 힘들고 외로워 질 때
내 얘길 조금만 들어 준다면
어느 날 갑자기 세월의 한복판에
덩그러니 혼자 있진 않겠죠
큰 것도 아니고 아주 작은 한 마디
지친 나를 안아 주면서
사 랑 한 다
정말 사랑 한다는
그 말을 해 준다면
나는 사막을 걷는다 해도
꽃길이라 생각 할 겁니다

우린 늙어가는 것이 아니라
조금씩 익어가는 겁니다
내가 힘들고 외로워 질 때
내 얘길 조금만 들어 준다면
어느 날 갑자기 세월의 한복판에
덩그러니 혼자 있진 않겠죠
큰 것도 아니고 아주 작은 한 마디
지친 나를 안아 주면서
사 랑 한 다
정말 사랑 한다는
그 말을 해 준다면
나는 사막을 걷는다 해도
꽃길이라 생각 할 겁니다
우린 늙어가는 것이 아니라
조금씩 익어가는 겁니다
우린 늙어가는 것이 아니라
조금씩 익어가는 겁니다
저 높은 곳에 함께 가야 할 사람
그대 뿐입니다

리더십 주요쟁점

03 리더십 주요쟁점

1. 리더십의 학문적 특성[1]

리더십이 과학(Science)인가, 예술(Art)인가라는 논쟁이 종종 제기된다. 여기서 과학은 "과학은 방법에 의해 획득된 일반적이고 종합적인 지식(원칙 또는 법칙)"을 의미하는 반면에 예술은 "경험, 학습, 관찰을 통해 얻어진 기술 또는 분석적이지 않은 창조적 활동"을 의미한다.

만일 리더십을 과학적으로 접근하면 모든 상황에 적용할 수 있는 다음과 같은 몇 가지 리더십의 원칙을 제시할 수 있다.

첫째, 인간은 다양성과 독창성을 갖고 있기 때문에 획일적으로 대해서는 안 되고, 개개인의 특성을 고려하여 차별화된 방법으로 대해야 한다.

둘째, 인간이 다양성과 독창성을 갖고 있기는 하지만 사랑, 미움, 두려움, 분노, 즐거움, 기쁨과 같은 감정과 느낌을 갖고 있다는 공통성과 일관성을 갖고 있다. 물론 이러한 감정들이 문화에 따라 달리 표현될 수 있지만 세계의 어느 곳에 있는 사람이든 간에 그러한 감정들을 갖고 있다는 사실이다. 따라서 리더는 항상 팔로워들의 감정적 반응을 고려해야 한다.

셋째, 대부분의 사람들이 존경, 신뢰, 그리고 인정받기를 원한다.

"내가 대접받고 싶은 대로 남을 대접하라"는 것은 보편적 원칙이다.

넷째, 사람들은 의사소통에 대한 강한 욕구를 갖고 있다. 따라서 리더가 자신에게 영향을 미치는 것들에 대한 적시 적절한 정보를 제공해 주기를 원한다. 또한 리더들이 자신의 아이디어를 경청하고 존중해 주기를 원한다.

---

1 최병순, 「군 리더십」(서울: 북코리아, 2011), pp.75~80. 참고하여 정리.

다섯째, 인격이 중요하다는 것이다. 사람들은 리더가 진실을 말하고 언행이 일치되기를 원한다.

리더십에는 이와 같은 보편적이고, 일관성 있는 원칙이 있기 때문에 과학의 영역에 속한다고 할 수 있다. 즉, 리더십은 정치학이나 경영학과 같은 하나의 학문 영역이라고 할 수 있다. 그러나 리더십 교수나 학자와 같이 리더십 전문가가 된다는 것이 중요한 리더가 되는 필요충분조건은 아니다. 어떤 사람은 리더십 교육을 받은 적이 없어도 리더십을 잘 발휘하지만, 어떤 사람은 리더십 전문가이지만 리더십을 잘 발휘하지 못한다. 그러나 이러한 사실이 리더십에 관한 지식이 리더십 효과성에 무관하다는 것을 말해 주는 것은 아니다. 리더십에 대한 학문적 지식이 필수요건은 아니지만, 리더십에 관련된 지식을 많이 알고 있다면 다양한 관점을 이용하여 상황을 더 잘 분석하는 데 도움이 된다. 리더십에 관한 지식을 많이 갖고 있다면 리더십을 더 효과적으로 발휘할 수 있는 통찰력을 가질 수 있다는 것이다. 그러나 예술가들이 똑같은 상황(사물, 사건 등)을 보고도 서로 다르게 인식하여 서로 다른 예술작품(음악, 그림, 문학작품 등)을 창조하는 것처럼 상황을 분석하고, 이에 대응하는 방법은 리더에 따라 다를 수 있다.

이와 같이 리더는 자신이 알고 있는 리더십에 관한 이론과 원칙, 그리고 기법들을 예술가처럼 상황에 따라 창조적으로 적용해야 하기 때문에 리더십은 과학과 예술의 결합이라고 할 수 있다. 리더십을 발휘하는 데 과학과 예술은 상호 배타적인 성격을 갖고 있지만, 상호보완적인 기능을 한다. 만일 리더십에 대한 체계적인 지식(이론 및 기법)이 없다면 운이나 직관 또는 과거의 경험에만 의존해야 하지만 리더십에 대한 체계적인 지식을 갖고 있다면 리더로서 어떤 문제의 해결책을 좀 더 잘 마련할 수 있을 것이다.

따라서 리더십에 대한 더 많은 과학적 연구를 통해 현재보다 리더십에서 차지하는 과학의 영역이 점점 더 넓어질 것이지만, 예술의 영역은 여전히 남게 될 것이기 때문에 리더들은 리더십에 관한 과학적 지식뿐만이 아니라 예술성(artistry)도 함께 구비해야만 한다.

이상과 같은 리더십이 과학인가 예술인가라는 논쟁의 연장선상에서 리더십과 유사한 성격을 갖고 있는 경영학이 하나의 독자적인 학문 영역으로 발전하면서 초기에 학문적 적합성에 의문을 제기되었던 바와 같이 리더십이 과연 하나의 학문 영역이 될 수 있을지에 대한 의문이 제기되기도 한다.

일반적으로 어느 연구 분야가 학계에서 하나의 독자적인 학문으로서 인정을 받기 위해서는 일반적으로 다음과 같은 조건을 구비해야 한다.

첫째, 독자적인 연구영역과 대상이 있어야 한다. 옛날에는 철학이나 신학 등의 소수의 학문만이 학문의 영역으로 인식되었지만 근세 이후 자연과학, 사회과학, 인문과학의 여러 분야에서 새로운 학문의 연구영역을 개척해 왔다.

둘째, 관련 지식체계를 구축하기 위한 연구의 방법론이 있어야 한다. 즉 연구영역의 독자성과 더불어 연구방법론의 독자성을 인정받게 될 때 비로소 학문이라고 할 수 있다.

셋째, 그 학문을 연구하는 연구자들의 집단이 형성되어야 한다.

이러한 관점에서 보면 리더십은 <표 3-1>과 같이 독자적인 연구대상과 영역, 연구방법이 있고, 그리고 리더십을 전문적으로 연구하는 학문공동

표 3-1 | 리더십의 학문적 특성

구 분	내 용
연구대상	리더의 특성과 행동, 리더십에 영향을 미치는 상황변수, 그리고 이러한 리더십 영향변수 간의 상호작용 ※ Leadership Effectiveness－f (Leader, Follower, Situation)
연구방법	다중학문적 접근(Interdisciplinary Approach) ※ 심리학, 사회심리학, 사회학, 문화인류학, 정치학 등
연구공동체	• 외국에서는 리더십 전공 학사 및 석·박사 과정 운영 　※ 국내는 국방대학교 중심으로 리더십 석사·박사과정 운영 중 • 리더십 저널 : Leadership, Leadership Quarterly, Journal of Leadership Studies 등 • 국내외에서 리더십 학회 활동(국내 2개 학회 활동)
학문적 특성	실천 및 응용 학문

체가 형성되어 있기 때문에 독자적인 학문 분야로 인정받을 수 있다.

첫째, 리더십의 연구 대상 및 영역은 리더십 효과성에 영향을 미치는 리더의 특성과 행동, 리더십에 영향을 미치는 상황변수(집단, 조직구조, 문화, 조직환경 등), 그리고 이러한 리더십 효과성에 영향을 미치는 변수들 간의 상호작용 또는 상호 간의 관계이다. 따라서 대부분의 리더십 교과서들은 효과적인 리더의 특성과 행동, 리더와 팔로워의 관계, 리더십 효과성과 상황변수와의 관계 등을 설명하는 이론들을 주 내용으로 하고 있다.

그리고 리더십 연구의 내용은 <표 3-2>와 같이 개인수준, 집단수준, 조직수준으로 구분할 수가 있고, 연구 수준에 따라 다양한 인접 학문의 지식을 활용하고 있다. 이것은 리더십을 효과적으로 발휘하기 위해서는 거의 모든 학문적 지식이 직간접적으로 활용되어야 한다는 것을 의미한다. 예컨대, 심리학이나 사회학의 지식은 리더십을 이해하는 데 직접적인 도움을 주는 학문 분야이지만, 논리학이나 수학은 논리적 사고를 형성하는데 도움을 주는 학문으로서 리더십과 간접적으로 연관성이 있다. 즉, 리더가 리더십을 효과적으로 발휘하기 위해서는 이와 같은 다양한 학문적 지식을 구비해야 한다는 것이다.

둘째, 리더십은 종합학문적 성격을 갖고 있기 때문에 연구방법으로 다중학문적 접근방법(Interdisciplinary Approach)을 사용한다. 따라서 <표 3-2>에

표 3-2 | 리더십 연구내용 및 관련 학문

연구 범위	연구 내용	관련 과목	관련 학문
개인 수준	가치관, 태도, 성격, 지각, 학습, 동기부여, 셀프 리더십 등	조직행동, 학습심리, 성격심리 등	심리학
집단 수준	집단역학, 규범, 역할, 신분, 의사소통, 의사결정, 권력, 조직정치, 갈등협상, 팀 리더십 등	집단역학, 의사결정론, 리더십 이론 등	사회심리학, 정치학
조직 수준	조직구조, 조직환경, 조직문화, 조직개발, 전략적 리더십 등	조직론, 조직개발론, 조직환경론 등	사회학, 문화인류학

서 보는 바와 같이 다양한 학문적 지식을 활용하고 있지만, 그러한 지식들을 그대로 활용하는 것이 아니라 리더십을 설명하는 데 관련된 지식들을 응용하는 것이다.

셋째, 리더십을 전문적으로 연구하는 연구집단, 즉 리더십 학회 또는 연구회가 결성되어 활발하게 활동하고 있고, 국내외에 수많은 리더십 연구기관이 군, 기업, 대학 등에 설치되어 있다. 또한 리더십 연구 논문을 게재하는 Leadership Quarterly, Journal of Leadership Studies 등의 리더십 전문학술지가 발간되고 있다.

따라서 리더십은 조직행동처럼 실천 및 응용 학문(Art & Science)으로서 독자적인 학문영역을 구축하고 있다고 할 수 있다.

2. 리더십과 관리

일반적으로 리더십(leadership)은 모험적, 동태적, 창조적, 변화, 비전 등 과 같은 단어를 연상하게 하지만, 관리(management)는 효율성, 계획, 서류작업, 절차, 규정, 통제, 일관성 등과 같은 단어를 연상하게 한다. 이와 같이 서로 다른 개념으로 인식되고 있지만 다른 한편으로 리더십과 관리는 둘 다 영향력을 행사한다는 점, 사람을 통해 일을 한다는 점, 그리고 효과적으로 목표를 달성하려 한다는 점 등에서 유사성도 있다.

이러한 특성을 갖고 있는 리더십과 관리의 관계에 대해 <그림 3-1>에서 보는 바와 같이 다양한 관점이 있다.

그림 3-1 | 리더십과 관리의 관계

첫 번째 관점은 리더십과 관리가 질적으로 다르다는 것이다. 대표적인 학자들인 Bennis(1989)와 Zaleznik(1983)은 리더와 관리자는 서로 양립할 수 없는 가치관과 성격을 갖고 있는 근본적으로 다른 종류의 사람이기 때문에 <표 3-3>에서 보는 바와 같이 리더십과 관리가 동시에 발휘될 수 없다고 주장한다.

즉, 관리자는 안정, 질서, 효율성을 중시하고 일을 수행하는 방식과 일을 올바르게 하는 데 관심을 갖는 반면에, 리더는 유연성, 혁신과 변화, 적응을 중시하고 일의 목적(의미)과 이유, 그리고 옳은 일을 하는 데 관심을 갖는다.

Burke(1986)와 Yukl(2002)은 관리와 리더십을 구분하기는 하지만 관리자와 리더를 별개의 사람으로 보지는 않는다. 목표와 방향을 명확히 하고, 목표달성을 위해 사람들에게 영향을 미치는 활동을 할 때 관리자는 리더십을 발휘하고 있는 것이고, 목표달성을 위해 계획, 조직화, 충원 및 통제 활동을 할 때 리더는 관리를 하고 있다는 것이다.

Kotter(1990)는 관리는 복잡성에 어떻게 대처하는가, 그리고 리더십은 변화에 어떻게 대처하는가에 초점을 맞추어 기술하고 있다. 즉, 관리는 계획,

표 3-3 | 관리자와 리더의 차이

관리자	리 더
• 행정	• 혁신
• 유지	• 개발
• 시스템과 구조에 초점	• 사람에 초점
• 통제	• 신뢰
• 단기적 관점	• 장기적 관점
• 수행방법과 시기에 관심	• 수행 목적과 이유에 관심
• 모방	• 창조
• 현상유지	• 현상에 도전
• 일을 올바르게 함	• 옳은 일을 함

출처: Bennis(1989)

조직화, 예산 편성, 인원 배치, 통제 그리고 문제해결 등을 통해 현재 시스템을 유지하는 것이고, 리더십은 비전과 전략을 개발하고, 전략을 뒷받침하는 인력을 배분하며, 장애가 있을지라도 팔로워들이 비전을 갖도록 하는 것이라는 것이다. 또한 관리는 위계와 시스템을 통해 일하고, 경직적이고 냉정한 반면에, 리더십은 사람과 문화를 통해 일하고, 경직적이고 냉정한 반면에, 리더십은 사람과 문화를 통해 일하고, 부드럽고 유연하며 따뜻하다고 구분하고 있다. 즉, 관리는 일이 효율적으로 이루어지게 하는 반면에 리더십은 유용한 변화가 일어나게 하기 때문에 리더십과 관리 중 어느 것이 더 좋고 나쁜 것이 아니라 성공적으로 조직을 이끌어 가려면 둘 다 필요하다고 한다.

Covey(1992)는 두뇌지배이론의 관점에서 관리자의 역할은 주로 단어, 구체적인 요소, 논리, 분석, 연속적 사고와 시간을 더 많이 다투는 좌뇌의 지배를 받는 반면에, 리더의 역할은 감정, 그림, 요소들 사이의 관계, 통합, 직관, 전체적 사고를 더 많이 다투고 시간 제약을 받지 않는 우뇌를 기반으로 한다고 한다. 따라서 "좌뇌로 관리하고, 우뇌로 리드해야 한다"고 주장한다.

두 번째 관점은 리더십과 관리의 두 기능 사이에 중첩 부분이 있다는 것이다. Adair & Reed(2003)는 관리는 모든 자원에 대한 책임, 리더십은 인적자원에 대한 책임이므로, 리더십과 관리는 서로 다른 개념이지만 중첩 부분이 점점 커지고 있다고 한다. 즉, 리더십은 변화를 주도하는 경향이 있다는 점에서 관리와 차이가 있지만 관리와 리더십 둘 다 다른사람을 통해서 목표를 달성하고, 결과를 추구한다는 점에서 공통점이 있다는 것이다. 마찬가지로 Hughes 등(1999)도 리더십과 관리는 서로 중첩되는 기능이기 때문에 어떤 기능들은 리더와 관리자가 서로 다르게 수행하지만 둘 다 공통적으로 수행하는 기능도 있다고 주장한다.

세 번째 관점은 대부분의 경영학자들의 견해로 리더십은 관리 기능의 하나라는 것이다. 즉, 관리는 모든 자원에 대한 책임을 지는 것이고, 리더십은 인적자원에 대한 책임을 지는 것이므로 관리의 일부 기능으로 리더십을 보아야 하다는 것이다. 이러한 입장을 취하는 대표적인 학자인 Minzberg(1973)는 경영자들을 대상으로 한 연구결과를 토대로 관리자의 역할을 10가지로 분류하면서 리더로서의 역할을 관리자 역할의 하나로 보고 있다.

이와 같이 리더십과 관리에 대한 여러 가지 견해가 있지만 모든 관리자 또는 리더는 리더십 기능과 관리 기능을 상황에 따라 둘 다 수행해야 하기 때문에 리더십과 관리는 상호보완적인 기능이고, 둘 다 관리자나 리더에게 필수적이다. 관리가 없는 강한 리더십은 혼란을 야기하고, 리더십이 없는 강력한 관리는 조직을 파멸의 길로 몰아넣는다.

따라서 리더십과 관리가 비록 개념적으로 구분될 수 있다고 하더라도 현실적으로 공식조직에서 크건 작건 간에 직책을 맡고 있는 사람은 관리자이면서 동시에 리더의 역할을 수행하고 있기 때문에 리더와 관리자의 역할을 구분하기가 어렵거나 무의미하다고 할 수 있다. 리더십과 관리가 서로 다른 것은 분명하지만 오른손과 왼손, 코와 입의 차이에 불과하고, 모두 한 몸 속에 있는 것이다.

그런데 관리자는 모두 리더라고 할 수 있지만, 모든 리더가 공식적인 권한을 갖고 상대방을 거느리는 관리자는 아니기 때문에 <그림 3-2>과 같

그림 3-2 | 연구자의 리더십과 관리의 관계

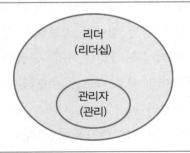

이 관리자를 리더의 하위 범주로 볼 수 있다. 따라서 관리자가 수행하는 관리 기능이 리더가 발휘하는 리더십에 포함되는 것으로 볼 수 있다. 리더십을 행사하는 것(ldading)과 관리를 행하는 것(managing)은 서로 별개라고도 할 수 있지만, 리더에게 둘 다 중요한 역량이기 때문에 리더가 효과적으로 리더십을 발휘하기 위해서는 관리 역량도 함께 구비해야 한다는 것이다. 관리만 잘하고 리더십이 부족한 리더는 나아갈 방향과 목표를 잃게 된다. 반면에 리더십은 있지만 관리능력 부족한 리더는 단기적으로 성공할 수는 있지만 곧 무너질 수 있다.

군의 간부인 장교와 부사관은 지휘자(관) 또는 참모로서 각급 부대 또는 참모부서의 리더로서 역할을 수행하기 때문에 리더십 역량뿐만 아니라 관리 역량을 보유해야 한다. 조직이 나아가야 할 방향(비전)을 제시하고, 조직을 위해 헌신하는 것은 물론 관리자로서 냉철하고 객관적인 시각을 가진 리더, 복잡한 조직에서 발생하는 혼란과 혼돈 속에 숨어 있는 단순함과 질서정연한 이치를 간파해낼 수 있는 리더, 분석적이면서도 창의적이고, 과거 경험에 얽매이지 않는 유연한 사고를 할 수 있는 리더, 자신의 일과 조직을 사랑하는 리더, 조직원들을 진정으로 사랑하고 존중하며 내면에 잠재되어 있는 뜨거운 열정을 불러일으킬 수 있는 리더, 조직 관리를 매우 도덕적이고 윤리적인 과업으로 생각하는 리더, 그리고 현실세계에서 실리를 추구하면서도 자기자신의 이해관계보다는 어떤 가치나 목적을 더욱 소중히 생각하는 리더가 되어야 한다.

3. 군에서 지휘·리더십·관리의 관계

1) 미 육군 리더십 교범

미 육군 리더십 교범(Department of the Army, 2006)에서는 지휘(command)는 군 고유의 특별한 법적 리더십 책임이다. 그리고 군 지휘관이 계급과 직책으로 상대방들에게 합법적으로 행사할 수 있는 권한(authority)이다.

지휘는 리더십, 그리고 부여된 임무를 완수하기 위해 가용자원의 효과적인 사용, 군사력의 획득·계획·조직·지시·조정·통제, 부대 준비태세와 부대원들의 건강, 복지, 사기, 군기 유지 등의 책임을 포함한다고 기술하고 있다.

또한 "상대방들이 근무시간이 끝난 후에 어떻게 살고 있고, 어떻게 행동하고 있는지에 대해 상관이 알아야 하는 곳은 군대밖에 없다"라며, 근무시간에만 상대방들의 행동에 대해 책임을 지는 일반 조직에서의 리더와 달리, 군 지휘관은 근무시간만이 아니라 근무시간 외의 상대방들의 삶까지도 관심을 갖고 배려를 해야 하는 특별한 책임이 있음을 명시하고 있다.

이와 같이 미 육군은 리더십과 관리를 <그림 3-3>에서 보는 바와 같이 서로 다른 개념으로 보고, 지휘를 리더십과 관리를 포괄하는 군 고유의 특별한 권한과 책임으로 보고 있다.

그림 3-3 | 리더십과 관리의 관계

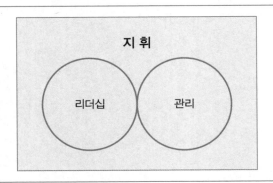

2) 캐나다 군 리더십 교범

캐나다 군 리더십 교범(Canadian Forces Leadership Institute, 2005)에서는 지휘를 "군사력을 지시, 조정 및 통제하기 위해 군 구성원에게 부여된 공식 권한"으로 정의하고 있다. 지휘관은 공식 권한이나 개인적 자질을 활용하여 다른 사람들이 자신의 의도나 집단목표와 일치하는 방향으로 행동하도록 영향력을 행사해야 한다. 그러나 리더십은 한 가지 중요한 점에서 지휘와 다르다. 지휘 권한은 군 지휘계통을 따라 하향적으로만 행사되지만, 리더십은 군 조직계층의 상·하·좌우 전방향(全方向)으로 행사될 수 있다는 것이다. 리더십은 공식적 권한에만 한정된 것이 아니라 지휘계통의 어디에 있든지 동료와 심지어 상관에게까지도 영향력을 미칠 수 있다는 것이다.

캐나다 군 교범에서는 <그림 3-4>에서 보는 바와 같이 지휘, 일반관리, 리더십, 그리고 자원 관리의 기능적 상호관계를 설명하고 있다. 그림에서 군 지휘(military command)와 일반 관리(general management)의 상자(box)는 공식 권한의 경계를 나타내고, 지휘관과 관리자의 관리자의 역할과 관련된 대표적 기능을 나타내고 있다. 지휘 기능에는 일반적인 관리 기능(계획, 문제해결,

그림 3-4 | 캐나다 군에서 '지휘-관리-리더십'의 관계

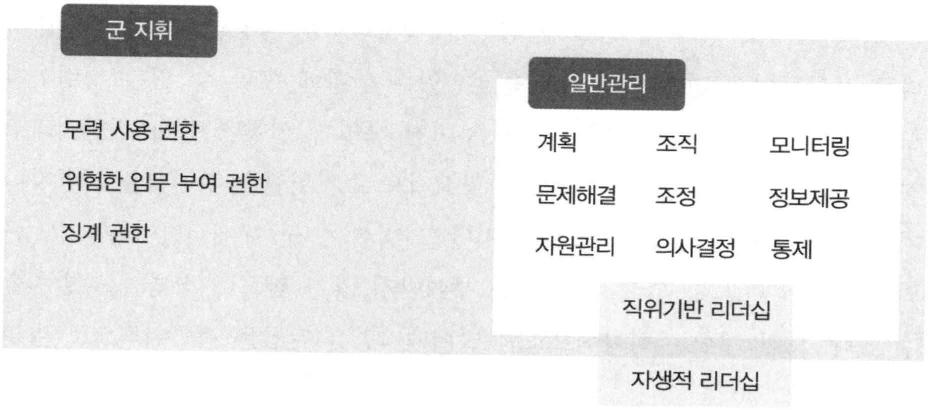

자원관리 등)뿐만 아니라, 군 지휘에만 고유한 권한으로 대규모 살상력 사용 권한, 타인을 위험에 처하도록 할 수 있는 권한, 그리고 징계권한을 포함한다. 그런데 리더십은 지휘관만이 아니라 지휘권이 없는 사람에게서도 발휘될 수 있다고 본다.

캐나다 군에서는 리더십을 공식적인 권한을 부여 받거나 민주적 선거 등을 통해 획득될 수 있는 직위기반 리더십(position - based leadership)과 사회적 역할, 상황적 요구, 집단 구성원들의 역량과 동기부여에 따라 획득될 수 있는 자생적 리더십(emergent leadership)으로 구분하기 때문이다.

이와 같이 캐나다 군에서 리더십은 지휘관에게 필수적으로 요구되는 것이지만 미 육군과 마찬가지로 리더십과 관리가 같은 것은 아니라고 본다. 또한 지휘는 지휘관에게 위임된 권한 범위 내에서 지휘계통을 따라 하향적으로만 발휘될 수 있지만, 리더십은 조직의 직위에 관계없이 누구나 발휘할 수 있다고 본다. 더욱이 합목적적인 영향력, 즉 군의 목표를 달성하기 위해 행사하는 영향력은 지휘계통 아래로 뿐만 아니라 지휘계통 위로도, 지휘계통을 가로 질러서도, 그리고 군의 경계를 넘어서 조차도 발휘될 수 있다고 한다.

미 육군과 캐나다 군 리더십 교범의 내용을 종합해 보면 '지휘'(command)는 군 고유의 특별한 리더십 권한과 책임으로서 리더십(leadership)과 관리(management)를 포함하는 상위개념이고, 지휘계통을 따라 하향적으로 발휘되는 특성을 갖고 있다. 그리고 '지휘'는 무력(살상력)을 사용할 수 있는 권한과 다른 사람들이 생명의 위협을 받을 수 있는 상황에 처할 수 있는 명령까지도 내릴 수 있도록 군 리더(관)에게 주어진 특별한 영향력 행사 권한이라고 할 수 있다. 그러나 '지휘'는 군에서 공식적으로 지휘권을 부여받은 지휘자나 지휘관이 상대방들에게만 할 수 있지만 '리더십'은 군 내에서만이 아니라 군 외에서도 발휘될 수 있고, 지휘권을 부여받지 않은 참모나 장병들도 발휘할 수 있다. 또한 지휘는 하향적으로만 발휘되지만 리더십은 전방위적으로 발휘될 수 있다.

3) 군의 지휘·리더십·관리 적용

'Art'를 '기술'이라고 번역할 수도 있지만, 여기서는 리더십이 과학적 속성을 갖고 있는가, 아니면 예술적 속성을 갖고 있는가라는 의미로 사용하고 있기 때문에 '예술'(藝術)이라는 용어를 사용하였다.

국방대학교는 2000년에 군 리더십 교육 및 연구 전문인력 육성을 목표로 석사·박사과정을 개설하여 현재까지 200여 명의 리더십 석사·박사과정 졸업자를 배출하였다.

Zaleznik(1983)은 어떤 사람들은 본성적으로 관리자이고, 어떤 사람은 본성적으로 리더라고 주장한다. 그러나 실제로 조직이 성공적으로 운영되기 위해서는 두 기능이 다 필요하기 때문에 누가 더 좋다는 것을 의미하는 것은 아니다.

관리 기능은 학자에 따라 다섯 가지로 구분하기도 하지만 일반적으로 계획(Planning), 조직화(Organizing), 리더십(Leading), 통제(Controlling)의 4대 기능으로 구분한다.

Minzberg(1973)가 분류한 관리자의 10가지 역할은 대자 역할, 리더 역할, 연락자 역할, 정보 분배자 역할, 모니터 역할, 대변자 역할, 창업가 역할, 위기관리자 역할, 자원할당자 역할, 협상자 역할이다.

군에서는 일반적으로 지휘관만 리더로 생각하는 경향이 있지만, 참모도 참모부서의 리더로서의 역할을 수행한다.

기업에서 과거에는 관리자를 더 필요로 했지만, 경쟁이 치열해지고 있는 경제전쟁시대인 오늘날에는 리더를 더 요구하고 있다. 그리고 군대에서는 평시에는 관리자로서의 역할을 더 많이 요구하지만, 전투상황에서는 리더로서의 역할을 더 많이 요구한다.

Henry Fayol(1916)은 경영자로서의 자신의 경험을 기초로 작성한 "산업 및 일반 관리론"(Administration Industrielle et Générale)이라는 논문에서 관리의 기능을 '계획·조직·지시·조정·통제'의 5대 기능으로 분류하였다.

한국군에서는 리더십이라는 용어보다는 지휘(指揮) 또는 지휘통솔(指揮統率)이라는 용어를 더 많이 사용해 왔다. 그리고 미군의 영향을 받아 소대장(platton leader)과 분대장(squad leader)은 지휘자(指揮者/leader), 중대장(company commander) 이상은 지휘관(指揮官/commander)이라는 용어를 사용하고 있다. 이와 같이 미군에서 소대장 이하는 'leader', 중대장 이상은 'commander'라는 용어를 사용하고 있는 것은 'command'가 'leadership'보다 더 상위개념이라는 것을 의미하고, 중대급 부대 이상에서 행정 및 관리업무가 이루어지기 때문이다.

다함께 참여하는 조별과제

1. 리더십을 '과학과 예술 측면'에서 조별 토의 후 발표하시오.

2. 군에서 '지휘와 리더십의 관계'에 대해 조별 토의 후 발표하시오.

1. 북한이 핵을 보유하는 것에 대해 어떻게 생각하는가?

◐ Tip

대한민국 국민으로서 우리에게 북한의 핵은 어떠한 위협이 되는지를 묻는 질문입니다.

답변 예문
북한은 한국에 가장 위협이 되는 적이며, 그들이 보유하고 있는 핵은 한국군에게 가장 큰 위협이 되고 있으므로 반드시 제거되어야 한다고 생각합니다.
북한이 핵을 보유함으로써 북한이 주장하는 한반도 적화통일로 전쟁위협이 상존하는 것이며, 암적인 존재라고 생각합니다.

2. 업무를 추진하면서 상급자와 의견 차이가 발생했을 때 어떻게 행동하겠는가?

◐ Tip

조직에서 특히 군에서 상·하급자 간에 발생하는 갈등을 어떻게 해결하려고 하는 지 올바른 인성과 가치관에 관한 질문입니다.

답변 예문
상관이라 함은 군에서 저보다 더 많은 경험과 노하우를 알고 또 이에 대처하는 능력이 저보다 월등하다고 믿습니다. 물론 저의 사고와 상관의 업무적인 측면에서 상의한 의견 차이가 발생한다면 먼저, 상급자의 의견을 경청하고, 제 의견을 제시하여, 절충안을 찾되, 상급자의 주장에 보다 관심을 표명하겠습니다.

유머 한마디(나도 웃기는 리더가 될 수 있다~)

❂ Tip

① 부처님 오신 날 어간에 성철스님 말씀으로 얘기를 하면 성철스님 말씀 중에 가장 생각나는 말씀이 무엇이냐고 물으면, "산은 산이요, 물은 물이다"라고 답을 한다. 그래서 성철스님께서 열반에 드신 후 그 말씀이 바뀌었는데, 어떻게 바뀌었을까요?
  ▶ "산은 산이요, 물은 셀프"로 바뀌었다.

② 멋있는 건배사로 '앗싸 가오리'를 추천한다. 무슨 뜻일까요?
  ▶ "아끼고 사랑하며, 가슴에 오래 남는 리더가 되자"이다.

나는 가수다(나도 노래를 잘 할 수 있다~)

○ Tip

챔피언	−싸이

진정 즐길줄 아는 여러분이
이 나라의 챔피언 입니다 하
모두의 축제 서로 편가르지 않는 것이 숙제
소리 못 지르는 사람 오늘 술래
다같이 빙글 빙글 강강수월래
강강수월래 (수월래)
함성이 터져 메아리 퍼져
파도 타고 모두에게 퍼져
커져 아름다운 젊음이
갈라져 있던 땅덩어리 둥글게 둥글게
돌고도는 물레방아 인생 사나인데
가슴 쫙 펴고 화끈하게
손뼉을 치면서 노래를 하면서
이것 보소 남녀노소 좌우로 흔들어
(챔피언) 소리 지르는 네가
(챔피언) 음악에 미치는 네가
(챔피언) 인생 즐기는 네가
(챔피언) 네가 (챔피언) 네가
(챔피언) 소리 지르는 네가
(챔피언) 음악에 미치는 네가
(챔피언) 인생 즐기는 네가 챔피언
전경과 학생 서로 대립했었지만 나인 같아
고로 열광하고 싶은 마음 같아
오늘 부로 힘을 모아 합세 하나로 합체
모두 힘을 길러 젊음을 질러
자유로운 외침이
저기 높은 하늘을 찔러 소리 질러

우리는 제도권 killer
둥글게 둥글게 돌고도는 물레방아 인생
사람인데 똑같이 모두 어깨동무
손뼉을 치면서 노래를 하면서
파벌 없이 성별 없이 앞뒤로 흔들어
(챔피언) 소리 지르는 네가
(챔피언) 음악에 미치는 네가
(챔피언) 인생 즐기는 네가
(챔피언) 네가 (챔피언) 네가
(챔피언) 소리 지르는 네가
(챔피언) 음악에 미치는 네가
(챔피언) 인생 즐기는 네가 챔피언
질러 볼까 더 크게 뛰어 올라 더 높게
내일 걱정은 낼 모레 모두들 미쳐 보게
둥글게 둥글게 돌고도는 물레
방아 인생이 한방인데
바람 따라 구름 따라
손뼉을 치면서 노래를 하면서
주먹을 쫙 피고 하늘로 아래위로 흔들어
(챔피언) 소리 지르는 네가
(챔피언) 음악에 미치는 네가
(챔피언) 인생 즐기는 네가
(챔피언) 네가 (챔피언) 네가
(챔피언) 소리 지르는 네가
(챔피언) 음악에 미치는 네가
(챔피언) 인생 즐기는 네가 챔피언

04

특성 · 행동이론

04 특성 · 행동이론

　　리더 중심 패러다임은 리더의 특성, 행동, 역량 등이 리더십 효과성을 결정하는 핵심요소라고 보는 리더십 패러다임이다. 즉, 리더가 리더십 효과성 또는 조직의 성과를 결정하는 핵심요소라는 것이다. 따라서 리더의 바람직한 특성 및 행동을 탐색하며, 리더가 구비해야 할 핵심역량을 식별하고 개발하는 데 초점을 맞춘다.

　　이러한 리더십 패러다임을 기반으로 한 리더십 이론들은 앞에서 본 바와 같이 리더십 특성이론, 리더십 행동이론, 리더십 역량모형, 전 범위 리더십, 그리고 최근에 많은 관심을 끌고 있는 오센틱 리더십(authentic leadership), 셀프 리더십, 감성 리더십, 슈퍼 리더십, 섬김 리더십 등을 들 수 있다.

1. 특성이론[1]

　　리더십에 대한 초기 연구들은 리더는 타고나는 것이지 만들어지는 것이 아니라는 전제 하에 효과적인 리더와 비효과적인 리더를 구분해 주는 특성들을 식별해 내기 위해 나폴레옹, 히틀러, 링컨, 간디, 케네디처럼 성공적으로 리더십을 발휘한 사람들이 소유하고 있는 공통적인 특성을 찾는 데 초점을 맞추는 특성이론(trait theory)을 기반으로 하였다. 그동안의 리더십 특성에 관한 연구결과들은 단순히 리더십 특성의 분석만으로는 리더십 효과성을 제대로 설명하거나 예측할 수 없지만, 리더의 개인적 특성이 리더십 발휘에 영향을 미치는 중요한 요소라는 데는 의견을 같이 하고 있다. 예컨대, 리더의

---

1 최병순, 「군 리더십」(서울: 북코리아, 2011), pp.141~148. 참고하여 정리.

성격에 따라 리더의 행동이 다르고, 학습 태도와 행동의 변화 속도도 다르다. 최근 들어 리더십 교육과정에서 성격 진단 도구인 에니어그램이나 MBTI 등을 활용하고 있는 것은 리더의 성격이 리더십 행동, 나아가 리더십 효과성에 영향을 미치는 중요한 요소라는 인식에서 출발한 것이다.

여기서는 그동안의 여러 학자들의 연구결과를 토대로 리더에게 요구되는 일반적인 특성과 군 리더에게 요구되는 특성이 무엇인지를 살펴본다.

1) 리더에게 요구되는 특성

1930~1940년대에 수많은 리더십 특성연구들이 행해졌는데, 연구결과들을 종합해 보면 <표 4-1>에서 보는 바와 같이 활동성(activity), 기력(energy), 키, 몸무게 등과 같은 신체적·체질적 요인, 행정능력, 지능, 판단력, 지식, 실무능력, 언어능력 등의 능력, 성취욕구, 야망, 적응력, 공격성, 조심성, 반권위주의, 지배성, 감정적 균형성 등의 성격 특성, 그리고 협조성, 대인관계능력, 감수성, 명성, 인기, 사회성, 사회경제적지위 등과 같은 사회적 특성 등이 리더십 효과성과 관련이 있는 특성으로 나타났다. 즉, 이러한 특성을 더 많이 갖고 있는 리더는 더욱 더 효과적인 리더가 될 가능성이 높다는 것이다.

표 4-1 | 리더에게 요구되는 특성

신체적·체질적 요인	능 력	성격 특성	사회적 특성
활동성, 기력, 차림새, 외모, 키, 체중	행정능력, 지능, 판단력, 지식, 실무능력, 언어능력	성취욕구, 야망, 적응력, 공격성, 조심성, 반권위주의, 지배성, 감정적 균형성, 통제력, 열정, 외향성, 독립성, 주도성, 불순응성, 통찰력, 진실성, 객관성, 독착성, 끈기, 책임감, 자신감, 유머감각, 스트레스 내성	협조성, 대인관계능력, 감수성, 명성, 인기, 사회성, 사회경제적지위

출처: Jago(1982: 317).

표 4-2 | 리더십 특성과 효과성과의 관계

리더십 효과성과 높은 상관관계	리더십 효과성과 낮은 상관관계
독창성, 인기, 사교성, 판단력, 적극성, 유머 감각, 활동성, 출세 욕구, 협조성, 운동능력	나이, 키, 체중, 체격, 기력, 외모, 지배성, 분위기 통제력

출처: Bass(1990 : 75-77).

그런데 이러한 리더십 특성 중에서 <표 4-2>와 같이 리더십 효과성과 특히 높이 상관관계가 있는 특성으로는 독창성, 인기, 사교성, 판단력, 적극성, 유머 감각, 활동성, 출세 욕구, 협조성, 운동능력 등이었고, 리더십 효과성과 낮은 상관관계가 있는 특성으로는 나이, 키, 체중, 체격, 기력, 외모, 지배성, 분위기 통제력 등이었다.

한편 최근에 실시한 대표적인 리더십 특성에 대한 연구는 Kouzes & Posner(2003)의 연구이다. 이 연구에서 연구자들이 밝혀 낸 결론은 조사 시점마다 조금씩 차이가 나기는 했지만 시공을 초월하여 가장 중요한 리더의 덕목은 정직(honest), 선견지명(forward-looking), 역량(competent), 사기함양(inspiring)이라는 것과 무엇보다도 신뢰받는 리더가 되어야 한다는 것이었다. 신뢰성(credibility)이 리더십의 기반이라는 것이다.

누구나 믿을 수 있는 리더를 바란다. 리더의 말을 믿을 수 있어야 하고, 리더의 말과 행동이 일치해야 한다는 것이다. 그리고 그 자신이 저항하는 일에 스스로 열의와 열정이 넘쳐야 하고, 모두를 이끌어 나갈 지식을 갖추고 있어야 한다는 것이다. 메시지를 전하는 사람을 믿지 못하면 그 메시지 역시 믿을 수 없기 때문이다.

2) 리더에게 요구되는 지능

Covey(2004)는 리더가 구비해야 할 지능(intelligence) 또는 재능(capacity)을 신체적 지능(PQ: Physical Quotient), 지적 지능(IQ: Intelligence Quotient), 감성지능(EQ: Emotional Quotient), 영적 지능(SQ: Spiritual Quotient)의 네 가지 영역으로

구분하였다. 그리고 훌륭한 리더가 되기 위해서는 이러한 네 가지 지능 모두를 지속적으로 개발해야만 한다고 한다.

여기서 신체적 지능(PQ)은 지성, 감성, 영성의 도구가 되므로 가장 기본적인 능력이다. 지적 지능(IQ)은 분석하고, 추론하고, 추상적으로 생각하고, 언어를 사용하고, 마음속으로 그려보고, 이해하는 능력이다. 특히 분석 및 추론 능력뿐만 아니라 일반적으로 효과적인 리더십을 발휘하는 데 매우 중요한 특성인 직관(intuition)을 포함한다. 직관능력은 주어진 자료를 뛰어넘어 예리한 추측을 할 수 있는 능력으로, 특히 복잡하고 모호한 상황에 자주 직면하는 상급 리더들에게 더욱 중요한 능력이다.

감성지능(EQ)은 "자신의 정서를 인식하고, 자신의 정서를 관리하며, 타인의 정서를 인식하고, 인간관계를 관리하는 능력"이다.

마지막으로 영적 지능(SQ)은 가장 기본적이고 핵심적인 지능으로 의미, 비전, 가치를 만들고 추구하기 위해 사용하는 지능으로 다른 세 가지 지능의 안내자 역할을 한다. 그리고 나침반으로 상징되는 양심(conscience)을 구성하고 있는 진정한 원칙들(true principles)이 무엇인지를 분별할 수 있도록 도와준다.

그런데 앨빈 토플러가 "21세기는 지식 못지않게 감성이 중요한 사회이다"라고 했듯이 최근 들어 리더들에게 감성능력이 더욱 중요시되고 있다. 그것은 성공적인 리더와 그렇지 못한 리더 간의 차이는 실무능력이나 지적 지능(IQ)보다는 감성지능(EQ)에 의해 크게 좌우되기 때문이다. 삶의 성공을 결정하는 요소들 중에서 IQ가 차지하는 비율은 기껏해야 20%이고, 나머지 80%는 다른 특성들의 집합체인 감성지능에 기인한다. 따라서 효과적으로 리더십을 발휘하기 위해서는 약 80% 정도의 감성지능과 20% 정도의 지적 능력이 적절히 조화를 이루어야 한다.

이러한 감성지능은 개인적 역량(personal competence)인 자기인식 능력, 자기관리 능력과 사회적 역량(social competence)인 사회적 인식 능력과 관계관리 능력의 네 가지 차원으로 나누어진다.

첫째, 자기인식(self-awareness) 능력이다. 자신의 감정, 능력, 한계, 가치,

사명에 대해 깊이 이해하고, 건강한 자신감과 함께 정확히 자신의 강점과 한계를 인식하는 능력이다. 소크라테스가 '너 자신을 알라!'고 한 것처럼 자신을 올바로 아는 것이 중요하다. 자기인식을 잘하는 사람은 자기 자신에 대해 자기비판적이지도 않고, 어리석게 낙관적이지도 않은 현실적 감각을 갖고 있기 때문에 자신의 삶을 더 잘 유도할 수 있다. 그리고 자기인식이 자기관리와 자기계발의 출발점이고, 자기 자신을 잘 아는 사람이 다른 사람에 대해서도 더 잘 이해할 수 있다. 장교들을 대상으로 한 연구결과 자기인식 능력이 부족한 리더는 다른 사람의 반응을 잘못 파악하고, 사람과 상황에 대한 부정확한 전제를 하고, 부적절한 행동을 하는 것으로 나타났다.

둘째, 자기관리(self - management) 능력이다. 감정의 노예가 되지 않도록 만들고, 파괴적이고 해로운 감정을 조절하는 능력이다. 그러한 능력을 가진 사람은 감정을 균형 있게 관리할 수 있기 때문에 걱정, 불안, 두려움이나 분노가 방해가 되지 않는다. 신용과 양심을 지키고, 변화에 유연하게 대처하며, 장애를 잘 극복하고 솔선수범한다. 그런데 이러한 능력은 자기인식 능력으로부터 비롯된다. 자기인식을 제대로 하지 못하면 자신의 감정을 통제할 수가 없다. 오히려 그 감정에 휘둘리게 된다.

셋째, 사회적 인식(social awareness) 능력이다. 사람의 감정을 읽어 내고 상대방의 감정을 이해하는 감정이입(empathy) 능력이다. 이러한 감정이입 능력은 공감을 불러일으켜야 하는 리더들에게 매우 중요한 능력이다. 사회적 인식 능력이 있는 리더는 다른 사람의 입장이 되어 감정이입을 하기 때문에 팔로워들이 사적 또는 공적으로 어려운 일을 당하거나 슬퍼할 때 함께 슬퍼할 수 있고, 그 집단을 이끌어갈 수 있는 공동의 가치관과 올바른 일의 순서를 파악할 수 있다. 또한 네트워크를 형성하고, 긍정적인 결과를 가져 오기 위해 효과적으로 정치적 행동을 할 줄 알고, 이해관계자들의 요구를 인식하고, 그들의 욕구충족을 위해 노력한다. 그런데 이러한 사회적 인식 능력은 자기관리 능력에서 나온다. 리더가 자신의 감정을 적절히 조절할 수 있어야 한다는 것이다.

넷째, 관계관리(relationship management) 능력이다. 자기인식, 자기관리, 사회적 인식 능력이라는 감정지능의 세 요소는 관계관리 능력, 즉 타인과 긍정적인 관계를 형성하는 능력으로 연계된다. 타인과의 관계를 잘 관리한다는 것은 곧 다른 사람의 감정을 잘 다룬다는 것이다. 또한 다른 사람의 감정을 잘 다루려면 자신의 감정을 잘 인식하고 있어야 하고, 감정이입을 통해 자신이 이끄는 사람들의 감정에 공감할 수 있어야 한다. 그런데 갈수록 우리의 삶과 조직생활이 더욱 더 복잡해지고, 타인과의 상호작용이 많아지고 있기 때문에 사람들과 더불어 살아가는 능력이 더욱 중요해지고 있다. 따라서 다른 사람의 영감을 불러일으키고 이끌어 주는 능력, 변화를 촉진하는 능력, 유대관계 형성능력, 팀워크와 협동을 이끌어 내는 능력 등을 포함하는 관계관리 능력이 더욱 더 중요해지고 있다.

이러한 감성지능을 구성하는 네 가지 차원들은 서로 역동적인 관계를 유지하면서 밀접한 관련성을 맺고 있다. 예컨대, 리더가 자신의 감정을 제대로 인식하지 못하면 자신의 감정을 통제할 수 없고, 그가 자신의 감정을 통제할 수 없다면 타인과의 관계를 잘 관리하기가 어렵다는 것이다. 이와 같이 네 가지 차원의 능력들은 모두 사람들과 공감하는 데 중요한 능력들이기 때문에 유능한 리더가 되기 위해서는 이러한 능력을 모두 구비하도록 노력해야 한다.

2. 군 리더에게 요구되는 특성

1) 군 리더십 특성 연구결과

군 리더십 특성에 관한 연구로는 미군 보병 분대장들을 대상으로 지능과 경험이 성과와 어떠한 관계가 있는지에 관한 연구가 있다. 이 연구에서는 스트레스가 낮은 상황에서는 지능과 경험이 성과와 상관관계가 없었지만, 상급자에 대한 스트레스가 높은 상황에서는 경험과 성과간에 상관관계가 있는 것으로 나타났다. 이와 유사한 연구로 중대장과 대대참모들을 대상으로 한 연구에서는 리더십 유형에 적합한 상황에서는 경험이 효과적으로 사용되는 반면에, 리더의 리더십 유형에 맞지 않는 상황에서는 지능이 효과적으로 사용되지 않는다는 것을 발견하였다.

그리고 한국의 육군 소대장들에게 요구되는 대표적인 특성이 무엇인지를 탐색한 연구에서는 결과 운동능력과 상대방을 능가할 수 있는 체력, 상관에 대한 충성심, 정직(언행일치), 육체적·도덕적 용기, 성실성, 주도성, 감정자제력, 업무추진력, 그리고 업무수행 능력(전기전술 능력)과 의사소통 능력 등인 것으로 나타났다.

이와 같은 평시상황에서의 연구와는 달리 전투상황에서 리더십 특성에 관한 연구로는 6·25전쟁 중 미군을 대상으로 실시한 연구가 있는데, 이 연구에서는 스트레스 내성과 지배성이 높고, 사회적으로 더 성숙한 사람이 전투를 더 잘 수행하는 것으로 나타났다. 그리고 이라크에서 '사막의 폭풍 작전'(Desert Storm) 중에 실시한 연구에서는 지배성, 성취욕구, 감정조절 능력이 전투 성과와 관계가 있는 것으로 나타났다.

기존의 대부분의 연구들이 초급 지휘관을 대상으로 한 반면에 장군들을 대상으로 훌륭한 장군들의 공통적인 특성이 무엇인지를 연구하였다. 그 결과 헌신, 책임감, 희생정신, 효과적인 의사결정을 위한 직감과 육감, 예스맨(Yes man)이 되지 않으려는 노력, 폭넓은 독서, 훌륭한 상급자와의 근무, 상대방 및 가족에 대한 관심과 배려, 적극적인 업무자세 등이 공통적인 특성으로 나타났다. 그런데 이러한 여러 가지 리더십 특성들 중에서도 가장 중요한 특성은 '인격'(character)이었기 때문에 "인격이 리더십의 전부다"(Character is everything)라는 결론을 내리고 있다.

2) 행동이론과 군 리더십 행동 연구

1940년대에 들어서는 대부분의 리더십 연구들이 특성연구의 한계를 인식하고, 리더십을 타고난 또는 관찰할 수 없는 개인적 특성이라기보다는 관찰할 수 있는 과정 또는 활동으로 보고, 리더십 행동 유형에 초점을 맞추어 연구를 하기 시작하였다. 즉, 리더의 특성보다는 리더가 무엇을 하는가, 그리고 리더는 어떻게 행동하는가에 초점을 맞추어 리더십 효과성을 높이는 리더십 행동 유형을 찾는데 관심을 갖기 시작하였다.

이러한 리더십 행동 유형에 관한 대표적인 연구로는 리더십 행동 유형을 '민주형－독재형'으로 분류한 아이오와 대학의 연구, 그리고 리더십 행동 유형을 '과업행동(task behavior)과 관계행동(relationship behavior)'의 두 가지 유형으로 분류하여 연구한 오하이오 대학의 연구와 미시간 대학의 연구, 그리고 텍사스 대학의 리더십 그리드 모형이 있다.

3) 아이오와 대학의 연구

리더십 행동연구가 널리 이루어지기 전에 아이오와 대학에서는 리더십 행동 유형을 '민주형－독재형'의 두 가지 유형으로 분류하여 리더십을 연구하였다. 두 가지 유형의 리더십 행동 간의 근본적인 차이점은 의사결정의 방법과 권력의 분산 정도이다. 의사결정 과정에서 팔로워들의 참여를 많이 허용하고, 권력이 분산되어 있을수록 민주적 리더십이고, 리더가 팔로워의 의견을 반영하지 않고 단독으로 의사결정을 하며, 권력이 리더 개인에게 집중되어 있을수록 독재적 리더십이다. 그런데 민주적 리더십과 독재적 리더십은 단일 차원으로 연속선상의 양극단을 의미하기 때문에 어떤 리더의 행동 유형은 두 가지 행동 유형 사이의 어느 곳에 위치하게 된다. 이러한 아이오와 대학의 연구는 리더십 특성 연구에서 행동연구를 전환하는 데 기여하였다.

한편 집단 생산성과 참여적 의사결정의 관계를 검증한 46편의 연구를 분석한 결과 22%만이 독재적 리더십보다 민주적 리더십이 우월한 것으로 나타났고, 56%는 의미 있는 차이가 없었으며, 실제로 10%는 독재적 리더십이 민주적 리더십보다 더 효과적이었다. 그리고 집단 만족도와 참여적 의사결정의 관계를 검증한 43편의 연구에서는 60%가 민주적 리더십이 더 효과적이고, 30%는 별 차이가 없었으며, 9%는 독재적 리더십이 더 효과적이었다.

이러한 연구결과들을 종합해 보면 생산성 또는 성과 면에서는 자유방임형이 가장 바람직하지 못한 것으로 대부분의 연구결과들이 일치하고 있지만, 민주형과 독재형은 우열을 가리기가 힘들다. 그러나 일반적으로 민주형이 리더와 팔로워 간의 관계, 집단 행위의 특성, 리더 부재 시 팔로워의 태도 등에서 독재적 리더십보다 더 호의적으로 나타나고, 팔로워들에게 참여와 자유를 인정하고 그로부터 진정한 동의를 얻으려 하기 때문에 민주적 리더십이 가장 바람직한 리더십 행동 유형이라고 할 수 있다. 그런데 대부분의 조직에서는 민주형과 독재형 중 어느 한 가지 유형이 획일적으로 존재하는 것은 아니고, 상황에 따라 두 가지 이상의 유형이 혼합되어 나타난다.

군에서는 신속하게 의사결정이 이루어져야 하는 전투상황을 가정하고 있기 때문에 상대방들의 의견을 수렴하기보다는 지휘관이 단독으로 의사결정을 하는 독재적 리더십이 당연한 것으로 인식되는 경향이 있다. 따라서 전·평시를 막론하고 신속하고, 단호한 의사결정이 요구되는 위기상황이나 긴급상황에서는 민주적 리더십보다는 독재적 리더십이 더 효과적일 수 있지만, 그렇지 않은 상황에서는 의사결정 과정에 상대방들을 참여시키는 민주적 리더십을 발휘하는 것이 더 바람직하다고 할 수 있다.

4) 미시간 대학과 오하이오 대학의 연구

리더십 행동 유형에 관한 연구는 1940년대 중반에서 1950년대 중반에 이루어진 미시간 대학과 오하이오 대학의 연구에서 많이 이루어졌다.

미시간 대학의 연구에서는 리더십 행동유형을 직무 중심형(Job Centered)과 종업원 중심형(Employee Centered)의 두 가지로 구분하였다. 그런데 미시간 대학의 연구자들은 오하이오 대학의 연구자들과는 달리 직무 중심 행동과 종업원 중심 행동을 단일 차원으로 보고, 단일 연속선상의 양극단에 있는 것으로 간주하였다. 즉, 직무 중심적 리더십 행동을 하는 리더는 그만큼 덜 종업원 중심적인 리더십 행동을 한다는 것이다. 그러나 이들도 연구를 거듭함에 따라 오하이오 대학의 연구와 마찬가지로 두 가지 행동 유형을 서로 독립된 차원으로 보게 되었다. 즉, 리더가 직무 중심적 행동과 종업원 중심적 행동을 함께 할 수가 있다는 것이다.

한편 오하이오 대학에서의 연구에서는 리더십 행동을 측정하기 위하여 150개 항목의 리더십 행동에 관한 문항을 만들어 설문을 실시한 후, 요인분석(factor analysis)을 실시하였다. 그 결과는 '배려(consideration) 행동'과 '구조주도(initiating structure) 행동'의 두 개의 차원으로 압축이 되었다. 여기서 '배려 행동'은 팔로워와의 관계를 중시하고, 팔로워와 리더 사이의 신뢰성, 온정, 친밀감, 상호존중, 그리고 상호협조를 조성하는 데 주력하는 관계지향적인 리더십 행동을 말하고, '구조주도 행동'은 팔로워의 과업환경을 구조화하는 리더십 행동으로 직무나 팔로워의 활동을 조직화하고, 성과를 구체적으로 정확하게 평가하는 과업지향적인 리더십 행동을 말한다.

이러한 연구가 앞의 미시간 대학의 리더십 행동연구와 다른 점을 배려 행동과 구조주도 행동이 단일의 연속성 개념이 아니라 각각을 독립적 차원으로 보고 리더십 행동을 네 가지 유형으로 분류한다는 것이다.

오하이오 대학의 연구를 기반으로 구조주도 행동 및 배려 행동과 리더십 효과성 간의 관계를 연구한 논문들을 메타분석(meta analysis)한 결과 두 가지 행동 모두 리더십 효과성과 다소 강한 상관관계를 갖고 있었다. 그러나 배려 행동은 리더십 만족 및 동기부여와 더 강한 상관관계를 갖고 있었고, 구조주도 행동을 리더의 직무 성과 및 집단 성과와 조금 더 강한 상관관계를 갖고 있었다.

한편 군에서 실시한 연구에서는 높은 배려적 리더십을 발휘하는 지휘관의 부대원들은 친밀감, 상호신뢰, 과업에 대한 대화, 전투의지 등이 증가한 반면, 높은 구조주도적 리더십을 발휘하는 지휘관의 부대원들은 동료애와 상호 간 신뢰가 높아지는 것으로 나타났다. 군인은 아니지만 전투상황과 같이 생명의 위협과 공포를 느끼는 상황에서 근무를 하고 있는 소방대원을 대상으로 연구를 한 결과 리더십 행동 유형에 따라 리더십 효과성이 달라지고, 관계지향적 리더보다는 과업지향적 리더가 더 효과적임을 발견하였다.

5) 독일군의 내적 리더십

독일군의 리더십은 '내적 리더십'(Innere Fuhrung)의 원칙을 준수하고, 내적 리더십을 기반으로 한 '임무형 지휘'(Mission Command)를 하도록 함으로써 독일군의 이상적 군인상인 '제복 입은 시민'(Citizen in Uniform)을 육성하는 것을 목표로 하고 있다.

독일군의 군 복무, 리더십 및 교육훈련의 기반이 되고 있는 '내적 리더십'(Innere Fuhrung)의 개념은 1806년 예나와 아우에르슈테트에서 나폴레옹에게 참패한 후 추진되었던 프로이센 육군의 개혁 이념에 그 뿌리를 두고 있다.

당시의 내적 리더십의 핵심개념은 대부분 국민들이 갖고 있는 반군사적 태도를 반영하여 의회민주주의에 충실한 군대를 육성하는 데 초점이 맞추어져 있었다. 따라서 민주주의 이념과 군사적 절대성 간의 통합을 모색하여 군인의 기본권과 인권을 보장하고, 병사들은 그들이 지켜야 할 민주사회의 규범과 가치를 군대에서 경험하도록 하였다. 그리고 히틀러 시대의 역사적 교훈에서 명령과 복종이 법과 규정에 따라 이루어지고, 군인들이 시민으로서 사회에 통합되고, 합법성을 견지할 수 있도록 하였다. 또한 제국주의 전통을 청산하여 군에 대한 문민통치 원칙을 구현하고, 자유와 평등, 다양성, 합의, 권력의 분산 등을 특징으로 하는 민주사회의 기본 특성들과 위계적 계급 구조, 명령과 복종, 권력 집중 등을 특징으로 하는 군대사회의 기본 특성들 간의 갈등을 최소화하도록 하였다. 아울러 개인의 자유와 권리를 최대한으로 보장하면서 각자의 군사적 능력을 극대화시키고, 개인이 시민으로서 갖고 있는 헌법적 권리는 군사적 기능의 유지에 불가피한 경우에 한해서만 법적으로 제한하도록 하였다.

이러한 독일군의 내적 리더십은 조직 차원과 개인 차원으로 구분할 수 있다. 조직 차원에서의 내적 리더십은 군의 기본 특성을 유지하면서 군사력을 조정·통제함으로써 징병제 군대를 독일의 정치 시스템에 통합시켜, 군의 내부질서를 확립하고, 군과 국가 또는 사회와의 올바른 관계를 정립하는 것이다. 그리고 개인 차원에서의 내적 리더십은 모든 군 구성원들의 사고와 행동의 규범을 제시하고, 특히 지휘관들에게 리더십 발휘의 지침을 제공하는 것이다.

이처럼 내적 리더십은 상급자와 상대방의 관계에만 국한하지 않고, 군조직 전체의 운영방식은 물론, 군과 국가 또는 사회와의 관계까지 포괄하는 광의의 개념이라고 할 수 있다. 독일군의 내적 리더십의 기본원칙은 국가, 사회, 군대, 군인 등의 제 요소를 조화 및 융합시키고, 제 요소가 바라는 최적의 상태를 창출하는 매개체로서 민주주의 원칙에 의거 개인의 자유와 권리를 최대한 보장하면서 군대의 기본 목표인 최적의 군사 임무수행 능력을 유지하도록 하는 것이다. 한 마디로 내적 리더십은 민주주의 특성과 군 특성 간의 균형과 조화를 위한 저울과 교량의 역할을 하는 것이다.

또한 정신적·윤리적 의무를 기반으로 하는 내적 리더십 원칙에 따라 가용한 전투력과 수단들을 관리해야 한다는 것이다. 지휘관의 모든 결심, 조치, 명령 등은 인간의 존엄성과 기본권에 대한 존중을 바탕으로 하는 내적 리더십의 원칙에 부합되어야 하고, 내적 리더십의 원칙은 아무리 어려운 상황에서도 변함없이 적용되어야 한다. 따라서 독일 군인에게 요구되는 복종은 절대적이고, 무조건적이 아니라 윤리적 규범에 따라 이루어져야 한다. 군법에 명시되어 있는 바와 같이 상관의 임의적인 명령 또는 정치적인 목적에 의해 군인의 의무가 오용되어서는 안 된다. 이러한 사실을 지휘관이 스스로 이해하고, 상대방에게 알려주어야 한다.

이러한 내적 리더십을 통해 독일군은 다음과 같은 네 가지 목표를 구현하려고 한다. 첫째, 합법성(legitimation)이다. 군 구성원들의 복무의 근거, 즉 군사적 행위에 대한 윤리적·법적·정치적·사회적 이유를 명확히 제시하는 것이다. 동시에 군사적 임무, 특히 해외 작전의 목적이 무엇인지를 명확하게 알려 주고, 이해할 수 있도록 하는 것이다.

둘째, 통합성(intergration)이다. 군과 국가, 그리고 사회의 통합을 유지·촉진시키고, 국가 안전보장 정책의 일부로서 군의 사명이 무엇인지를 이해하도록 하는 것이다. 그리고 군이 지속적인 변환 과정에 장병들이 능동적으로 참여하도록 하는 것이다.

셋째, 동기부여(motivation)를 하는 것이다. 이는 군 구성원들이 자발적으로 자신의 의무를 철저히 수행하고, 상관에게 진심으로 복종하며, 책임감을 갖고, 서로 협조하고, 부대 응집력과 군기를 유지하려는 의지를 강화하는 것이다.

넷째, 내적 질서의 확립(shaping of the internal order)이다. 군이 법을 준수하고, 임무를 효과적으로 수행할 수 있도록 내적 질서를 확립하는 것이다.

그리고 내적 리더십의 원칙이 적용되는 주요 분야는 사람과 직접적인 관계를 갖고 있기 때문에 군에서 가장 중요한 영역인 전·평시 리더십(leadership), 시민교육(civic education), 그리고 법과 군기(law and military discipline)이다. 이외에도 내적 리더십이 적용되는 분야는 복무 및 훈련, 정보활동, 조직 및 인사 관리, 복지 및 여가 활동, 가정생활과 군 복무의 조화, 종교 활동, 의료지원 등이다.

독일군의 '임무형 지휘(mission command)'는 내적 리더십과 역사적으로 뿌리가 서로 다르지만 독일군의 이상적인 군인상인 '제복입은 시민'의 개념에 가장 부합하는 리더십 유형이다.

다함께 참여하는 조별과제

1. 리더십의 특성이론을 바탕으로 리더에게 요구되는 감성지능에 대해 조별 토의 후 발표하시오.

2. 독일군의 내적 리더십에 대해 조별 토의 후 발표하시오.

면접시험 출제[예상]

1. 부사관(장교)이 가장 갖추어야 할 덕목은 무엇이라고 생각하나요?

○ Tip

군 간부로서 부사관·장교가 가져야 할 정신과 가치관이 무엇인지를 묻고 있습니다. 특히 공무원이나 군조직은 희생정신을 요구하고 있으며, 혼자서 하는 업무가 아니라 팀워크를 중요시하는 조직이라고 생각합니다.

답변 예문 ①
군인은 "위국헌신 군인본분" 정신을 가져야 한다고 생각합니다. 대한민국의 국가안보는 제가 책임지겠습니다.

답변 예문 ②
육군부사관학교의 '부사관 상'은 이러한 부사관을 요구하고 있습니다.
군 전투력 발휘의 중추로서 국가에 대한 헌신과 봉사의 자세로 부여된 역할에 정통하도록 전문성을 구비하고, 충만한 전사기질로 전투에서 승리하고 부대 전통을 계승 발전시키는 부사관이 되겠습니다.

2. 부사관을 한다고 했을 때 부모님은 뭐라고 하셨나요?

○ Tip

지원동기와 연계된 질문으로 자기 자신이 결정하여 지원하였는지? 부모님의 적극적인 지원을 받고 지원하였는지를 묻고 있습니다.

답변 예문 ①

제가 부사관이 되고자 '전투부사관과'에 입학하여 군사학 관련 분야를 공부하고 적성에 맞다고 판단되어 지원하였으며, 부모님께서는 제 결정에 적극적으로 지원해 주셨습니다.

답변 예문 ②

제가 부사관이 되겠다고 말씀드렸더니 부모님께서는 참 잘했다고 하셨습니다. 아버지께서는 부사관시험에 도움이 되는 자료들을 구해다 주시기도 하셨습니다. 요즘에는 옛날 하사관이 아니라 부사관으로서 전문성을 갖춰야 한다고 말씀하시며 잘 해보라고 하셨습니다.

유머 한마디(나도 웃기는 리더가 될 수 있다~)

○ Tip

숲속에서 미국 유학을 다녀왔다며 유식함을 자랑하고 싶어 안달이 난 개구리가 있었다. 폴짝거리며 들판을 뛰어가다가 소 한 마리를 만났다. "헤이! 황소 넌 무얼 먹고 사니?" "응. 나는 풀을 먹고 산단다." "오우! 샐러드?"

폴짝폴짝 이번에는 호랑이를 만났다. "헬로우! 호랑이, 너는 무얼 먹고 사나?" "나는 고기를 먹고 산단다." "오우! 스테이크!" "와 너 영어 진짜 잘한다."

호랑이의 칭찬에 기분이 좋아진 개구리가 또 다른 대상을 찾아 들판을 헤집고 다니는데… 스르륵~ 풀 섶을 헤치며 큰 뱀이 나타났다. "뱀아! 넌 뭘 먹고 사니?" "흐흐~ 나는 너처럼 혀 꼬부라진 개구리를 잡아먹고 살지!" 그러자 폴짝 재빠르게 물러선 개구리가 한마디 했다.[2] 뭐라고 했을까요?

▶ "아따, 성님! 왜 그런다요?"

---

2 김경만, 「깔딱깔딱 숨넘어가게 웃긴 유머집」(고양: 시간과공간사, 2016), p.33.

나는 가수다(나도 노래를 잘 할 수 있다~)

○ Tip

| 아모르 파티 | -김연자 |

산다는게 다 그런거지
누구나 빈손으로 와
소설같은 한 편의 얘기들을
세상에 뿌리며 살지
자신에게 실망 하지마
모든걸 잘할 순 없어
오늘보다 더 나은 내일이면 돼
인생은 지금이야
아모르파티
아모르파티
인생이란 붓을 들고 서
무엇을 그려야 할지
고민하고 방황하던 시간이
없다면 거짓말이지
말해뭐해 쏜 화살처럼
사랑도 지나 갔지만
그 추억들 눈이 부시면서도
슬프던 행복이여
나이는 숫자 마음이 진짜
가슴이 뛰는 대로 가면돼

이제는 더이상 슬픔이여 안녕
왔다갈 한번의 인생아
연애는 필수 결혼은 선택
가슴이 뛰는대로 가면돼
눈물은 이별의 거품일 뿐이야
다가올 사랑은 두렵지 않아
아모르 파티 아모르파티
말해뭐해 쏜 화살처럼
사랑도 지나 갔지만
그 추억들 눈이 부시면서도
슬프던 행복이여
나이는 숫자 마음이 진짜
가슴이 뛰는 대로 가면돼
이제는 더이상 슬픔이여 안녕
왔다갈 한번의 인생아
연애는 필수 결혼은 선택
가슴이 뛰는대로 가면돼
눈물은 이별의 거품일 뿐이야
다가올 사랑은 두렵지 않아
아모르 파티 아모르파티

CHAPTER
05

리더십 역량모형

05 리더십 역량모형

리더십 특성이론이나 행동이론은 모든 상황에서 보편적으로 효과적인 특성이나 행동을 찾으려는 데 초점이 맞춰져 있기 때문에 리더십 발휘 상황을 고려하지 못하고 있다는 한계를 내포하고 있다.

리더십 역량모형(leadership competency model)은 이러한 특성이론과 행동이론의 한계를 극복해 주는 모형으로 최근에 기업, 정부, 군 등 많은 조직에서 선발, 교육, 보직, 평가, 승진 등 인적자원관리에 널리 활용되고 있다.

여기서는 이러한 역량의 개념과 구성요소, 그리고 군 리더에게 요구되는 리더십 역량이 무엇인지를 살펴본다.

1. 리더십 역량 개념[1]

'역량'(competency)이라는 개념은 1970년대에 Harvard 대학 심리학과의 사회심리학자인 McClelland(1973)가 미 국무성의 해외주재원 선발 연구를 수행하면서 당시 널리 받아들여지던 지능과는 다른 새로운 개념으로 제시한 것이다. 이 연구에서 그는 과거의 지적 능력 중심 선발의 문제점을 실증적자료를 바탕으로 비판하고, 우수한 직무수행자와 평범한 직무수행자를 구분짓는 변별적 행동 특성에 초점을 맞추어 보다 유용한 선발 기준을 제시하면서 그것이 역량이라고 주장했다. 그 이유는 비록 지능이 업무수행에 영향을 미치지만, 개인의 동기나 자기 이미지(self - image)와 같은 개인적 특성이 성공적인 업무수행과 비성공적인 업무수행을 구별해 주고, 직무역할을 포함한

---

1 최병순, 「군 리더십」(서울: 북코리아, 2011), pp.228~231. 참고하여 정리.

수많은 삶의 역할수행에 더 많은 영향을 미친다고 보았기 때문이다. 이러한 관점에서 McClelland(1973)는 "조직이 추구하는 가치나 비전을 달성할 수 있도록 업무를 성공적으로 수행해낼 수 있는 조직원의 행동 특성"으로 역량을 정의하였다.

이러한 역량은 연구자의 기본 철학, 전공 분야, 연구 목적 등에 따라 다음과 같은 공통점을 갖고 있다.

첫째, 업무 성과와의 연계성을 강조하고 있다. 즉, 역량은 반드시 성과를 산출할 수 있는 업무수행 능력과 직결된다는 것이다.

둘째, 연구자에 따라 차이가 있지만 통상적으로 역량은 객관적으로 습득되는 지식의 영역, 업무 테크닉과 절차를 다루는 기술영역, 개인적 특성과 동기와 관련된 태도 영역의 집합체이다.

셋째, 관찰과 측정이 가능하도록 표현되고, 주로 성과나 행동 등의 개념으로 규정되고 있다.

역량이란 이와 같이 수행해야 하는 과업을 달성하는 데 꼭 필요한 인적 요소를 의미한다. 이것은 경험적으로는 고성과자(high performer)가 보다 자주, 보다 효과적으로 활용하는 지식·기술·태도 등의 집합체이고, 어떤 직무나 역할 성과에 있어서 우수 수행자와 보통 수행자 간의 결정적인 수행 특성이나 프로세스 차이이기도 하다. 따라서 리더십 역량이란 "우수한 성과를 창출하게 하는 리더의 내재적 특성" 또는 "리더가 부여된 임무를 효과적으로 수행하기 위해 구비해야 하는 지식·기술·태도"라고 할 수 있다. 이러한 역량의 개념은 전통적인 직무요건이나 교육요구 개념과 크게 다르지 않지만 이러한 개념들은 주로 직무수행자의 특성과 필요 지식이나 기술을 나열식으로 강조하는 경향이 있다. 그러나 역량은 직무수행을 위한 조건이나 준비로서가 아니라 성공적인 직무수행의 핵심적인 모습을 명확하게 구조화하고 표상화(representation) 하여 누구나 쉽게 공유하고 진단 및 학습함으로써 높은 성과의 창출뿐만 아니라 개개인의 성장과 발전을 가속화하자는 것이다.

그리고 이러한 역량을 합리적·체계적으로 식별하여 누구나 쉽게 공유하고 학습할 수 있도록 구조화하는 작업을 역량 모델링(competency modeling)이라고 한다. 그런데 유용한 역량 모델(competency model)이 되려면 다음과 같은 조건을 갖추어야 한다. 첫째, 고성과자들 고유의 변별적 특징에 초점을 맞추어야 한다. 즉 모든 인적 특징이 아니라 평범한 수행자와 구별되는 특징이 중요하다. 둘째, 조직에서 통용되는 언어와 문화적 상징을 사용하고, 비전과 가치에 연계되어야 한다. 셋째, 모델의 구조가 단순해야 한다. 가능한 일곱 개 내외의 역량군(competency cluster)이나 역량으로 구성되어야 공유와 실천에 편리하다. 넷째, 진단이 정확하고 쉬울 수 있도록 구체적이고 관찰가능하고, 비교 가능한 행동으로 묘사한다. 다섯째, 주의를 끌고 기억하기 쉽도록 구조와 표현을 세련된 모습으로 해야 한다. 전체 모습을 가능한 한 시각적인 그래픽을 활용하여 제시하면 좋다.

한편 역량에서 도출된 개념인 핵심역량(core competency)은 "조직체계내에서 주어진 직급과 직무에 대해 성공적인 직무 성과를 얻기 위해 필요한 핵심적이거나 주요한 역량"(Dubois, 1998), "조직에서 직위나 역할에 상관없이 모든 조직원에게 필요한 역량"(Lucia & Lepsinger, 1999), 또는 "높은 성과를 내는 사람이 평균적인 성과를 내는 사람과 비교할 때 일관되게 관찰되는 행동의 특성 및 내적 특성, 지식, 기술, 태도, 가치의 조합에 의해 성공적인 결과를 이끌어 낸 행동" 등으로 조금씩 상이한 정의를 하고 있다.

이러한 정의들을 종합해 보면 핵심역량은 "주어진 역할 또는 임무를 성공적으로 완수하기 위해 필수적으로 요구되는 역량", 그리고 리더십 핵심역량은 "리더로서 요구되는 여러 가지 역량 중에서도 우수 리더와 비우수 리더를 구분해 주는 필수적이고, 핵심적인 역량"을 의미한다고 할 수 있다.

2. 역량 구성요소와 직위별 요구 역량

1) 역량 구성요소

일반적으로 역량의 구성요소로는 <그림 5-1>과 같이 내적 특성인 지식, 기술, 태도를 포함한다.

내적인 특성이란 다양한 상황에서 개인의 행동을 예측할 수 있도록 해주는 개인의 심층적이고 지속적인 측면을 말한다. 즉, 특정 개인의 역량은 어떠한 사실을 알고, 정보를 보유하고 있으며, 지식을 습득하는 차원에서 '무엇인가 안다는 것', 즉 지식의 요소를 반드시 포함한다.

그리고 지식이 있더라도 실제 경험이나 연습 등을 통해 습득된 업무스킬, 전략, 절차에 대한 체험적 기술이 없으면 제대로 그 역량이 발휘되지 못한다. 마지막으로 지식과 기술을 기반으로 하여 업무에 대한 열성과 헌신, 긍정적 자세와 같은 태도의 요인이 없으면 성과를 창출하기 힘들다.

이렇게 역량을 지식, 기술, 태도와 같은 핵심요소들로 파악하는 것은 다음과 같은 점에서 중요한 의미를 지닌다. 먼저, 현재 상황이 아닌 미래 상황에서의 업무의 성격과 수행활동의 유형이 분명해진다. 어떠한 지식을 확보하

그림 5-1 | 개인의 내적특성으로서 역량 유형

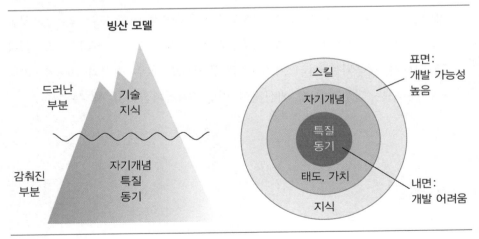

유 형	내 용
동 기 (Motives)	• 개인이 일관되게 품고 있거나 원하는 어떤 것으로 행동의 원인 • 특정한 행위나 목표를 향해 행동을 "촉발시키고, 방향을 지시하며, 선택하도록" 작용한다.
특 질 (Traits)	• 신체의 특성, 상황 또는 정보에 대한 일관적 반응성을 의미 • 감정적 자기통제와 주도성은 다소 복잡한 형태의 '일관적 반응성' 이라고 할 수 있다.
자기개념 (Self – concept)	• 태도, 가치관, 또는 자기상(self – image)을 의미 • 주어진 상황에서 단기적으로 나타내는 반응적 행동에 영향을 주는 요소이다.
지 식 (Knowledge)	• 특정 분야에 대해 가지고 있는 정보 • 지식은 그 사람이 무엇을 할 수 있다는 것을 말해줄 수 있을 뿐, 실제로 무엇을 할 것인지는 예측하지 못한다.
기 술 (Skill)	• 특정한 신체적 또는 정신적 과제를 수행할 수 있는 능력 • 정신적 또는 인지적 기술은 분석적 사고(지식과 데이터를 처리하고 인과관계를 규명하며, 데이터 및 계획을 조직화 하는 능력)와 개념적 사고(복잡한 데이터의 패턴을 인식할 수 있는 능력)를 포함한다.

고 어떠한 기술을 지녀야 하며, 이를 어떠한 태도로 추진해야 하는가가 매우 구체화되기 때문이다. 아울러, 역량의 개발·측정·평가에 가장 중요한 준거가 되는 행동지표를 창출할 수 있는 초석이 된다. 따라서 국내외의 많은 연구와 실제 개발 사례에서도 역량의 구성요소에 대한 이와 같은 접근을 주로 택하고 있다. 이러한 역량의 특성 때문에 많은 조직에서 직급별 또는 업무 분야별로 핵심역량을 도출하고 이를 측정할 수 있는 행동지표를 만들어 진단하고, 이를 선발, 교육훈련, 보직, 성과 평가, 승진 등의 인사관리 자료로 활용하고 있다.

한국은 육·해·공군 리더십센터에서 간부들의 리더십 개발을 위해 계층 별로 리더십 핵심역량을 도출하고, 이를 진단할 수 있는 진단도구를 개발하였다. 그리고 이렇게 도출된 핵심역량을 기반으로 한 리더십 프로그램을 개발하여 리더십 교육을 실시하고 있다.

2) 직위별 요구 역량

직위 또는 계층(position or hierarchy)에 관계없이 모든 리더들은 자신들에게 보고하는 상대방들이 있고, 리더십 효과성은 이러한 상대방들을 동기부여시켜 조직목표를 효과적으로 달성하도록 유도한다는 공통점을 갖고 있다.

그러나 직위에 따라 수행하는 업무의 성격이 다르기 때문에 리더의 역할과 기능, 그리고 권한과 책임의 범위에 차이가 있다. 즉, 상위직의 리더일수록 하위직 리더보다 상대적으로 환경과의 상호작용이 많고, 보다 장기적인 관점에서 계획을 수립하며, 문제해결 시 최적해보다는 만족해를 추구한다. 또한 일반적으로 업무수행 과정이 하위직에서 보다 덜 틀에 박혀 이루어지고, 의사결정 시 계량적 기법을 활용하여 계산적으로 하기보다는 직관이나 판단에 의존하게 되며, 상위직의 리더일수록 분석 또는 분화 능력보다는 조정 또는 통합 능력이 더 요구된다.

한편 Katz(1974)는 모든 리더에게 필요한 능력을 실무적 능력(technical skill), 대인적 능력(human skill), 그리고 개념적 능력(conceptual skill)으로 분류하였다.

실무적 능력은 도구, 절차, 또는 특정 분야의 기법 등을 활용하는 능력을 말한다. 의사, 기술자, 음악가 혹은 회계사 등은 모두 각각 자기 업무 분야에 대한 실무적 능력을 갖고 있는 것처럼 리더는 자신이 책임지고 있는 특정 업무를 효과적으로 수행하기 위해서는 충분한 실무수행 능력이 필요하다는 것이다.

대인적 능력은 팔로워들을 이해하고, 동기부여시켜 함께 일할 수 있는 능력을 말한다.

그리고 개념적 능력은 모든 조직의 관심과 활동을 조정하고 통합하는 지적 능력과 조직을 전체적으로 보고, 전체의 부분들이 어떻게 상호작용하는가를 이해하는 능력, 그리고 어떤 부분의 변화가 전체 조직에 어떤 영향을 미칠 수 있는가를 이해할 수 있는 능력을 의미한다. 모든 리더는 주어진 상황에서 여러 관련 요소들이 어떠한 연관성을 갖고 있는가를 인식하여 전체 조직을 위해 최선의 선택을 할 수 있는 능력을 보유해야 한다는 것이다.

또한 효과적으로 리더십을 발휘하기 위해서는 이와 같은 능력들이 모든 리더들에게 필수적으로 요구되지만, 조직 계층에 따라 상대적인 중요성에 차이가 있다고 한다. 실무적 능력은 하급관리자들에게 상대적으로 더 중요하고, 개념적 능력은 최고관리자일수록 더욱 중요해진다는 것이다. 그러나 대인적 능력은 모든 계층의 관리자들에게 동일한 비중으로 중요하고, 특히 중간관리자들에게 중요한 능력이라는 것이다. 다시 말해서 하급관리자에게는 직접 업무를 수행하는데 필요한 실무적 능력이 보다 많이 요구되는 반면에, 상급관리자들에게는 조직의 모든 이해관계와 활동을 조정하고 통합하는 개념적 능력이 보다 더 많이 요구된다는 것이다.

이와 마찬가지로 군에서도 모든 직위의 지휘관(자)들에게 대인관계 능력은 동일한 비중으로 중요하지만, 고급제대 지휘관들에게는 개념적 능력 또는 전략적 능력이 더욱 중요한 반면, 초급제대 지휘관(자)들에게는 실무적 능력 또는 전술적 능력이 더욱 중요하다고 할 수 있다.

이러한 관점에서 본다면 유능한 군 리더가 되기 위해서는 부여된 임무를 효과적으로 수행하는 데 필요한 실무수행 능력 및 전술적 능력뿐만 아니라 상대방 및 상관, 관계참모 및 지원부서의 관계자들과의 대인관계 능력, 그리고 조직이 나아갈 방향을 제시하고 조직 전체적 관점에서의 의사결정을 할 수 있는 전략적 사고 및 시스템적 사고능력을 개발해야 함을 시사해 주고 있다.

3. 군 리더에게 요구되는 역량

1) 전장리더십 관련 문헌

전쟁이란 인간의 의지를 수반하는 사고능력의 경쟁이라는 것은 인류 역사상의 수많은 전쟁에서 소수 정예의 군이 압도적 다수의 오합지졸을 분쇄

함으로써 증명해 왔다. 다시 말해서 과거와 마찬가지로 미래에도 무기가 아닌 인간의 힘이 전장을 지배할 것이라는 것이다. 전쟁의 형태는 변해도 전투의 본질은 변하지 않을 것이기 때문에 과거와 마찬가지로 미래의 전투도 결국 인간 대 인간의 싸움이 될 것이다. 그리고 전투에서 승리하는 비결은 지휘관들이 싸워 이길 수 있는 리더십 역량을 구비하도록 하는 것이다.

불후의 명저인 『전쟁론』(On War)을 저술한 클라우제비츠(Carl von Clausewitz)는 군사적 천재에게 요구되는 역량을 다음과 같이 기술하고 있다.

첫째, 전장은 위험의 영역이기 때문에 최우선적으로 요구되는 역량은 용기이다. 용기에는 두 가지 유형이 있는데 하나는 개인적 위험에 대한 용기이고, 다른 하나는 책임에 대한 용기, 즉 어떤 외적인 힘(법정 앞에 선 용기)에 대한 용기이면서 내적인 힘(양심)에 의한 용기이다. 여기서 용기는 전자인 개인적인 위험에 대한 용기, 즉 위험에 대한 냉담함에 의한 용기와 명예, 애국심, 모든 종류의 열정에 의한 용기이다. 전자인 개인적 위험에 대한 용기는 이성을 더욱 냉정하게 만들지만 후자인 책임에 대한 용기는 때때로 이성을 흥분시켜 눈을 멀게 하기 때문에 양자가 결합되면 가장 완전한 유형의 용기가 된다.

둘째, 전장은 육체적 노력과 고통의 영역이기 때문에 이로 인해 파멸하지 않으려면 육체적·정신적 힘이 요구된다.

셋째, 전장에서 행동의 기초가 되는 모든 정보와 가정이 불확실하고 우연이 지속적으로 개입하기 때문에 끊임없이 자신이 예상했던 것과는 다른 상황에 직면하게 된다. 이와 같이 예기치 못한 요인과 끊임없는 싸움을 성공적으로 극복하려면 두 가지 역량을 필수적으로 구비해야 한다.

하나는 암흑 속에서 그를 진리로 이끄는 내면의 불빛과 같은 이성이요, 다른 하나는 이 희미한 불빛을 좇는 용기이다. 다른 말로 표현하면 순간적인 지각 및 인식 능력인 혜안과 결단력을 구비해야 한다는 것이다. 혜안은 육체적인 눈일 뿐만 아니라 정신적인 눈을 의미하지만 정신적인 눈의 의미가 강하다. 평범한 사람의 눈에는 전혀 보이지 않거나 오랜 고찰과 사색 끝에 비로소 볼 수 있는 진리를 신속하게 파악하게 하는 능력이다. 그리고 결단력은 개별적인 경우에 나타나는 용기 있는 행동이다. 이것은 육체적 위험에 대한 용기가 아니라 책임에 대한 용기, 즉 정신적 용기이다. 인간의 마음속에 있는 동요와 주저의 두려움을 이용해서 그 밖의 모든 두려움을 극복하고 강한 마음으로 결심하게 하는 이성적인 자질이다. 특히 전투에서는 시간과 공간이 중요한 요소인데 신속하고 적절한 결심을 하는 결단력이 매우 중요하다.

넷째, 혜안(慧眼)과 결단력에 밀접하게 관련이 있는 침착성이다. 침착성은 예상치 못한 것을 이겨내기 때문이다.

Freytag-Loringhoven(1955)은 클라우제비츠의 『전쟁론』 내용을 토대로 전장 지휘관은 상상력, 강한 정신력, 강인성을 지녀야 한다고 주장하였다.

첫째, 전장 지휘관은 상상력이 풍부해야 한다. 지형은 전투 시 다른 모든 요소에 영향을 미치고 때로는 전투의 승패에도 결정적인 영향을 미친다. 그러나 전투는 예상한 장소에서만이 아니라 예상하지 못한 곳에서도 발생하기 때문에 지리·지형의 특성을 잘 파악하는 것, 즉 지형감각이 매우 중요하다. 따라서 지도를 잘 활용하기 위해서는 끊임없는 상상력이 필요하다.

둘째, 강한 정신만이 전쟁에서 발생하는 심각한 장애들을 극복할 수 있기 때문에 강한 정신력을 가져야 한다. 그 이유는 다음과 같은 Cal Von Clausewitz의 글을 인용하고 있다.

"…처참한 희생 장면을 바라보면서 심장을 찢는 것 같은 고통을 지휘관은 스스로 이겨 내야 하고, 병사들 마음속의 고통도 이겨내야 한다. 지휘관은 모든 상대방들의 감정, 걱정, 노력 등을 직간접적으로 떠맡아서 싸워 이겨내야만 한다. 그는 자신의 가슴속에서 타오르는 불꽃, 정신속에서 빛나는 불빛으로 모든 병사들이 목표를 추구하도록 그들의 열정과 희망의 불빛을 다시 점화시켜야 한다. 그는 이러한 시도를 통하여 병사들을 뜻대로 지휘할 수 있을 때만 그들의 주인 역할을 할 수 있다."

전투가 불리한 상황으로 전개될 때 지휘관이 겪는 부담감은 그냥 격렬하기만 한 공격작전에서 느끼는 부담감보다 훨씬 크다. 이 상황에서는 자신의 모든 열정과 결단력을 동원해서 두려움에 떨고 있는 상대방들의 열정을 자극하고 승리할 수 있다는 자신감을 불어넣어야 한다는 것이다.

셋째, 강인성을 지녀야 한다는 것이다. 실무에서 어떤 결정을 내리는 것, 특히 전장에서 어떤 결정을 내리는 것은 책임감에 의해 압박을 받는 상황에서 수많은 불확실성과 자가당착의 위험을 무릅쓰고 결정을 내려야 하는 것을 의미한다.

그런데 전투과정에서 수많은 정보와 급박한 상황 변화에 의한 불확실성으로 인해 원래 의도했던 작전계획에 큰 차질이 발생할 수 있기 때문에 결단력이 강한 사람도 자신의 신념이 흔들릴 수가 있다. 따라서 어떤 것을 결정한 다음에는 줄곧 제기되는 여러 가지 문제들에 대해 굳은 신념으로 맞서야 하고, "혼란스런 상황에서는 맨 처음 결심한 것을 존중하고, 그리고 바꿔도 되겠다는 명확한 확신이 생기기 전까지는 바꾸지 말아야 한다."

한편 『중동전쟁』을 저술한 김희상(1988)은 음악회의 성패가 연주자의 능력과 열의에 의해 결정되듯이 전쟁의 승패도 전쟁의 주역인 인간의 능력과 의지에 따라 결정된다고 보고, 현대전에서 전시에 발휘되는 인간의 능력으로 다음 세 가지를 들고 있다. 첫째, 현대의 과학무기를 정확하고 효과적으로 다룰 수 있는 공학적 기술, 둘째, 공학적 기술을 포함한 개인 혹은 부대의 전력을 모든 상황에 창조적이고 유연하게 대응시켜 부여된 임무를 훌륭히 완수할 수 있게 하는 전술적 및 전략적 능력, 즉 전반적 사고능력, 셋째, 이 모든 것을 철저하게 전투에 투입시켜 생명력을 부여하는 강인한 전투의지를 비롯한 정신적 요소이다.

그는 이러한 세 가지 요소는 전쟁에서 승리를 위한 필수요건으로서 이들 중 어느 하나라도 결함이 있다면 궁극적 승리에는 절대적인 장애가 될 것이고, 특히 전투의지와 같은 정신적 요소에 문제가 있다면 우연의 승리조차 불가능하다고 하면서 전투의지를 강조하고 있다.

2) 미 육군 리더십 역량모형

최근에 발간된 미 육군 리더십 교범에서는 기존 리더십 교범의 'Be−Know−Do'의 기본 틀을 유지하면서 Horey 등의 리더십 핵심역량 연구결과를 반영하여 <표 5−1>과 같이 리더십 모형을 개정하였다.

개정된 리더십 교범에서는 리더의 구비요건을 크게 기본 자질(리더는 어떠한 사람이어야 하는가)과 핵심역량(리더는 무엇을 해야 하는가)으로 구분하였다.

그리고 리더로서 구비해야 할 특성(trait)과 자질(attributes)은 '인격을 구비한 리더'(A Leader of character), '품위 있는 리더'(A Leader with Presence), '지적 능력을 구비한 리더'(A Leader with Intellectual Capacity)로 범주화하였다.

'인격을 구비한 리더'의 요건으로는 육군 가치(충성, 용기, 책임, 존중, 창의), 감정이입, 전사정신, '품위 있는 리더'의 요건으로는 군인으로서 외적 자세, 건강과 체력, 침착성과 자신감, 회복력과 유연성, 그리고 '지적 능력을 구비한 리더'의 요건으로는 민첩성(사고의 유연성과 상황대처 능력), 건전한 판단력, 혁신능

표 5−1 | 미 육군의 리더십 구비요건 모형(Leadership Requirements Model)

특성/자질	리더십 핵심역량
<인격을 구비한 리더> • 육군 가치관 • 감정이입　　　• 전사정신	<통솔 역량>(Leads) • 타인 이끌기 • 지휘계통 이상의 영향력 확대 • 솔선수범　　　• 의사소통
<품위 있는 리더> • 군인으로서 외적 자세 • 육체적 적합성(건강과 체력) • 침착성　　　• 자신감 • 회복력　　　• 유연성	<개발 역량>(Develops) • 긍정적 환경 조성 • 자기 계발 • 리더 개발
<지적 능력을 구비한 리더> • 정신적 민첩성　　• 건전한 판단 • 혁신능력　　　• 대인관계 능력 • 분야별 업무지식	<임무완수 역량>(Achieves) • 결과 도출

력, 대인관계 능력, 업무지식을 제시하고 있다.

그리고 미 육군의 리더가 구비해야 할 핵심역량으로는 크게 통솔 역량
(Leads), 개발 역량(Develops), 임무완수 역량(Achieves)의 세 범주로 구분하고,
이를 다시 세분화하여 <표 5-2>에서 보는 바와 같이 여덟 개의 하위역량
과 27개의 리더십 행동 지침을 제시하고 있다.

표 5-2 | 미 육군의 리더십 핵심역량과 요구 행동

구 분	내 용			
	타인 통솔	지휘계통을 넘어선 영향력 발휘	솔선수범	의사소통
통솔	• 목표설정, 동기부여 및 사기앙양 • 기준(표준)제시 • 임무와 복지의 균형	• 업무외적인 신뢰형성 • 영향력범위·수단·한계이해 • 협상, 합의, 갈등해결	• 인격적 행동 • 역경속에서 자신있게 통솔 • 역량발휘	• 적극적 경청 • 실천목표 제시 • 공감대 형성
개발	긍정적 환경조성	자기 계발	타인 개발	
	• 긍정적 분위기 조성 • 팀워크·응집력 형성 • 자발적 분위기 조성 • 인간적 배려	• 예상 혹은 예상하지 않은 도전에 대한 준비 • 지식 확장 • 자기인식 능력 개발	• 개발 필요성 평가 및 직무수행역량개발 • 전문성 개발 및 개인발전지원 • 학습지원 • 상담 • 코칭 • 멘토링실시 • 팀 구축능력 개발	
임무 완수	결과 도출			
	• 방향 • 지침 • 우선순위 부여 • 계획의 수립 및 실행 • 지속적인 과업완수			

3) 한국군의 리더십 요구 역량

육군은 '육군 리더십 교범'에서 21세기 새로운 전장 환경에 적합한 육군의 리더 상을 정립하였다. 그리고 <표 5-3>와 같이 리더의 역량을 "위국헌신의 강한 리더가 되기 위해 갖추어야 할 요소로서 현재 및 미래 임무 수행에 요구되는 자질·능력·행동의 전인적인 요소"로 정의하고 리더에게 공통적으로 요구되는 역량을 자질, 능력 그리고 행동의 세 가지 요소로 구분하였다.

첫 번째 요소인 리더의 자질은 '육군 리더는 어떤 군인 되어야 하는가?'를 결정해 주는 기준으로서 가치관, 품성, 태도, 군인다움의 네 가지 요소를 제시하고 있다. 여기서 가치관은 '무엇을 위해 군 복무를 하고, 어떤 군인이 되어야 하며, 어떤 행동을 하여야 하는가'를 결정해 주는 기준으로 미 육군과는 달리 '충성, 용기, 책임, 존중, 창의'의 다섯 가지 요소를 제시하고 있다.

품성은 '사람의 됨됨이'로 도덕성과 윤리성, 포용력, 긍정적 사고, 성실, 자기통제력, 균형감각 등을 제시하고 있고, 태도는 '마음속에 지니고 있는 생각이나 뜻을 드러나 보이도록 하는 자세'로 신념, 주도성, 투지, 열성, 헌신 등을 들고 있다.

두 번째 요소인 육군 리더의 능력이란 '리더는 무엇을 할 수 있어야 하는가?'에 대한 것으로 리더가 군사적 전문성을 바탕으로 자신에게 부여된 임무를 수행할 수 있고, 구성원과 조직을 이끌고 관리하는 데 요구되는 관련 지식이나 기술을 갖추는 것으로 지적인 능력, 전투수행 능력, 직무수행 능력, 의사결정 능력, 의사소통 능력, 변화관리 능력 등을 말한다.

세 번째 요소인 리더의 행동이란 '리더가 조직과 구성원들을 이끌기 위해 어떻게 실천하고 행동해야 하는가?'에 대한 것으로 리더 스스로의 행동이 구성원들에게 모범이 될 수 있도록 하는 솔선수범, 구성원의 마음을 한 방향으로 바라볼 수 있도록 해주는 마음을 움직이기, 리더 스스로의 능력을 개발하고 또 그것을 통해 구성원의 능력을 개발시키는 자기 계발 및 구성원 개발, 그리고 목표달성을 위한 성과달성의 다섯 가지 행동을 제시하고 있다.

표 5-3 | 육군 리더가 갖추어야 할 역량

구 분		세부 내용
자질	가치관	충성, 용기, 책임, 존중, 창의
	품성	도덕성과 윤리성, 포용력, 긍정적 사고, 성실, 자기통제력, 균형감각
	태도	신념, 주도성, 투지, 열성, 헌신
	군인다움	용모, 강인한 체력, 언행
능력	지적인 능력	통찰력, 기민성, 판단력, 개념화 능력
	전투수행 능력	전술지식, 전투기술, 군사장비 운용, 전투력 통합
	직무수행 능력	직무지식과 기술, 자원관리 및 활용, 갈등해결, 우선순위 판단 및 수행, 유기적인 협조체계 유지, 정보화 환경의 활용
	의사결정 능력	다양한 정보의 활용, 올바른 상황판단, 의사결정의 적시성, 합리적·참여적 의사결정
	의사소통 능력	정보의 이해와 수용, 효과적인 의사표현, 다양한 의사소통, 수단의 활용, 지식과 정보의 공유
	변화관리 능력	변화의 인식, 변화에 대한 적응성, 조직의 변화유도, 지속적인 변화 관리
행동	솔선수범	법규준수, 언행일치, 자기 본연의 임무수행, 현장지휘
	마음 움직이기	다양성의 이해와 수용, 인정과 칭찬, 관심과 배려, 구성원의 삶의 질 향상
	자기 계발	올바른 자기인식, 자기 계발 실행, 자기 계발 계획 수립, 평가, 환류
	구성원 개발	개발소요 판단 및 동기부여, 권한위임, 팀워크 강화, 개발환경 조성
	성과달성	목표·방향·우선순위 제공, 평가 및 환류

한편 조선시대의 군 리더십 교범이라고 할 수 있는 『어제병장설』(御製兵將說)의 장설(張說)에서는 장수가 갖추어야 할 덕(德)과 도량(度量)을 다음과 같이 상·중·하의 세 가지 수준으로 구분하여 기술하고 있다.

상(上)의 인물은 칭찬을 들어도 기뻐하지 않고 모욕을 받아도 성내지 않으며, 두루 묻고, 아랫사람의 역량에 의지하며, 유순함으로써 일을 이루는 사람이다.

중(中)의 인물은 지혜를 쌓고도 지혜 있는 인재를 구하고, 재능을 쌓고도 재능 있는 인재를 구하며, 과단성 있게 유능한 사람을 임용하여 굳세게 일을 성공시키는 사람이다.

하(下)의 인물은 하늘을 보고도 굽히지 않고, 현자(賢者)를 보고도 경의를 표하지 않으며, 일을 혼자서 마음대로 처리하여 경망하게 일을 망치는 사람이다.

이러한 『어제병장설』에서 장수의 수준 분류가 시사해 주는 것은 시대 변화에도 불구하고 군 리더는 독단적으로 조직을 이끌어 가기보다는 상대방들의 의견을 경청하고, 상대방들의 능력을 개발하고 활용할 수 있는 역량을 구비해야 한다는 것이다.

4. 전장리더십 역량

제1차 세계 대전에 참전한 독일군 아돌프 폰 쉘 대위의 전장리더십에 대한 생생한 증언집으로 위급하고 참혹한 전투현장에서 발휘된 전장리더십의 살아있는 교훈들로 구성되어 있다. 이 참고서가 유사시 우리를 전승(戰勝)으로 안내하고, 수 많은 순국선열들의 피와 목숨의 댓가로 이룬 민족의 번영을 이어가는 지침서가 될 것이라 확신한다. 아래 내용은 전장에서 발휘해야 할 리더의 자질과 역량, 상대방들을 교육시켜야 할 핵심내용을 요약한 것이다.

1) 리더가 갖추어야 할 역량과 자질

용사들 조차도 전투현장에서는 피·아 총탄과 포탄 소리를 구별할 수 있다. 따라서 간부들은 그러한 전투실상을 사전에 인지하고 용사들의 심리상태의 변화까지도 간파한 후 이를 지도하고 극복할 수 있는 능력을 구비해야 한다.

죽음에 대한 불안과 공포를 제거하기 위해서는 지휘관이 전투현장에서 냉정함을 유지하고 농담, 이발, 노래 등의 여유 있는 행동도 때로는 필요하다. 지휘관의 자신없는 표정과 행동은 상대방의 심리를 불안하게 하고 전투를 실패로 이끈다. 고참병과 신병을 적절히 혼합한 전투편성으로 자신감과 공황발생을 억제한다. 전투 경험이 있는 용사들의 책임감을 부여하여 경험이 없는 용사들의 정신적 지주가 되게 한다. 전투간 완전한 정보란 없기 때문에 결심 수립시 현재 정보는 언제든 수시로 변경될 것을 명심해야 한다. 정찰활동은 용사들에게 자신감과 우월감을 심어주며 불확실성을 제거해 준다.

상대방들의 행동이 어떻게 나타날 것인가 예측하고 긍정적인 생각과 전우애를 발휘토록 독려한다. 지휘관은 전투 초기시 허위, 과장보고가 많다는 사실을 인식하고 판단한다. 흥분과 긴장이 되었다는 것은 불안하다는 증거이다. 창의적인 사고로 전투를 수행한다. 가축을 이용한 적 기도 파악 등으로 불확실성을 극복할 수 있다.

지휘관에 대한 신뢰(인품)는 상대방들에게 사기 진작을 불러일으킨다. 지휘관의 여유있는 행동, 유머는 죽음에 대한 공허함을 없앤다. 지원배속부대와 평시 팀워크 유지는 전시 지원을 원활하게 한다. 상대방들의 내적인 면을 파악하는 능력이 부족한 지휘관은 커다란 성과를 달성할 수 없다. 전시에는 적시적인 식사 제공이 전투의지 고양에 큰 영향을 미친다.

사격통제가 이루어지지 않는 부대는 심리적으로 불안하고 기강이 없는 상태이다. 전투에서 용사들에게 어떤 정신적 도움을 줄 것인가? 항상 고민한다. 전장에서의 흥분은 초급간부나 용사에게 동일하게 나타나므로 침착토록 통제한다. 예비대의 전투력과 사기는 반드시 보존하여 결정적일 때 사용한다. 군기와 질서 유지를 위해 때로는 지휘관의 냉정함이 필요하다. 각개병사의 심리적 반응의 중요성을 인지하고 영향을 미칠 수 있는 수단을 숙지해야 한다. 명령이 자주 바뀐다는 것은 지휘관이 무엇을 해야 할지 모르기 때문이다. 미래전의 주요 국면은 소규모 또는 용사 단독 전투 형태로 진행되므로 심리현상 극복이 매우 중요하다.

2) 교육시켜야 할 분야

유언비어, 공포를 제거하기 위해서 전투가 항상 유리하게 전개되지 않는다는 것을 주지시킬 필요가 있다(예상치 못한 방향 전개). 적의 전투력과 위치를 파악할 수 없는 경우가 대부분이라는 사실을 인지 해야 한다. 항상 아군의 포병, 전차, 전투기 지원을 받고 있다는 것을 주지시켜 심리적 안정을 달성한다. 한시라도 심리적 흥분상태가 발생될 수 있음을 인지하고 대비해야 한다.

전장 실상에 대한 사전 교육(위험요소, 급변사태 발생, 정신적 고통 등)으로 전투 스트레스 발생을 방지한다. 행군, 지속적인 임무수행 등으로 인한 육체적 피로는 냉정과 불굴의 의지로 인내해야 한다. 혼자가 아니라는 공감대, 일체감으로 심리적 부담감을 완화한다(긴장, 흥분 방지). 전시 심리적 압박감에 대한 평시부터 교육이 필요하다. 예측되고 준비된 위험은 절반 이상 극복된 것임을 교육하고 각종 위험을 사전 주지시킨다. 평시 실전적인 교육훈련과 엄정한 군기는 전장의 특성과 심리를 극복케 하는 원동력이 된다.

다함께 참여하는 조별과제

1. 리더십 역량모형에서 리더십 역량 구성요소와 직위별 요구 역량에 대해 조별 토의 후 발표하시오.

2. 군 리더에게 요구되는 전장리더십에 대해 조별 토의 후 발표하시오.

면접시험 출제(예상)

1. 고등학교와 대학 생활에서 본인이 리더십을 성공적으로 실천한 사례를 소개해 보세요?

◑ Tip

학교생활을 잘하였는지를 묻는 질문입니다. 고등학교시절 학생회장, 반장, 동아리회장, 체육부장 등 리더십을 발휘했던 사례를 본인의 역할과 과정, 성과를 논리적으로 잘 발표할 수 있도록 준비하기 바랍니다.

답변 예문 ①
대학교에서 학과 과대표로서 학생들의 의견을 모으고, 학과장님을 보좌하여 학업분위기를 좋게 하였고, MT를 국립대전현충원 참배로부터 시작하게 계획하여 성과있는 대학생활을 하고 있습니다.

답변 예문 ②
고등학교 3학년 시절 체육부장으로서 학교 체육대회 준비를 잘 준비하여 축구와 농구를 우승하였습니다. 동창생들은 고교시절 추억으로 모든 일은 잘 준비하면 '우리는 할 수 있다'는 자신감을 갖게 되었습니다.

2. 본인 성격의 장단점을 이야기해 보세요?

⊙ Tip

지원자의 인성을 파악하기 위한 질문입니다.

장점만 이야기하고 단점은 말하지 않을 수도 있고, 단점을 포장하여 장점처럼 이야기할 수도 있다. 단점 그 자체가 중요한 것은 아니다. 자신의 단점을 인지하고 극복하기 위해 노력하는 자세가 더 중요하다고 생각한다.

답변 예문

저의 가장 큰 장점은 운동을 잘하는 것입니다. 초등학교 때부터 태권도를 하여 현재 태권도 3단이며, 축구를 잘하여 고등학교 체육대회에서 축구 우승을 이끌기도 했습니다. 저의 이러한 강한 체력은 군 간부가 되어 병사들을 리드할 수 있고, 특급전사로서 국가안보에 초석이 되겠습니다.

단점은 한번 운동을 시작하면 너무 몰입해서 주위에서 불러도 듣지 못하는 경우가 있습니다. 이러한 단점을 극복하기 위해서 주변을 돌아보려 노력하고 있습니다.

유머 한마디(나도 웃기는 리더가 될 수 있다~)

Tip

> 대학 강의실의 수업시간에 한 학생이 모자를 눌러쓰고 있었다. 그 모습이 언짢은 교수가 그 학생에게 질문을 했다. "학생! 수업시간에 모자를 왜 쓰고 있나?" 그러자 그 학생이 교수님께 질문을 했다. "교수님! 안경은 왜 쓰셨나요?" "그야 나는 눈이 나빠서 안경을 썼지!" "학생은?"[2]
>
> ▸ "예? 저는 머리가 나빠서 모자를 썼는데요."

---

2 김경만, 「깔딱깔딱 숨넘어가게 웃긴 유머집」(고양: 시간과공간사, 2016), p.60.

나는 가수다(나도 노래를 잘 할 수 있다~)

Tip

무조건   - 박상철

내가 필요할 땐 나를 불러줘 언제든지 달려갈께
낮에도 좋아 밤에도 좋아 언제든지 달려갈께
다른 사람들이 나를 부르면 한참을 생각해보겠지만
당신이 나를 불러준다면 무조건 달려 갈꺼야
당신을 향한 나의사랑은 무조건 무조건이야
당신을 향한 나의사랑은 특급 사랑이야
태평양을 건너 대서양을 건너 인도양을 건너서라도
당신이 부르면 달려갈꺼야 무조건 달려갈꺼야
내가 필요할 땐 나를 불러줘 언제든지 달려갈께
낮에도 좋아 밤에도 좋아 언제든지 달려갈께
다른 사람들이 나를 부르면 한참을 생각해보겠지만
당신이 나를 불러준다면 무조건 달려 갈꺼야
당신을 향한 나의사랑은 무조건 무조건이야
당신을 향한 나의사랑은 특급 사랑이야
태평양을 건너 대서양을 건너 인도양을 건너서라도
당신이 부르면 달려갈꺼야 무조건 달려갈꺼야
당신을 향한 나의사랑은 무조건 무조건이야
당신을 향한 나의사랑은 특급 사랑이야
태평양을 건너 대서양을 건너 인도양을 건너서라도
당신이 부르면 달려갈꺼야 무조건 달려갈꺼야

06

상황중심 패러다임

06 상황중심 패러다임

1. 상황적 리더십 이론[1]

'상황적 리더십 이론'(Situational Leadership Theory)은 Hersey & Blanchard (1969)가 Blake & Mounton(1964)의 '관리격자 모형'과 Reddin(1967)의 '3 - D 관리유형 이론', 그리고 Argyris(1957)의 '성숙 - 미성숙 이론'을 기반으로 개발한 이론이다. Blanchard(1985)가 이를 바탕으로 개정된 '상황적 리더십 이론 Ⅱ'(Situational Leadership Ⅱ)를 발표하였다.

Blanchard(1985)의 '상황적 리더십 이론 Ⅱ'에서는 상황에 따라 리더십 유형이 달라져야 한다는 전제 하에 "리더십 행동 유형은 팔로워의 발달수준 (development level)에 맞추어야 한다"고 주장한다.

따라서 리더십 행동 유형을 크게 지시적 차원(directive dimension)과 지원 적 차원(supporting dimension)의 두 가지 차원으로 분류하고, 각각에 대응하는 리더십 행동 유형을 '지시형', '코칭형', '지원형', 그리고 '위임형'으로 명명하 였다.

또한 팔로워의 발달수준에 따라 열성적인 초보자(낮은 역량, 높은 의욕), 좌절 한 학습자(약간의 역량, 낮은 의욕), 능력은 있지만 조심스러운 업무수행자(상당한 역량, 불안정한 의욕), 자기주도적 성취자(높은 역량, 높은 의욕)의 네 가지 유형으로 구분하였다. 여기서 발달수준은 팔로워가 주어진 과업이나 활동을 수행하는 데 필요한 역량(competence)과 과업수행에 대한 헌신 의지(commitment)를 갖 고 있는 정도를 말한다. 다시 말해서 과업을 수행하는 데 필요한 지식과 기

---

1 최병순, 「군 리더십」(서울: 북코리아, 2011), pp.311~315. 참고하여 정리.

술을 갖고 있는지 여부와 과업을 수행하려는 의지 또는 열의가 얼마나 있는가를 의미한다.

2. 효과적인 리더십 행동 유형

이 이론에서는 자전거를 처음타는 사람에게 자전거 타는 방법을 가르칠 때 숙달수준에 따라 가르치는 방법을 달리하는 것처럼 팔로워의 발달수준에 따라 효과적인 리더십 유형이 달라져야 한다고 한다.

첫 번째 단계는 열성적인 초보자로서 지시형 리더십(directing style)을 발휘해야 한다. 이러한 상황은 회사에 신입사원이 들어왔거나, 부대에 신병이나 초임 장교가 전입왔을 때 상황이라고 할 수 있다. 조직에 처음 들어왔기 때문에 자신이 수행해야 할 과업에 대해서는 잘 모르지만 배우려는 의욕이 높아 모든 일에 호기심이 많다. 과업에 대해 잘 모르기 때문에 교육을 받고, 조직의 규칙이나 절차 등에 친숙해 져야 한다. 이러한 사람들에게는 모든 것을 일일이 알려 주고 지시하는 '지시형' 리더십이 바람직하다.

두 번째 단계는 좌절한 학습자로서 코칭형 리더십(Coaching style)을 발휘해야 한다. 이 단계는 자신의 과업에 대해 알아가기 시작하는 단계이다. 팔로워가 과업에 대해 이해는 했지만 능력을 갖추는 것은 자신이 생각했던 것보다 어렵게 여겨서 의기소침해지기도 한다. 때로는 과업수행 과정에서 좌절감을 느끼기도 한다. 이러한 상황이 의욕을 떨어뜨리기도 한다.

이 단계에 있는 사람에게는 지시와 지원의 수준을 한 차원 높이는 코칭형(coaching) 리더십이 필요하다. 즉, 팔로워에게 조언을 하는 동시에 질문이나 제안을 할 수 있도록 유도하기 위한 쌍방향 의사소통을 늘려가야 한다. 또한 자신감을 심어 주고, 잃어버린 의욕을 되찾아 주기 위해 인정과 칭찬을 많이 해주어야 한다.

세 번째 단계는 능력은 있지만 조심스러운 업무수행자로서 지원형 리더십(supporting style)을 발휘해야 한다. 과업에 어느 정도 익숙해졌고, 과업수행 능력도 많이 향상된 상태이다. 그러나 자신감은 여전히 부족해서 혼자서 업무를 수행할 수 있을지 의문을 갖고 있다. 즉, 업무를 파악하고 있고, 충분한 역량을 구비했다고 보이지만 본인은 혼자서 감당하는 것을 두려워한다.

이러한 사람을 업무는 충분히 숙달되었기 때문에 지시는 줄이고, 지원을 늘려서 자신감을 고취시켜야 한다. 사고의 폭을 넓혀 주고, 위험을 감수할 수 있도록 격려함으로써 스스로 문제해결 방안을 찾도록 만들어야 한다. 리더의 존재 이유는 팔로워가 스스로 할 수 없는 일들을 할 수 있도록 지원하는 데 있음을 명심해야 한다.

네 번째 단계는 자기주도적 성취자로서 위임형 리더십(delegating style)을 발휘해야 한다. 과업수행 능력이 향상되고, 성공적인 결과도 얻어 내기 때문에 적당한 자신감이 형성된 단계이다. 자기만의 일만 하는 것이 아니라 다른 사람들이 일을 잘하도록 격려해 주기도 한다. 이러한 단계에 있는 사람에게는 일상적인 의사결정과 문제해결에 대한 책임을 맡기고, 과업을 자신이 스스로 관리하도록 하는 것이 바람직하다. 권한을 위임하여 자기 스스로 능동적으로 일을 할 수 있도록 믿고 맡기는 것이다. 그리고 과업을 수행하는 데 필요한 지원을 해주는 것이다.

이상에서 설명한 발달수준은 특정 과업에 한정된 사항이다. 즉, 발달수준을 평가할 때 사람 자체를 평가하는 것이 아니라 특정 과업에 대하여 발달수준을 평가해야 한다. 다시 말해서 한 사람이 수행하는 과업에 따라 여러 가지의 서로 다른 발달수준을 가질 수 있다. 한 과업에서는 발달수준이 높지만 다른 과업에서는 발달수준이 낮을 수 있기 때문에 사람마다 서로 다른 리더십을 발휘해야 할 뿐만 아니라 같은 사람이라고 할지라도 과업에 따라서는 다른 방법을 적용해야 한다.

이러한 리더십을 발휘할 경우 일관성이 없다고 할 수도 있지만, 일관성이란 '유사한 상황에 대해서는 동일한 리더십을 발휘하는 것'이지 동등하지 않은 것을 동등하게 대우하는 것이 아니다.

3. 상황적 리더십 이론의 평가와 적용

상황적 리더십 이론은 앞에서 설명한 리더십 특성이론과 Fielder의 상황 적합 이론(contingency theory)이 고정된 리더십 행동 유형을 주장하는 반면에 상황, 팔로워의 발달수준에 따라 리더십 행동 유형을 융통성있게 변화시켜야 한다고 주장하기 때문에 많은 관심을 불러일으켰다. 그러나 리더와 팔로워의 관계에 영향을 미치는 많은 상황변수를 무시하고, 팔로워의 발달수준 하나만을 고려하였고, 현실적으로 발달수준을 측정하기가 어렵다는 등의 비판을 면하기 어렵다.

또한 얼핏 보기에는 리더가 팔로워들의 발달수준에 따라 리더십 행동을 변화시켜야 한다고 하는 주장은 그럴듯하게 보이지만 사실상 이 모형은 결함이 있다고 할 수 있다. 예컨대 리더가 일하기 싫어하고, 능력도 없는 팔로워, 즉 발달수준이 낮은 팔로워에게 많은 지시를 하고, 인간적인 관심은 적은 '지시형' 리더십을 발휘한다면 과연 그 팔로워가 발달수준이 높아지도록 어떻게 동기부여시킬 수 있겠는가?

Hersey & Blanchard(1988)는 발달수준이 낮은 팔로워에게 인간적인 관심을 많이 가지면 성과가 낮아진다고 주장한다. 이러한 주장은 발달 수준이 낮은 어린아이들에게는 부모나 교사가 아이들이 잘할 때까지 지시형으로 리더십을 발휘해야 한다는 말이 된다. 그런데 이러한 논리는 피그말리온 효과를 고려하지 않고 있다. McGregor(1960)가 X—Y 이론에서 주장한 바와 같이 팔로워가 소극적으로 일을 하고 있다고 믿으면 리더는 지시와 통제 위주의 리더십 행동을 하게 되고, 팔로워의 소극성은 지속적으로 강화되는 역기능이 발생하게 된다는 사실을 간과하고 있다.

또한 이 이론에 따르면 리더가 팔로워의 발달수준을 어떻게 평가하는가에 따라 리더십 행동이 달라지게 된다. 그런데 리더가 팔로워의 발달수준에 대한 판단이 옳은지 그른지를 어떻게 검증할 것인가에 대해서는 고려하지 않고, 암묵적으로 리더의 판단은 통상 옳다는 전제를 하고 있다. 즉, 리더가 어떻게 팔로워에게 영향력을 행사할 것인가에만 초점을 맞추고 있고, 다른 방향에서 행사되는 영향력의 중요성은 무시하고 있다.

상황적 리더십 이론은 이와 같이 여러 가지로 비판을 받고 있고, 많은 검증연구가 이루어지지는 않았지만 팔로워의 발달수준에 따라서 리더십 행동이 달라져야 한다는 것을 인식하게 해주었다. 또한 리더가 상황에 적응해야 할 뿐만이 아니라 팔로워가 능력을 개발하도록 도와주고, 자신감을 갖게 하는 등의 방법으로 발달수준을 높임으로써 상황을 변화시킬 수도 있다는 다소 혁신적인 생각을 갖게 해주었다는 데 의의가 있다.

특히 계급 및 복무 구분(단기복무인가, 장기복무인가) 등에 따라 장병들의 발달수준이 다른 우리 군에 상황적 리더십 이론이 시사해 주는 바가 크다고 할 수 있다. 즉, 이 이론에 따르면 군 경험이 부족하여 발달수준이 낮은 신병과 상대적으로 군 복무기간이 길기 때문에 발달수준이 높아진 병장들에게는 상이한 리더십을 적용해야 한다. 또한 장기복무자에 비해 상대적으로 군 복무에 대한 열의가 낮다고 할 수 있는 단기복무 장교와 장기복무 장교에 대한 리더십도 달라야 한다고 할 수 있다.

그러나 사람에 따라 과업에 대한 전문성과 열의가 다를 뿐만 아니라 수행하는 과업이 변경되면 그에 따라 과업수행 능력과 과업수행에 대한 열의도 달라지게 된다. 따라서 계급이나 복무기간(단기인가, 장기인가)을 기준으로 발달수준을 집단적으로 일반화시켜 판단하기보다는 개인별로 발달수준을 집단적으로 일반화시켜 판단하기보다는 개인별로 발달수준을 고려하여 리더십 유형을 달리하는 것이 바람직하다. 또한 상대방들의 역량을 개발하고, 동기를 유발시켜 과업수행에 대한 열의를 높임으로써 위임형 리더십을 발휘할 수 있는 상황을 조성하도록 해야 한다.

4. 리더십 대체이론

1) 리더십 대체이론의 개요

기존의 대부분 리더십 이론과 모형들은 팔로워의 성과와 만족에 미치는 리더의 행동 또는 특성의 영향을 확인하고, 설명하는 데 초점을 맞추고 있다. 또한 어떤 상황에서는 어떤 리더십 행동들이 비효과적인 경우도 있지만 리더십은 항상 중요하다는 전제를 하고 있다.

그러나 어떤 리더십 행동이 어떤 상황에서는 효과적이고, 어떤 상황에서는 비효과적인지를 체계적으로 설명해 주지 못하고 있다는 공통점을 갖고 있다. 물론 상황에 따라 리더십 효과성이 왜 차이가 있는지를 설명하려는 연구들이 있었지만, 주로 소집단에서의 연구를 중심으로 이루어져 왔다.

리더십 대체이론(substitutes for leadership)은 이러한 리더십 연구의 한계를 극복하려는 시도에서 출발한 이론이라고 할 수 있다. 즉, 리더십 대체이론은 리더십에 대한 미시적 연구의 한계를 극복하기 위해 조직의 거시적 요소를 포함하여 리더십을 설명하려는 시도의 하나라고 볼 수가 있다.

Kerr & Jermier(1978)는 리더십을 불필요하게 만드는 대체요인(substitutes)과 리더십 영향력을 약화시키거나 무력화시키는 중화요인(neutralizer)으로 리더십 상황요인을 범주화하고, 리더십 유형을 도구적 리더십과 지원적 리더십으로 구분하여 대체요인과 중화요인을 식별하였다.

리더십 대체요인은 리더의 행동을 불필요하게 또는 중요하지 않게 만드는 요인이다. 따라서 대체요인을 증가시킨다면 리더십이 완전히 불필요하게 만들 수 있다고 한다. 예컨대, 동기부여 수준이 높고, 과업수행 방법을 잘 알고 있는 교수, 연구원, 의사, 변호사, 조종사 등과 같은 고학력 전문직 종사자들에게는 과업의 목표나 수행방법을 지시하거나 열심히 일하도록 격려하지 않아도 스스로 알아서 할 것이기 때문에 리더가 필요 없을 것이다. 사전에 많은 교육훈련을 받았기 때문에 스스로 알아서 할 수 있는 사람과 업무수행 규정과 절차, 방침이 명확하게 규정되어 있는 업무수행자도 자율적으로 업무를 수행할 수 있기 때문에 리더의 지시가 거의 필요 없을 것이다. 또한 팀원들이 자율적으로 업무를 수행하는 자율작업팀의 경우 리더의 역할은 거의 불필요해지고, 리더는 지원자로서의 역할만 수행하면 된다.

리더십 중화요인은 리더십 영향력이 발휘되는 것을 방해하거나 그 효력을 중화시키는 요인이다. 예컨대, 리더로부터 멀리 떨어진 곳에 있다면 팔로워에게 지시하거나 지원하는 리더십의 영향력이 미치기 어렵게 된다. 보상이나 진급이 연공서열에 의해 이루어지거나, 직속상관이 아니라 차상급자나 차차상급자에 의해 보상이 통제된다면 직속상관의 리더십은 약화된다.

<표 6-1>은 상황변수인 팔로워, 과업, 그리고 집단 및 조직 특성들이 두 가지 리더십 유형, 즉 도구적 리더십과 지원적 리더십에 어떠한 요인으로 작용하는가를 보여 주고 있다.

첫째, 팔로워의 특성이다. 팔로워들이 연구소의 연구원처럼 고도의 전문성을 구비한 경우에는 리더십 유형이 별로 중요하지 않다. 그들은 지시하거나 지원할 필요가 없기 때문이다. 또한 팔로워들이 리더가 제공하는 보상에 무관심할 경우에는 도구적 리더십과 지원적 리더십 모두에 중화요인으로 작

표 6-1 | 리더십 대체요인과 중화요인

상황 변수		도구적 리더십	지원적 리더십
팔로워 특성	• 높은 전문성	• 대체요인	• 대체요인
	• 훈련, 경험, 능력	• 대체요인	• 영향 없음
	• 보상에 대한 무관심	• 중화요인	• 중화요인
과업 특성	• 매우 구조화된 과업	• 대체요인	• 영향 없음
	• 자동적으로 피드백되는 과업	• 대체요인	• 영향 없음
	• 내적 만족을 주는 과업	• 영향 없음	• 대체요인
집단 및 조직 특성	• 집단 응집력이 높은 조직	• 대체요인	• 대체요인
	• 높은 공식화(역할과 절차)	• 대체요인	• 영향 없음
	• 유연성 부족(규정과 정책)	• 중화요인	• 영향 없음
	• 낮은 직위권력	• 중화요인	• 중화요인
	• 물리적 분산	• 중화요인	• 중화요인

용한다. 예를 들어 휴가에 관심이 없는 용사에게는 훈련이나 업무 성과에 따라 휴가를 보내 준다고 해서 동기부여가 되지 않는다.

둘째, 과업의 특성이다. 과업이 고도로 구조화되어 있거나 단순하고 반복적인 과업일 경우, 그리고 과업수행 결과가 자동적으로 피드백이 이루어지는 경우에는 리더가 일일이 지시하거나 피드백하지 않아도 과업을 잘 수행할수 있기 때문에 도구적 리더십을 대체하게 된다.

또한 과업이 재미있고, 흥미 있어 직무만족도가 높은 과업일 경우에는 리더의 관심이나 격려가 없어도 과업 자체에 의해 동기부여가 되기 때문에 지원적 리더십을 대체하게 될 것이다. 경리업무처럼 고도로 구조화되고, 일상적인 과업인 경우에는 리더가 팔로워들에게 관심을 갖고, 지원을 해야 하지만 과업 자체에 만족하고 있는 경우에는 리더가 많은 관심을 가질 필요가 없는 것이다.

셋째, 집단 및 조직의 특성이다. 팔로워들이 집단에 몰입되어 집단 규범을 준수하고, 집단목표 달성에 기여하는 사회적 압력이 높다면 강한 응집력은 도구적 리더십과 지원적 리더십의 대체요인으로 작용할 것이다. 그러나 집단 구성원들과 리더의 관계가 나쁘고, 집단 또는 조직목표와 다른 방향으로 구성원들이 사회적 압력을 가한다면 집단 응집력은 중화요인으로 작용할수 있다.

또한 직위권력이 제한적일 경우에는 도구적 리더십이나 지원적 리더십을 발휘하는 데 한계가 있기 때문에 중화요인으로 작용하고, 공식화된 규정과 절차는 도구적 리더십의 대체요인이 될 수 있다. 그것은 규정과 절차가 팔로워들이 무엇을 어떻게 할 것인가를 잘 알려 주고 있기 때문에 리더의 지시나 통제가 거의 필요 없게 되기 때문이다. 그러나 규칙과 방침이 너무 경직되게 운영되어 리더가 재량권을 행사할 수 없다면 대체요인으로만이 아니라 중화요인으로 작용할 수 있다.

2) 리더십 대체이론의 시사점과 적용

이러한 리더십 대체이론은 리더는 과업의 요구와 팔로워의 요구가 충족될 수 있도록 조직 상황에 따라 적합한 리더십을 발휘해야 한다는 것을 시사해 주고 있다. 예컨대, 재정업무처럼 공식화 정도가 높고, 업무에 대한 융통성이 별로 없으며, 매우 구조화되어 있는 과업을 수행하는 조직의 리더일 경우에는 이미 조직이 업무를 구조화하고, 지시를 하고 있기 때문에 도구적 리더십이 아니라 지원적 리더십을 발휘하는 것이 바람직할 것이다.

Howell 등(1990)의 연구에 따르면 어떠한 상황에서는 중화요인이 너무 많아서 어떤 리더라도 성공하기가 어렵거나 불가능할 수 있다고 한다. 따라서 이런 경우에는 리더를 바꾸거나 리더십 교육을 실시하기보다는 상황을 변화시켜야 한다고 한다. 즉 리더십 영향력을 제약하는 중화요인을 제거하거나, 리더십 대체요인을 증가시켜 리더십의 중요성을 감소시키는 것이다.

이러한 리더십 대체이론은 군 초급간부들의 리더십 역량 부족 문제를 해결하는 데 중요한 시사점을 주고 있다. 하나는 리더십 강화요인을 추가적으로 제공하라는 것이다. 예컨대, 단기간의 양성교육으로 인한 초급장교들의 리더십 부족 문제를 해결하기 위해 '리더십 역량 인증제' 등과 같은 제도적 장치를 도입하여 용사들에 대한 초급간부들의 영향력을 강화해 주는 것이다.

또 다른 하나는 리더십을 불필요하게 또는 중요하지 않게 만드는 대체요인을 추가하는 것이다. 예컨대, 용사들의 셀프 리더십 역량을 강화함으로써 간부들의 지시와 통제가 없어도 자율적으로 임무를 수행하도록 만드는 것이다. 그리고 간부처럼 용사들에게도 체계적으로 리더십 교육을 실시하여 간부에 감독과 통제가 아니라 분대장(선임병)에 의한 도움배려용사 관리가 이루어지는 자율통제 시스템을 구축하는 것이다. 이렇게 한다면 소대장 등 간부의 리더십이 불필요하게 되므로 초급간부 리더십 역량 부족으로 인하여 야기되는 문제점들을 해소할 수 있을 것이다.

이상과 같은 리더십 대체이론은 개념이 너무 복잡하고 검증하기 어렵다는 개념적 취약성을 갖고 있지만, 공식적인 리더의 영향력이 직무설계, 보상체계, 자율관리 등에 의해 리더십을 대체할 수 있음을 보여줌으로써 교육훈련만이 아니라 조직의 제도 또는 시스템 개선을 통해서도 리더들의 리더십 역량 부족문제들을 상당 부분 해소할 수 있다는 가능성을 보여 주었다.

다함께 참여하는 조별과제

1. 상황적 리더십이론의 효과적인 리더십 행동유형에 조별 토의 후 발표하시오.

2. 리더십의 대체이론을 군에 적용하는 방안에 대해 조별 토의 후 발표하시오.

면접시험 출제(예상)

1. 지금까지 살아오면서 가장 힘들었을 때가 언제인가요?

◉ Tip

지원자의 성장과정을 통해 인성과 가치관을 묻는 질문입니다.
군 간부가 되려는 목적을 생각하며 감정에 치우치지 말고 진솔하게 답변하는 자세가 필요합니다.

답변 예문 ①
고등학교 3학년 때 진로를 바꿔서 대학진학 준비를 결정할 때가 가장 힘들었습니다. 저는 중학교부터 고등학교 2학년까지 축구선수를 꿈꾸며 운동을 해 오다 다리 골절상으로 운동을 그만둬야만 했습니다. 지금은 건강하고 운동을 하는데 전혀 지장이 없으며, 고등학교 3학년 동안 대학진학을 위해 정말 열심히 공부했습니다.

답변 예문 ②
중학교 때 아빠 회사가 부도나서 서울에서 지방으로 이사를 하게 되어 학교를 전학하였는데, 처음에 적응하기가 힘들었습니다. 하지만 좋은 친구를 만나서 잘 적응할 수 있었습니다. 저는 가족의 소중함과 부모님께 감사하는 마음을 갖게 되었습니다.

2. 평소 스트레스가 쌓이면 어떻게 해소합니까?

○ Tip

지원자의 성격과 인성에 관한 질문입니다.

사람은 살아가면서 누구나 스트레스를 받고 있습니다. 어떻게 스트레스를 풀어가는지는 매우 중요하며, 부정보다 긍정의 시너지를 발휘할 수 있는 방법을 제시하면 좋겠네요.

답변 예문 ①

저는 명랑한 성격이어서 스트레스를 적게 받는 편입니다. 그래도 스트레스를 받을 때면 제가 좋아하는 노래를 들으면서 소리 내어 부르면 기분이 좋아집니다.

답변 예문 ②

저는 운동을 좋아해서 스트레스를 받을 때면 운동복으로 갈아입고 땀을 많이 흘리고 나서 샤워를 하면 기분이 좋아집니다.

유머 한마디(나도 웃기는 리더가 될 수 있다~)

◑ Tip

① 영국의 위대한 정치가인 처칠 경은 유머와 익살이 풍부하여 항상 많은 사람에게 웃음을 선사하곤 하였다. 처칠이 80세 되던 해 어느 모임에 나가게 되었다. 모임에서 만난 노부인은 처칠 경의 바지 지퍼가 열려있는 것을 발견했다. "어머! 수상님 바지 지퍼가 열려 있네요." 무안해 할 줄 알았는데 처칠 경은 미소를 띠며 말했다. 뭐라고 했을까요?

  ▸ "부인! 걱정하지 마세요. 죽은 새는 새장 밖으로 나올 수 없답니다."

② 리더십 측면에서 골프와 정치의 공통점은 무엇일까요?
  • 가방을 들어주는 사람과 같이 다닌다.
  • 마음을 비우고 봉사하는 마음으로 하면 박수를 받는다.
  • 영원한 적도 영원한 아군도 없다.
  • 상대방의 불행이 나의 행복이 되기도 한다.
  • 어깨에 힘들어가면 낭패를 본다.
  • 어리석은 자는 한방을 노린다.
  • 초보일수록 상대방을 가르치려 한다.
  • 돈이 있어야 한다.
  • 잘나갈 때 조심해야 한다.
  • 한번 맛들이면 끊기가 어렵다.
  • 핑계가 무궁무진하다.
  • 어디로 튈지 모른다.
  • 남을 배려할 때 성공한다.
  • 마지막에 이기는 자가 승리자이다.

나는 가수다(나도 노래를 잘 할 수 있다~)

📀 Tip

천년을 빌려준다면	-박진석

당신을 사랑하고 정말 정말 사랑하고
그래도 모자라면 당신을 위해
무엇이든 다 해주고 싶어
만약에 하늘이 하늘이 내게
천 년을 빌려준다면
그 천 년을 당신을 위해 사랑을 위해
아낌없이 모두 쓰겠소

당신을 사랑하고 너무너무 사랑하고
그래도 모자라면 당신을 위해
원하는 것 다 해주고 싶어
어느 날 하늘이 하늘이 내게
천 년을 빌려준다면
그 천 년을 당신을 위해 사랑을 위해
아낌없이 모두 쓰겠소

07 조직 패러다임과 소통리더십

우리가 사람과 세상을 어떠한 패러다임으로 보는가에 따라 삶에 대한 태도와 사람을 대하는 태도와 행동이 달라진다. 마찬가지로 조직을 어떠한 패러다임으로 보는가에 따라 조직에서 발생하는 많은 복잡한 문제들을 서로 다르게 인식하게 되고, 이에 따라 문제해결을 위한 처방, 즉 리더십도 달라지게 된다.

그동안 많은 학자들이 조직을 보는 다양한 패러다임을 제시하여 조직에서 발생하는 문제의 본질을 다양한 시각에서 이해할 수 있도록 해주었다. 그리고 다양한 조직 패러다임을 통해 조직이 어떻게 되어야 하는가에 대한 방향을 제시해 주고, 조직의 효율성과 효과성을 높이기 위한 아이디어와 기법들도 제공해 주었다.

그러나 조직에 대한 패러다임들은 조직이 갖고 있는 한쪽 측면은 잘 볼 수 있도록 해주지만 또 다른 중요한 측면들을 간과하게 만드는 경향이 있다. 즉, 한쪽 측면의 해석을 강조하는 과정에서 다른 측면의 중요성을 간과하게 만든다는 것이다. 예컨대 어떤 사람이 '호랑이 같다'고 말할 경우 그 사람이 갖고 있는 용기와 힘, 그리고 공격성에만 주목하게 함으로써 그 사람이 갖고 있는 또 다른 특성, 예컨대 과묵함, 인간미, 정치력, 신뢰성 등을 보지 못하게 만든다는 것이다. 즉, 조직 패러다임은 조직에 대한 통찰력을 제공해 주기도 하지만 다른 한편으로는 조직에 대한 왜곡된 이미지를 제공해 주기도 한다. 왜냐하면 특정한 패러다임으로 조직을 본다는 것은 결국 다른 방식으로 조직을 보지 못하게 만든다는 것을 의미하기 때문이다.

그렇지만 우리가 이러한 사실을 깨닫고, 다양한 조직 패러다임들이 갖고 있는 강점과 약점을 이해하여 잘 활용한다면 조직의 리더로서 직면하는 문제를 좀 더 정확하게 진단하고, 그 문제에 대한 적절한 해결책을 찾을 수 있을 것이다.

1. 시스템의 개념과 특성[1]

1) 시스템의 개념

시스템(system)은 라틴어인 'systema'(여러 개의 조합)라는 단어에서 유래한 용어로 "통합된 전체를 구성하고 있는 상호 연관되고 상호 의존적인 부분들의 집합" 또는 "둘 이상의 상호의존적인 부분(구성요소 또는 하위 시스템)으로 구성되어 있고, 외부 환경과 구분되는 경계를 갖고 있는 하나의 조직화되고 통합된 완전체"를 의미한다. 이러한 시스템의 정의에 비추어 보면 각종 생물체나 인간도 하나의 시스템이고, 조직이나 사회, 그리고 국가나 우주도 하나의 시스템이다. 그리고 우리 주변에는 자동차 시스템, 교통 시스템, 상수도 시스템, 경영정보 시스템, 무기 시스템, C4I 시스템 등 수많은 시스템들이 있다.

이러한 시스템의 중요한 속성은 위 정의에서와 같이 시스템은 그것을 구성하고 있는 여러 부분들의 단순한 합(合)이 아니라는 것이다. 즉, 각 구성요소들 상호 간에 긴밀한 상호관계를 맺고 있으며, 하나의 완전체(完全體)라는 것이다. 하나의 시스템으로서 우리 인간이 그 자체로서 완전한 기능을 수행하는 것처럼 시스템은 하나의 개체로서 완전한 기능을 발휘하는 것이다. 예컨대, 군은 외부 환경인 일반사회와 구분되는 하나의 시스템으로 존재하고 있다. 그리고 군 전체 시스템을 구성하고 있는 하위 시스템인 육·해·공군은 독립적으로 운영되고 있지만, 완전히 별개로 운영되는 것이 아니라 긴밀한 상호관계를 맺고 있다.

이러한 시스템은 외부 환경과 상호작용 정도에 따라 열린 시스템(open

---

1 최병순, 「군 리더십」(서울: 북코리아, 2011), pp.374~379. 참고하여 정리.

system)과 닫힌 시스템(closed system)으로 구분하는데, 외부 환경과 상호작용을 많이 할 경우 열린 시스템이라고 하고, 외부 환경과 상호작용을 적게 할 경우에는 닫힌 시스템이라고 한다. 즉, 열린 시스템과 닫힌 시스템의 구분은 절대적인 개념이라기보다는 상대적인 개념이다.

이러한 기준에서 본다면 <그림 7-1>과 같이 모든 조직은 정도의 차이일 뿐 외부 환경으로부터 인적·물적 자원을 획득하여 투입(input)하고, 이를 조직에서 변환(transformation)시켜 산출물(output)을 외부로 내보내기 때문에 모두 열린 시스템이라고 할 수 있다. 예컨대, 기업은 기업 밖에서 획득한 인력, 자본, 원료를 투입하여 생산과정을 거쳐 제품을 만들어 시장에 내보내 소비자들이 구입하게 한다. 그리고 일반적으로 닫힌 시스템으로 인식하고 있는 군도 사회에서 젊은이들이 장교, 부사관 또는 병으로 입대하여 군 복무를 마친 후 다시 사회로 복귀하게 한다.

그리고 과거에는 군에서 일어나는 일들이 거의 사회에 알려지지 않았지만 요즈음에는 군에서 일어나는 일들이 언론에 쉽게 공개되고 있고, 군과 사회 각 분야의 교류가 활발히 이루어지고 있다.

따라서 군이 기업이나 대학 등과 같이 조직보다는 외부 환경과 상호작용을 적게 하기 때문에 상대적으로 닫힌 시스템이라고 할 수 있지만, 분명히

그림 7-1 | 열린 시스템 모형(Open System Model)

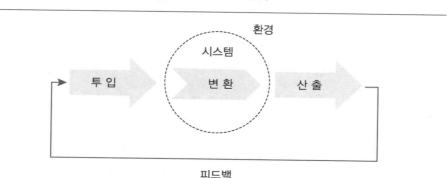

외부 환경과 상호작용을 하고 있고, 앞으로 더욱 더 상호작용이 증가할 것이기 때문에 열린 시스템 관점에서 군 조직의 문제를 접근해야 한다.

2) 열린 시스템의 특성

앞에서 기술한 것처럼 모든 조직은 기본적으로 열린 시스템이기 때문에 다음과 같은 열린 시스템의 특성을 잘 이해한다면 조직을 효과적으로 관리하는데 도움이 된다.

첫째, 열린 시스템은 시스템과 환경을 구분해 주는 경계(boundary)가 있고, 이를 통하여 외부 환경과 상호작용을 한다는 것이다. '경계'는 국가의 국경선이나 군인의 제복, 또는 부대의 울타리와 같이 가시적·물리적인 것일 수도 있고, 다른 집단과 차별적으로 생각하는 집단의식과 같은 심리적인 것일 수도 있다. 그리고 조직의 일원이 되기 위해 거쳐야 하는 선발시험과 같은 제도적인 것일 수 있다. 이러한 경계를 통해 열린 시스템은 외부 환경으로부터 영향을 받기도 하고 영향을 미치기도 한다.

둘째, 열린 시스템은 상호 연관성을 갖는 상위 시스템 및 하위 시스템으로 구성되어 있다. 모든 시스템은 보다 큰 상위 시스템(suprasystem)을 갖고 있고, 시스템을 구성하는 두 개 이상의 부분 또는 구성요소, 즉 하위 시스템(subsystem)으로 구성되어 있다. 그리고 시스템과 상위 시스템, 상위 시스템과 하위 시스템, 또는 하위 시스템들 상호 간에 유기적인 관계를 맺고 있다. 예컨대, 국군 조직법은 각 군의 입장에서 보면 각 군의 구조와 정원에 영향을 미치는 외부 환경, 즉 상위 시스템으로 각 군이 편제를 만들고, 인력관리를 하는데 영향을 미친다.

셋째, 열린 시스템은 전체성(wholism or synergism)을 갖고 있다. 시스템은 하위 시스템들 간의 상호 의존성 또는 상호 연관성으로 인하여 단순한 부분의 합이 아니라 그 이상의 전체성을 갖고 있는 하나의 완전한 집합체(unitary whole)이다. 따라서 시스템은 부분적으로 분리해서 보면 제대로 이해할 수 없기 때문에 전체적인 관점에서 접근을 해야만 한다. 또한 하위 시스템도 별도로 분리해서 분석할 것이 아니라 전체 시스템의 관점에서 접근해야만 문제의 본질을 정확하게 파악할 수가 있다.

넷째, 열린 시스템은 순환적 특성을 갖고 있다. 모든 시스템은 <그림 7-1>과 같이 외부 환경으로부터 투입물(인력, 물자, 돈, 정보, 에너지 등)을 받아들이고, 이를 변환시켜 산출물로 외부로 내보낸다. 그리고 산출물에 대한 정보(평판 등)가 피드백(feedback)되어 투입요소로 재투입됨으로써 변환과정에 반영되는 순환과정이 이루어진다. 폐쇄 시스템에서는 투입이 이루어지면 그것으로 일단락되지만 열린 시스템에서는 피드백 과정을 통해 투입이 계속적으로 이루어짐으로써 시스템이 지속적으로 유지·성장할 수 있게 된다.

다섯째, 열린 시스템은 엔트로피(entropy)를 감소시킨다. 엔트로피란 모든 인간이 결국은 죽게 되는 것처럼 어떤 형태의 시스템이든지 붕괴되거나 소멸하는 경향을 갖고 있다는 것을 의미하는 용어이다. 그런데 닫힌 시스템은 투입과 산출이 이루어지지 않기 때문에 엔트로피가 증가하여 결국은 소멸되고 만다. 예컨대, 하나의 시스템인 인간이 먹지않고 배설하지 않는다면 엔트로피가 증가하여 결국 죽게 되는 것처럼 조직 시스템도 닫힌 시스템으로 운영된다면 결국 소멸하게 된다는 것이다. 그러나 열린 시스템은 경계를 통해 외부 환경으로부터 투입물을 받아들이고, 산출물을 내보낼 수 있기 때문에 엔트로피를 감소시켜 지속적으로 유지되고 성장할 수 있다.

여섯째, 열린 시스템은 안정 상태(steady state), 또는 향상성(homeostasis)을 유지한다. 닫힌 시스템은 엔트로피가 증가하여 결국은 조직이 사멸하는 정적 평형상태(static equilibrium)에 이르게 된다. 그러나 열린 시스템은 지속적으로 새로운 인력, 자원, 정보 등을 투입하고, 산출물을 밖으로 내보냄으로써 엔트로피를 감소시켜 동태적 균형상태(dynamic equilibrium)를 유지한다. 즉, 투입과 산출이 계속적으로 진행되는 동태적 활동이 이루어지더라도 시스템이 균형상태를 유지함으로써 시스템 특성은 변함이 없게 된다는 것이다.

일곱째, 열린 시스템은 성장과 확장의 경향이 있다. 열린 시스템은 존속을 보장하기 위해 현재의 상태에 만족하지 않고 배출한 산출물을 만드는데 소비된 것 이상으로 투입물을 확보하려는 경향이 있다. 인체가 소비하는 것 이상으로 음식물을 섭취하여 지방질을 비축하고, 많은 조직들이 성장과 확장을 통해 여유 자원을 확보해 나가는 것이 그러한 예라고 할 수 있다.

그러나 인간이 성장한다고 해서 인간의 본질이 변하지 않고, 군의 규모가 커진다고 해서 군의 고유한 특성이 변하지 않는 것과 같이 양적 성장과 확장이 이루어지더라도 시스템의 기본적 특성은 변화하지 않는다.

여덟째, 열린 시스템은 이인동과성(異因同果性, equifinality)을 갖고 있다. 닫힌 시스템은 기계처럼 최초에 부여한 조건에 따라서 결과를 산출한다. 그러나 열린 시스템은 이인동과성을 갖고 있기 때문에 다양한 투입과 변환 활동으로도 동일한 결과를 가져올 수 있다. 즉, 열린 시스템은 목표를 달성하기 위해 다양한 투입과 변환 방법을 선택할 수 있다는 것이다. 이러한 시스템의 특성은 조직에서 목표를 달성하거나 문제를 해결할 때 다양한 해결책이 사용될 수 있음을 시사해 주고 있다.

3) 시스템 패러다임의 시사점

시스템 패러다임(system paradigm)은 리더들에게 조직을 상호의존적인 부분들로 구성된 전체, 즉 여러 하위 시스템으로 구성된 하나의 시스템으로 보는 개념적인 틀을 제시해 준다. 조직은 사람 또는 부서(부분)들의 단순한 집합체가 아니라 상호작용하는 부분(구성요소)들의 집합체라는 것이다.

이러한 시스템 패러다임은 앞에서 설명한 열린 시스템의 특성들이 시사하고 있는 바와 같이 리더들에게 다음과 같은 사실을 알려 주고 있다.

첫째, 조직에 영향을 미치는 환경에 대해 많은 관심을 가져야 한다는 것이다. 오늘날에는 너무나 당연한 것으로 여겨지지만 과거에는 환경에 대한 관심이 상대적으로 적었다. 즉, 조직을 닫힌 시스템으로 인식하고, 조직 내부의 합리성과 효율성을 높이는 데만 관심을 가졌다.

그러나 시스템 패러다임 조직은 열린 시스템이기 때문에 모든 조직에 폭넓게 영향을 미치는 일반 환경(general environment)과 함께 경쟁자, 정부기관, 고객 등 조직에 직접적인 영향을 미치는 과업환경(task environment)과의 관계에 많은 관심을 가질 것을 요구한다.

둘째, 모든 문제는 한 가지 원인만이 아니라 복합적인 원인에 의해 발생한다는 것이다. 따라서 문제를 단순한 선형적 인과관계로 보지 않고, 상호의존적인 부분들의 복잡한 인과관계로 보아야 한다. 즉, 현재는 과거의 산물이고, 모든 것은 다른 모든 것과 연결되어 있기 때문에 역사적 맥락과 함께 다양한 시각에서 문제에 접근해야 한다.

셋째, 시스템은 상위 시스템과 하위 시스템들 상호 간에 유기적인 관계를 맺고 있기 때문에 리더의 결정이나 행동이 자기가 소속된 조직이나 부서에만 영향을 미치는 것이 아니라 다른 관련 조직이나 부서, 나아가 전체 조직에도 영향을 미친다는 것이다. 따라서 리더는 자신이 하는 일이나 의사결정이 자신의 조직이나 부서만이 아니라 다른 조직이나 부서, 그리고 전체 조직에 어떠한 영향을 미치는가를 고려하는 전체적 관점에서 리더십을 발휘해야 한다.

Kast& Rosenzweig(1979)는 <그림 7-2>와 같이 조직은 외부환경 시스템과 지속적으로 상호작용하면서 상호 간에 유기적인 관계를 맺고 있는 다섯 개의 하위 시스템으로 구성되어 있는 것으로 본다.

환경 상위 시스템(environmental suprasystem)은 조직의 경계 밖에서 조직에 영향을 미치는 모든 요소를 말한다. 이러한 환경 상위 시스템은 사회에 있는 모든 조직에 영향을 미치는 일반 환경(general environment)과 개별 조직에 더 직접적으로 영향을 미치는 과업 또는 특수 환경(task or specific environment)으로 구분할 수 있다. 일반 환경으로는 문화적 환경, 기술환경, 교육환경, 정치적 환경, 법적 환경, 사회적 환경, 경제적 환경 등을 들 수 있다. 그리고 과업환경으로는 기업의 경우 고객, 공급자, 경쟁자, 해당 산업의 기술변화 및 정부 규제 등이 해당되고, 군의 경우에는 고객이라고 할 수 있는 국민, 공급자라고 할 수 있는 병역 대상자 및 방산업체, 경쟁자라고 할 수 있는 북한군 및 주변의 가상 적국, 국방과학기술의 변화 및 국군 조직법 등과 같은 군

그림 7-2 | 열린 시스템으로서 조직

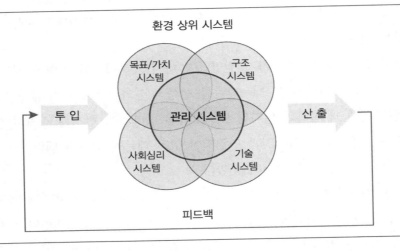

관련법규 등이 과업환경이라고 할 수 있다.

이러한 환경은 여러 가지 유형으로 분류할 수 있는데 외부 환경 유형에 따라 조직 시스템, 특히 구조 시스템에 영향을 미친다. 대표적인 Burns & Stalker(1961)의 연구에 따르면 환경 변화가 단순하고 안정적인 환경에서는 기계적 조직구조를 형성하고, 컴퓨터 산업처럼 환경이 급격하게 변화되는 동태적 환경 속에 있는 조직에서는 유기적 조직 구조를 갖고 있는 것으로 나타났다. 군의 경우에는 일반 조직에 비해 상대적으로 환경변화가 안정적이고, 불확실성이 낮기 때문에 기계적 조직구조를 갖는 경향이 있지만, 군의 환경도 점차적으로 동태적이고, 불확실성이 높아지는 방향으로 변화되고 있기 때문에 이에 효과적으로 대응할 수 있도록 유연한 구조 시스템을 갖추어야 한다.

목표·가치 하위 시스템(Goal - value subsystem)은 조직의 가장 중요한 하위 시스템의 하나로 조직은 핵심이념(core ideology)과 사명(mission), 그리고 이를 구현하기 위한 조직목표를 갖고 있다.

또한 조직원들의 사고와 행동을 조직의 목표를 달성하는 방향으로 정렬

시켜 주는 조직의 핵심가치(core value)를 선정하여 전 구성원들이 공유하도록 하고 있다. 예컨대, 삼성의 경우에는 '인재 제일, 최고 지향, 변화 선도, 정도 경영, 상생 추구'를 핵심가치로 선정하여 전 삼성인들의 사고와 행동에 체화 되도록 하고 있다. 그리고 육군의 경우에는 '충성, 용기, 존중, 창의, 책임', 그리고 공군은 '도전, 헌신, 전문성, 팀워크'를 핵심가치로 선정하여 이를 공유하도록 하고 있다.

기술 하위 시스템(technological subsystem)에서 기술(technology)은 "조직의 과업수행을 위해 필요한 투입물을 산출물로 변환시키는 과정 또는 방법"을 말하며 지식, 설비 및 작업방법 등을 모두 포함하는 개념이다.

이러한 기술 하위 시스템은 조직의 목표와 과업이 무엇인가에 따라 다르다. 예컨대 기업은 무엇을 생상하는가에 따라 서로 다른 형태의 기계와 장비, 생산기술 등을 갖고 있다. 그리고 교육기관은 교과과정과 교수법, 교육시설 등이 투입을 산출로 변환시키는 기술 하위 시스템의 구성요소라고 할 수 있다. 그러나 군의 경우에는 전투력 발휘를 위해 보유하고 있는 교육장 및 장비, 군사지식 또는 교리, 무기체계나 교육훈련 방법 등이 기술 하위 시스템이라고 할 수 있다.

그런데 이러한 기술 시스템은 조직의 구조 시스템과 구성원의 사회 시스템에 영향을 미친다. 예컨대 기술이 복잡할수록 관리자와 관리계층이 많아지고, 사무직과 관리직의 비율이 더 높은 경향이 있다. 또한 조직의 기술 하위 시스템은 요구되는 과업과 전문화의 정도, 과업집단의 규모와 구성방법, 구성원 상호 간의 접촉의 범위, 그리고 조직 구성원의 역할과 지위에 영향을 미치게 되고, 나아가 동기부여, 직무만족 등의 사회심리 시스템에도 영향을 미침으로써 결국은 리더십에 영향을 미치게 된다.

생산기술만이 아니라 경영정보 시스템(MIS: Management Information system)과 같은 정보기술(information technology)도 조직의 구조와 구성원들의 사회심리에 영향을 미친다. 즉, 조직의 리더에게 종합적인 경영정보가 제공되므로 기능별 또는 지역별로 분화된 조직구조의 통폐합 등이 이루어지고, 의사결정

기능이 최고위층에서 이루어지므로 중간관리층이 감소하는 등 집권화·공식화 경향이 높아지는 경향이 있다. 또한 컴퓨터를 통해 대부분의 업무가 처리되기 때문에 조직 구성원들 간의 대면적 상호작용이 감소되어 구성원들 간의 친밀감이나 집단의식이 약화되는 등 사회심리 시스템에도 영향을 미치게 된다.

구조 하위 시스템(structural subsystem)은 조직의 목표를 달성하는 데 관련된 과업과 권한의 분화와 통합, 그리고 의사소통, 과업의 흐름 등과 관련된 것이다. 이것은 조직표(organization chart), 직무기술서(job discription), 규정 및 절차 등으로 표시되며, 기술 하위 시스템과 사회심리 하위 시스템 간의 관계를 공식화시켜 준다. 이러한 조직구조는 앞에서 언급한 것처럼 조직의 외부환경, 목표·가치 하위 시스템, 기술 하위 시스템, 그리고 구성원들의 사회심리 하위 시스템에 의해 결정되고, 또한 조직이 어떠한 구조를 갖고 있는가에 따라 사회심리 하위 시스템에 영향을 미친다. 예컨대 복잡성, 공식화, 집권화 정도가 높은 정부나 군 조직 같은 관료제 조직구조에서는 구성원의 자율성과 다양성이 좁아지고, 그리고 창의성 개발이 제한되는 등의 역기능이 발생한다.

사회심리 하위 시스템(psycho - social subsystem)은 개인의 태도, 행동 및 동기부여, 신분 및 규범, 역할관계, 그리고 구성원들 간의 집단역학(group dynamics) 등으로 구성된다. 그리고 앞에서 언급한 것처럼 조직내부의 기술, 구조, 과업 등에 의해서뿐만 아니라 외부환경에 의해서도 영향을 받는다. 예컨대 군대처럼 기계적 구조를 갖고 있는 조직에서는 구성원들의 사고나 행동, 상하관계가 보다 경직되고 형식적인 경향이 있다. 그리고 군에서 수송부처럼 조금이라도 방심할 경우 사고가 발생할 위험이 큰 기술을 사용하는 조직은 구성원들의 상하관계가 보다 더 엄격화되는 경향이 있다.

마지막으로 관리 하위 시스템(managerial subsystem)은 조직을 환경 상위 시스템과 연결시킬 뿐만 아니라 하위 시스템들 간의 조정·통합 역할을 한다. 그리고 목표를 정하고 이를 달성하기 위해 필요한 활동 등을 계획(palnning), 조직화(organizing), 통제(controlling)하고, 리더십을 발휘(leading)하는 기능들과 주로 관련이 있다.

이러한 맥락에서 본다면 F. Taylor의 과학적 관리(scientific management), M. Weber의 관료제(buraucracy) 등은 구조 하위 시스템이나 관리 하위 시스템에 초점을 맞춘 관리이론이고, 인간관계론이나 행동과학은 사회심리 하위 시스템에 초점을 맞추었다고 할 수가 있다. 그러나 시스템 패러다임은 이러한 관리이론들의 편협한 관점에서 벗어나 조직을 전체적인 관점에서 인식하도록 도와주는 통합적 패러다임이라고 할 수 있다.

2. 시스템 패러다임으로 본 한국군 소통리더십

1) 조직환경과 소통리더십

군대조직도 환경과 부단한 상호작용을 하는 열린 시스템이기 때문에 여러 가지 외부 환경요소로부터 영향을 받고 있다. 군 조직에 영향을 미치는 여러 가지 환경적 요소들 중에서도 군 소통리더십에 영향을 미치는 대표적인 환경요소로는 사회문화적 환경을 들 수가 있다. 즉, 탈권위주의적, 개인주의적, 자유주의적, 사회문화적 가치관에 물들어 있는 신세대 젊은이들이 용사 또는 초급 간부로서 군내에 유입되어 군 문화 또는 가치체계와 갈등을 일으키고 있다는 것이다. 그런데 이와 같은 사회문화적 가치관의 변화는 입대한 장병들만의 문제가 아니라 시대적 흐름이기 때문에 군에서 정신교육 등을 통해 이들이 군의 문화와 가치를 수용하도록 하는 것은 한계가 있다. 따라서 시대 변화에 따른 신세대 가치관의 변화, 즉 사회문화적 환경의 변화는 거스리기 어렵기 때문에 이를 통제하거나 거부하려 하기보다는 이를 잘 활용하는 지혜가 필요하다.

이러한 맥락에서 구세대의 패러다임으로 신세대 장병들을 보면서 신세대 장병들의 가치관이나 태도 또는 행동에 문제가 있다는 암묵적 전제 하에서 신세대 장병들을 어떻게 기존의 틀에 짜 맞출 것인가를 연구할 것이 아니라 신세대 장병들보다 시대 변화에 따라가지 못하는 구세대의 패러다임과 리더십이 더 문제라는 인식을 할 필요가 있다. 그리고 이러한 인식하에 구세대들의 패러다임 전환과 소통리더십 개발을 위한 노력과 더불어 신세대 장병들이 갖고 있는 강점을 잘 활용하는 방안을 연구하는 것이 더 바람직할 것이다. 또한 신세대 장병들을 효과적으로 지휘하기 위해서는 권위적·통제적·강압적·일방적인 리더십과, 충성심과 사명감을 앞세워 개인의 사생활과 가정생활의 희생을 무조건적으로 요구하는 리더십에서 신세대 성향에 적합한 자율적·전방위적·참여적인 소통리더십으로, 그리고 조직의 요구와 개인적 요구의 균형과 조화를 지향하는 소통리더십으로 전환할 필요가 있다.

2) 목표·가치와 소통리더십

조직은 하나의 실체로서 추구하는 이념이 있고, 사회로부터 부여받은 사명과 조직이 추구하는 목표가 있다. 그리고 이러한 이념이나 사명과 목표에 따라 조직의 활동 범위와 방향이 설정되고 구성원의 행동이 규제된다.

그런데 한국군은 "국군은 국민의 군대로서 국가를 방위하고 자유민주주의를 수호하며 조국의 통일에 이바지함"(군인복무규율, 제4조 제1항)을 그 이념으로 하고 있다. 그리고 이러한 이념(理念)을 구현하기 위한 군의 사명을 헌법(제5조 제2항)에 "국가의 안전보장과 국토방위의 신성한 의무의 수행"으로 명시하고 있고, 군인복무규율(제4조 제2항)에서는 이를 좀 더 구체화하여 "국가와 민족을 위하여 충성을 다하며, 국토를 방위하고 국민의 생명과 재산을 보호하고 나아가 국제평화의 유지에 이바지하는 것"이라고 규정하고 있다.

이와 같은 군의 이념과 사명을 완수하기 위해 국방부와 각 군 본부는 <그림 7-3>과 같은 목표를 설정하고 있다. 그리고 각급 예하 부대(또는 기관별) 목표를 설정하여 부대의 모든 활동이 설정된 목표를 지향하도록 하고 있다. 다시 말해서 군의 사명은 국가의 안전보장과 국토방위에 있고, 이러한

그림 7-3 | 국방 목표 및 육·해·공군의 목표

국방 목표	• 외부의 군사적 위협과 침략으로부터 국가를 보위 • 평화통일을 뒷받침 • 지역안정과 세계 평화에 기여
각 군 목표	대한민국 육군은 국가방위의 중심군으로서 • 전쟁 억제에 기여한다. • 지상전에서 승리한다. • 국민 편익을 지원한다. • 정예강군을 육성한다.
	대한민국 해군은 국가보위와 민족 번영을 뒷받침하는 핵심전력으로서 • 자주적인 해군력을 구축하여 전쟁을 억제한다. • 해양 우세권을 확보하여 전승을 보장한다. • 해양활동을 보호하여 국가이익을 증진한다. • 해군력을 현양하여 국위를 높인다.
	대한민국 공군은 국가방위의 핵심전력으로서 • 전쟁을 억제한다. • 영공을 방위한다. • 전쟁에서 승리한다. • 국익을 증진한다.

사명을 완수하기 위해 전시의 목표는 실제 전투에서 승리하는 것이며, 평상시의 목표는 전투태세의 확립과 전투에서 승리할 수 있는 능력을 유지하는 것이기 때문에 민주주의에 대한 강한 신뢰와 외적으로부터 국가를 방위하겠다는 투철한 애국심에 바탕을 두고 소통리더십이 발휘되어야 한다.

한편 군의 역할은 국방 목표에 명시되어 있는 바와 같이 외부의 군사적 위협과 침략으로부터 국가를 보위하는 군사적 역할과 전쟁의 억제와 수행에 직접 관련이 적지만 국가의 발전과 사회의 안정에 더 많이 기여하는 활동을 총칭하는 사회적 역할로 구분할 수 있다. 그런데 사회적 역할은 그것이 군의 기본 임무인 전쟁의 억제와 수행에 순기능적으로 작용할 수도 있지만, 역기능적으로 작용할 수 있기 때문에 군의 사회적 역할에 대해서는 긍정적 견해와 부정적 견해로 나누어진다.

이러한 맥락에서 백종천(1995)은 "새 국민교육군, 경제기술군, 환경보호군, 재해구조지원군, 치안지원군", 김광식 등(1998)은 "경제기술군, 국민교육군, 위민군(재난재해구조군, 환경보호군, 치안지원군, 국토개발군)"으로 군의 사회적 역할을 확대할 것을 제안하고 있다. 즉, 전통적으로 수행해 오던 군의 사회적 역할인 국민교육군, 경제기술군으로서의 역할뿐만 아니라 새로운 시대 변화에 따라 환경보호, 재난재해 구조, 치안 지원 등의 사회적 역할을 추가함으로써 국가안전보장과 국가의 지속적인 번영에 기여하는 생산적인 군대가 되어야 한다는 것이다. 이와 같이 모든 조직이 여러 가지 목표를 동시에 추구하고 있는 것처럼 군도 평상시에는 군사적 목표달성뿐만이 아니라 사회적 목표를 동시에 추구할 것을 요구받고 있다. 그리고 군이 국가재정의 약 15%를 국방비로 사용하고 있기 때문에 이러한 요구가 설득력 있게 들리고 있다.

따라서 우리 군 지휘관들은 군 본연의 군사적 목표의 달성과, 국가와 사회가 군에게 기대하는 사회적 목표의 달성이 조화롭게 이루어질 수 있도록 소통리더십을 발휘해야 할 과제를 안고 있다.

3) 조직구조와 소통리더십

조직의 구조(structure)는 "조직의 구성요소 또는 부분들 사이에 확립된 관계의 유형"으로 <표 7-1>과 같이 기계적 구조(mechanistic structure)와 유기적 구조(organic structure)로 구분할 수 있다.

그런데 환경이 복잡하고 급속하게 변화하는 동태적 환경(dynamic environment)에서는 기계적인 구조가 더 적합하다고 한다. 이러한 연구결과는 기계적 또는 유기적 조직구조 중 어느 한쪽이 다른 쪽보다 더 좋다는 것이 아니라 가장 효과적인 조직구조란 조직이 직면한 환경의 특성에 적합한 구조라는 것이다.

즉, 안정적이고 확실성이 높은 환경 하에서는 기계적 구조가 적합하지만, 동태적이고 불확실성이 높은 환경 하에서는 유기적 구조가 더 효과적이라는 것이다.

군 조직은 <표 7-1>에서 보는 바와 같이 기계적 구조의 전형적인 특성을 갖고 있는데, 이러한 특성들 중에서 특히 리더십과 관련성이 높은 특성

표 7-1 │ 기계적 구조와 유기적 구조의 특징

구 분	기계적 구조	유기적 구조
개방성	비교적 폐쇄	비교적 개방
활동의 공식화	높은 공식화	낮은 공식화
활동의 분화	구체적이고 상호 배타적	일반적이고 중복됨
조정	위계와 절차	다양한 수단과 대면 상호작용
권한구조	집중적, 위계적	분산, 복합적
권한의 원천	직위	지식, 전문성
책임	직위 및 역할에 수반됨	참여자 공동
과업·역할·기능	명확히 정의됨	신축적
항호작용·영향력 계층화	상하 일방관계, 위계적	상하 상호관계, 수평적, 대각적
(권력·지위·보상 등)	계층 간 많은 차이	계층 간 적은 차이
의사결정권	상부에 집중	조직 전반에 분산
구조의 영속성	비교적 고정적	새로운 상황에 계속적 적응

은 다음과 같다.

첫째, 권한구조가 위계적이라는 것이다. Janowitz(1965)가 "군대조직이란 계급과 직위 및 권한을 바탕으로 하는 위계적 집단"이라고 지적하고 있듯이, 군의 권한구조는 계급과 직위로부터 나오는 합법적 권한에 기초한 위계적 성격을 띠고 있으며, 상관의 명령에 복종하도록 하고 있다. 그리고 명령 위반자에 대해서는 일반 사회에서와는 달리 전쟁 중에는 사형에 처하는 등 매우 엄격한 처벌을 하도록 하고 있다. 이와 같이 군은 목숨이 위태로운 전투 상황에서 임무를 수행해야 하기 때문에 엄정한 군기 확립을 위해 그 어느 조직에서보다도 상급자에 대한 복종을 강조하고 있다.

둘째, 상호작용이 주로 상급자와 하급자 개개인 사이의 수직적인 의사소통에 의하여 이루어지고, 의사소통도 지휘계통을 따라 상급자로부터의 지시와 상대방으로부터의 보고 형식으로 이루어진다. 이와 같은 위계적인 지휘·통제 시스템은 일사불란(一絲不亂)한 지휘권 확립을 위해서는 바람직하지만, 신속한 정보교환과 의사결정을 제한하고, 구성원들의 사고와 행동을 경직시켜 창의성과 유연성을 저해할 수 있다.

따라서 조직구조적 측면에서의 한국군 소통리더십의 과제는 일사불란하게 지휘권을 확립하면서도 구성원들의 참여와 창의성을 촉진하고, 전투상황과 같이 불안정하고 급변하는 환경 변화에 유연하게 대처할 수 있는 조직구조를 설계하고 조직환경을 조성하는 것이라고 할 수 있다.

4) 기술과 소통리더십

많은 학자들이 기술(technoiogy)을 조직분석의 기반으로 사용해 왔는데 일반적으로 기술은 복잡성 정도, 안정 또는 동태적인 정도, 그리고 상호의존성 정도의 세 가지 차원으로 분석하고 있다. 그런데 우리 군은 부대별로 서로 다른 다양한 기술 시스템을 갖고 있다. 육군이나 해병대의 보병 부대는 소총 위주의 기술 시스템으로 매우 단순화·전문화되어 있고, 일상적(routine)이며, 상호의존성이 낮은 기술시스템을 갖고 있다. 그러나 공군이나 해군의 전투기나 함정의 기술은 매우 복잡한 첨단기술 시스템을 갖고 있기 때문에 조직구조도 다르고, 부대원들의 사회심리 시스템도 다르다.

한편 미래 전쟁 양상은 하이테크 무기와 전자통신과 고도의 컴퓨터 기술을 바탕으로 한 정보 전쟁, 네트워크 중심 전쟁, 장거리 정밀타격 전쟁, 로봇 전쟁 등의 새로운 형태의 전쟁이 될 것으로 예상하고 있다. 이러한 전쟁 양상의 변화에 대비하기 위해 우리 군도 첨단무기체계를 도입하고, C_4I체계를 구축하는 등 첨단정보과학군으로 변화를 추진하고 있기 때문에 이에 따른 군 구조의 변화가 불가피하게 될 것이다.

특히 수직적 계층구조를 기반으로 한 지휘통제 시스템이 첨단정보기술 시스템의 도입으로 각 계층 및 관련 부대들이 동시적으로 정보를 획득하게 되는 수평적 네트워크 시스템으로 발전하게 될 것이다.

따라서 첨단무기체계 및 정보 시스템의 도입이 군 지휘통제 시스템과 지휘관의 리더십에 미치는 영향이 무엇인가 등을 심도 있게 연구할 필요가 있다.

5) 사회심리와 소통리더십

(1) 한국군의 사회심리 시스템 형성 과정

우리나라는 유사 이래 930여 회의 크고 작은 외침을 받았기 때문에 외적의 침입을 막아 내기 위해 군대를 유지해 왔다. 그러나 36년간의 일제 식민지 지배 하에서 군대를 유지할 수 없었기 때문에 우리 문화와 실정에 맞는 군사제도와 전통을 확립하지 못한 상태에서 다음과 같은 이유로 제도는 미군의 것을 받아들였지만, 리더십 및 상하관계 등의 사회심리 시스템은 일본군의 전통을 이어받는 기형적 출발을 하지 않을 수 없었다.

첫째, 군 창설을 담당한 간부들이 대부분 일본군 출신이었다는 것이다. 미 군정은 국방경비대를 창설하기 전에 미군 지휘관의 통역관을 양성하는 동시에 장차 창설될 한국 정규군의 간부요원을 훈련하기 위하여 1945년 12월 5일에 군사영어학교를 개설하여 약 5개월의 교육기간 중 한국군의 원로급이 되는 110명의 간부들을 배출하여 임관시켰다.

그런데 이때 배출된 인원의 대부분이 <표 7-2>에서 보는 바와 같이 일본군 출신이 약 80%로 대부분을 차지했다. 이와 같이 일본군 출신이 많았던 것은 미 군정 당국에서 학생의 정원을 60명으로 하여 광복군, 일본군, 만주군 출신들에게 각각 20명씩을 안배하고 입교 자격을 소장 경력자들에게

표 7-2 | 군사영어학교 출신별 현황 (단위: 명, %)

구 분		인 원	비 율
일본군 출신	구 일본 육사	12	10.9
	구 일본 학병	72	65.5
	조선특별지원병	6	5.4
만주군 출신		18	16.4
광복군 출신		2	1.8
계		110명	100%

출처: 국방부 전사편찬위원회(1968: 258).

한정하여 파벌이 조성되는 것을 방지하려 하였지만, 광복군 출신의 대부분은 장차 국군이 광복군의 법통을 계승해야 한다는 명분론을 내세우면서 응모를 기피하여 그중 소수만이 입교하였고, 좌익계는 처음부터 이를 외면하였기 때문이다(국방부 전사편찬위원회, 1968).

둘째, 용사들을 직접 지도할 부사관들이 대부분 일본군 출신이었다. 한국군의 효시는 1946년 1월 15일에 창설한 국방경비대 제1연대 A중대인데 부대 창설을 위하여 모집한 청년들의 대부분은 일제에 징병으로 나갔다 돌아오는 귀환병들과 사설 군사단체에 가담했던 청년들이었는데 이들에게 과거의 계급을 그대로 인정하여 기간 부사관으로 임용하였다.

따라서 장교들뿐만 아니라 부사관 및 신병들의 대다수가 직접 또는 간접으로 일본군의 영향을 크게 받은 사람들이어서 내무생활과 위병근무 등 모든 제도가 일본군의 방식으로 이루어졌고, 구령을 비롯한 대부분의 용어를 일본군의 것을 직역하여 사용하였다.

셋째, 전국 각지에서 연대 편성이 진행되면서 미군의 교범과 각종 규정들을 우리말로 옮겨 제도와 용어들을 미군식으로 통일시켜 나갔지만, 상하 간의 인간관계와 리더십은 과거 일본군의 비민주적이고 비인간적인 방식을 그대로 답습하였다. 그것은 초급간부들이 거리에서 모집한 다양한 성분의 용사들을 단시일 내에 군기를 확립하기 위해 과거 일본군의 비민주적이며, 전근대적 통솔 방식인 기합등의 통제방식을 사용했기 때문이다.

이와 같이 군 창설기의 인적 구성의 문제로 인하여 초창기부터 한국군의 리더십은 권위적·강압적 성향을 띄고 있었고, 이러한 구 일본군의 잔재가 한국군의 리더십 및 상하관계 등 사회심리 시스템 전반에 오랫동안 영향을 미쳐 왔다.

그러나 미국식 제도 하에서 양성 및 보수교육을 받은 장교들이 배출되기 시작하고, 군 발전 과정에서 미군의 제도와 운영방식을 습득하게 됨으로써 인간존중을 바탕으로 한 민주적 소통리더십의 중요성을 인식하기 시작하였다. 또한 산업화 과정에서 한국 사회의 전반에 민주적이고 합리적인 서구적 가치체계가 영향을 미치게 되었고, 그러한 문화 속에서 성장한 장병들이 충원됨으로써 군의 사회심리 시스템에도 영향을 미쳐 민주적 소통리더십으로 변화가 불가피하게 되었다.

결론적으로 한국군은 창설 과정에서 미군의 제도와 소통리더십을 전수 받았지만 구 일본군 출신들이 대다수를 차지함으로써 일본군의 권위주의적·전체주의적·비민주적, 그리고 비인간적인 리더십 행동들이 한국군에 뿌리를 내리게 되었고, 그 잔재가 아직도 일부 남아 있다고 할 수 있다.

(2) 권위주의 문화와 소통리더십

한국군의 사회심리 시스템을 거시적으로 본다면 권위주의(authoritarianism)의 문제를 빼놓을 수가 없다. 현대 산업사회가 획일적인 이념 시스템, 경직적인 구조 시스템, 그리고 일상적인 기술 시스템으로 움직이고 있다면, 그 사회심리 시스템은 이와 관련되어 일방적이고 수직적인 권위적 심리구조를 지니게 마련이다.

이러한 관점에서 본다면 군은 당연히 권위주의적 특성을 가질 수밖에 없고, 그 사회심리 시스템은 일방적이고 수직적인 권위적 심리구조를 지닐 수밖에 없을 것이다. 그러나 한국군의 권위주의적 특성은 산업사회의 영향이라기보다는 앞에서 살펴본 바와 같이 구 일본군의 리더십과 한국 사회의 내재해 온 권위주의적 문화가 반영된 것이라고 할 수가 있다.

그러나 상급자에 대한 하급자들의 복종이 상급자의 권위에 대한 두려움을 바탕으로 하고 있다면 그것은 진정한 복종이 아닐뿐더러 그러한 부대의 사회심리 시스템은 건전하지 못한 사회심리 시스템이라 할 수가 있고, 그러한 부대에서 높은 전투력이 발휘되리라 기대할 수가 없을 것이다. 또한 자율적이고 개방적인 분위기 속에서 교육을 받은 고학력의 젊은이들로 구성되어 있고, 평등과 자율 그리고 합리성을 추구하는 민주적 분위기가 사회뿐만 아니라 군 내에서도 성숙되어 가고 있기 때문에 권위적 리더십은 더 이상 효과적일 수 없을 것이다. 물론 지휘관으로서의 권위(authority)를 확립하고, 권위를 인정받는 것은 매우 중요한 것이지만 상대방으로부터 자발적으로 우러나는 권위에 대한 인정이 아닌 강압적인 권위인 경우에는 앞 장에서 이미 살펴본 바와 같이 부대의 단결과 사기에 부정적인 영향을 미치고, 실제 전투시에는 오히려 역효과를 초래할 수도 있다.

(3) 사회심리적 특성과 소통리더십

군 구성원들의 사회심리 시스템은 소통리더십 발휘에 직접적인 영향을 미치기 때문에 소통리더십을 효과적으로 발휘하기 위해서는 이에 대한 올바른 이해가 있어야 한다. 따라서 한국군 구성원들의 사회심리 시스템을 분석해 보면 다음과 같은 특징을 갖고 있다.

첫째, 한국군 장병은 모병제에 의해 자발적으로 입대하는 미군과는 달리 80% 이상이 국방의 의무를 이행하기 위해 입대한 단기 복무자 또는 복무 연장자들이라는 것이다. 미군의 경우 모병제로 대부분의 장병들이 경제적인 이유 등으로 자발적으로 군에 입대했기 때문에 이들은 표창, 진급, 복리후생 등의 인센티브 시스템과 감봉, 근무평정 불이익 등의 징계 시스템을 이용하여 동기유발을 하고 군기를 유지할 수 있다. 그러나 한국군 용사들과 초급간부의 대부분은 국방의 의무를 이행하기 위해 입대한 단기복무자이거나 일정 기간 복무를 연장한 복무 연장자들이다. 따라서 자발적으로 군에 입대한 미군이나 직업으로서 군을 택한 장기복무자와는 군 복무에 대한 태도와 행동에 차이가 있을 수밖에 없다.

따라서 단기복무자나 복무 연장자들이 보다 더 적극적이고 능동적으로 군 복무를 하도록 하기 위해서는 군을 소통리더십 교육 도장화하는 등 군 복무기간이 인생의 공백기가 아니라 자신의 발전에 도움이 되는 의미 있는 기간이 될 수 있도록 군 복무 및 교육훈련 시스템을 개선해야 한다. 또한 군 복무를 성실하게 한 장병들에게 그에 상응한 보상이 주어질 수 있는 인센티브 시스템을 구축해야 한다. 최근에 여성과 군에 가지 못한 남성 등에 대한 차별 때문에 1999년 관련 법률이 헌법 재판소에서 위헌 판결을 받아 폐지됐던 군 복무 가산점제를 부활하자는 주장이 계속 제기되고 있지만, 이 제도는 도입이 되더라도 군 지휘관들이 소통리더십을 발휘하는 데는 별 다른 도움이 되지 못한다. 그리고 가산점제도는 군 복무를 성실하게 수행했는지 여부와는 관계없이 군 복무를 마친 사람에게 가산점을 주도록 하고 있기 때문에 단기 복무자 또는 복무연장자들이 군 복무를 최선을 다해서 하도록 동기유발하는 제도는 아니라고 할 수 있다.

따라서 국방의 의무를 수행한 것에 대한 보상이 국가적으로 이루어져야 하지만 군 복무, 즉 국방의 의무를 성실히 수행한 사람과 그렇지 않은 사람에 대해서 국가적 또는 사회적으로 차별화된 보상이 이루어져야 한다. 예컨대, 용사들도 일정 기간만 지나면 진급을 시키는 것이 아니라 훈련수준 도달 여부, 복무태도, 리더십 등을 평가하여 일정 수준 이상자만 진급시키거나, '소통리더십 역량 인증제' 등을 도입할 필요가 있다.

용사들이 수동적이고 소극적인 근무태도를 갖고 있는 또 다른 이유의 하나는 책임의식이 미흡하기 때문이라고 할 수 있다. 따라서 용사들에게 실질적인 지휘책임을 부여하여 '분대장(선임병)에 의한 도움배려용사 관리'가 이루어진다면 군 생활에 대한 태도도 보다 적극적이고 능동적으로 변화될 수 있을 것이다.

둘째, 한국군 용사들은 고등학교 졸업자 이상으로 교육수준이 매우 높다는 것이다. 교육수준이 높다는 것은 그만큼 교육훈련이나 임무를 효과적으로 수행할 수 있는 능력을 갖고 있다는 긍정적인 측면이 있는 반면에 간부들의 자질도 그만큼 향상되어야 한다는 것을 의미한다. 용사들의 교육수준이 낮았던 한국군 초창기에는 계급이 높다는 이유만으로도 리더십을 발휘할 수 있었다고 할 수 있다. 그러나 지금의 용사들에게는 계급만이 아닌 그에 상응한 인격과 자질을 갖추어야만 진정한 복종을 유도할 수 있고, 높은 교육수준을 효과적으로 활용하여 전투력으로 연결시킬 수 있다.

셋째, 성장과정에서 경제적 어려움을 별로 겪지 않은 세대라는 점이다. 과거에는 생활관이나 복지시설 등이 매우 좋지 않았지만 성장과정에서 그러한 생활에 어느 정도 익숙했기 때문에 군대생활에 쉽게 적응할 수 있었다.

그러나 현재는 대부분의 용사들이 풍족한 생활을 하면서 성장했기 때문에 과거에 비해 군 복무여건이 향상되었음에도 불구하고 용사들이 느끼는 심리적·육체적 고통의 정도는 과거의 용사들보다 오히려 더 클 수도 있다. 따라서 지휘관, 특히 고급 지휘관들이 과거의 자신의 경험이 아니라 신세대 장병들의 입장에서 눈높이를 맞춘 소통리더십을 발휘하고, 이들의 육체적·정신적 능력을 고려한 합리적이고, 과학적인 교육훈련을 실시하여야 할 것이다.

(4) 관리 시스템과 소통리더십

관리 또는 행정 시스템은 조직을 환경과 연결시킬 뿐만 아니라 다른 하위 시스템들을 통합·조정하고, 목표를 정하고 이를 달성하기 위해 필요한 활동들을 계획, 조직화, 통제하고 리더십을 발휘하는 기능을 포함하지만, 여기서는 소통리더십과의 관련성을 중심으로 살펴본다.

첫째, 장교양성 시스템의 문제이다. 초급장교들은 사관학교, 3사관학교, 학군, 학사, 등 다양한 경로를 통하여 획득하고 있다. 그런데 초급장교들의 대부분이 사관학교 출신 장교처럼 정규교육을 받지 않고 단기간의 양성 및 보수 교육을 받고 임관된다는 것이다. 따라서 소통리더십 교육이 이론 위주로 이루어지고, 충분한 소통리더십 실습이 이루어지지 못한 상태에서 비사관학교 출신 장교들의 양성교육 과정에서 소통리더십 실습을 강화하는 등 실천적 소통리더십 역량을 강화할 수 있는 방안을 모색하여야 한다.

둘째, 빈번한 보직변경이다. 장교들의 보직기간은 통상 1~2년이다. 따라서 빈번한 보직변경으로 다양한 지식과 경험을 습득할 수 있다는 장점이 있는 반면에 단기간에 자신의 능력을 인정받아야 하기 때문에 장기적인 조직 발전보다는 가시적인 단기업적 위주로 리더십을 발휘할 수밖에 없다. 따라서 보직 기간 중에 나타난 성과만이 아니라 보직을 마친 후에 나타난 성과도 근무평정이나 진급에 반영하는 '장기업적평가제'를 도입할 필요가 있다.

셋째, 의사결정 방법이다. 한국군은 '라인과 스태프(Line & staff)조직'으로 참모는 지휘관의 보조자·조언자로서 역할만 하고, 의사결정에 대한 권한과 책임은 지휘관에게 부여하고 있다. 군에서 이와 같이 지휘관에게만 의사결정 권한을 주는 것은 유사시 일사불란하게 지휘를 할 수 있고, 신속한 의사결정을 할 수 있다는 등의 장점이 있기 때문이다. 그러나 이와 같은 의사결정 시스템이 신속을 요구하지도 않고, 모든 이해관계자의 다양한 의견을 수렴하여 결정하는 것이 더욱 바람직한 경우에도 지휘관 개인의 독단적인 판단으로 의사결정을 해도 된다는 그릇된 인식을 갖게 하기도 한다.

넷째, 업무 성과에 대한 책임의 소재이다. 일본식 경영이 책임을 공동 부담하는 집단책임 방법을 취하는 반면에, 미국식 경영은 책임한계를 분명히 하는 개인 책임방식을 취하고 있다. 그러나 우리 한국군은 직무 범위와 권한을 명확히 규정하고 있지만, 업무의 결과에 대해서는 상급 지휘관까지 지휘책임을 지도록 하고 있다. 이러한 방식을 군 조직을 관리하는 데 있어 상대방에 대한 확인감독을 철저히 하도록 유도할 수 있는 긍정적인 측면이 있는 반면에 이로 인하여 권한위임이 제대로 이루어지지 않기 때문에 예하 지휘관의 소통리더십 발휘를 제한하기도 한다.

다섯째, 군기 유지를 위한 통제 시스템의 문제이다. 한국군에서 과거에 상대방들을 통제하기 위한 수단으로 널리 사용되었던 구타, 가혹행위 등과 같은 비민주적이고 가학적인 사적 통제(personal control)를 금지하고, 군기교육대를 보내거나 행정적인 징계처분을 하는 것과 같은 비개인적 통제(impersonal control)를 하도록 함으로써 구타와 같은 사적 통제는 거의 사라지고 있다.

그러나 한국인은 온정주의 경향이 강하기 때문에 군기교육대를 보내거나 행정적인 처벌을 해야 할 경우에도 이를 잘 활용하지 못하는 경향이 있다. 따라서 한국인의 온정주의를 감안한 비염오적(非厭惡的)이고 비개인적인 통제 방법을 개발해야 한다. 예컨대, 미군의 경우는 용사라도 진급이 곧 보수와 처우의 개선을 가져오기 때문에 진급에 영향을 미치는 지휘관이나 상급자의 지시에 잘 따르지 않을 수 없다. 그리고 모두가 직업군인과 마찬가지이기 때문에 군기 위반 시 감봉 조치와 같은 비염오적인 통제 방법을 사용하여 효과적으로 통제를 할 수가 있다.

그러나 한국군의 경우에는 용사들의 진급 시 상급자나 지휘관들이 영향을 미칠 수는 있지만 온정주의 문화로 인하여 일정 기간이 지나면 거의 다 진급을 시켜 주기 때문에 효과적인 통제수단이 되지 못하고 있다. 그리고 봉급이 미군에 비해 상대적으로 너무 적어 미군이 사용하는 감봉과 같은 수단도 활용할 수도 없기 때문에 중·소대장들이 지휘권을 확립하는 데 애로사항이 있다.

이와 같은 한국군의 온정주의적 문화와 현실을 고려하여 비염오적인 징벌적 통제수단을 마련함과 동시에 앞에서 제시한 소통리더십 역량 인증제와 같은 인센티브 시스템을 개발하여 지휘권을 강화시켜 주어야 한다.

다함께 참여하는 조별과제

1. 시스템 패러다임에 대해 조별 토의 후 발표하시오.

2. 시스템 패러다임으로 본 한국군의 소통리더십에 대해 조별 토의 후 발표하시오.

면접시험 출제(예상)

1. 본인의 좌우명을 설명해 보세요?

○ Tip

지원자의 '좌우명'은 자기소개서 3항 자아표현에 기술하게 되어 있으며, 면접관이 꼭 확인하는 질문입니다. 지원서를 작성하는 단계에서부터 논리적으로 진술하게 잘 작성해야 합니다. 지원자가 작성하여 제출한 지원서가 면접시에 질문이 되어 돌아오기 때문입니다.

답변 예문

저의 좌우명은 '역지사지'입니다. 역지사지의 사전적 의미는 "입장을 한 번 바꿔놓고 생각해 보자"입니다. 저는 초등학교부터 고등학교까지 남녀공학 학교를 다녔습니다. 학교생활을 하면서 리더로서 의견을 결정하는데 참 힘들기도 했지만 각자 입장차이가 많이 있다는 것을 깨닫게 되었고, 저의 좌우명을 '역지사지'로 정했습니다. 군 간부가 된다면 항상 상대의 처지에서 생각하고 소통하는 리더가 되겠습니다.

2. 리더십 측면에서 가장 존경하는 인물은 누구인가요?

◒ Tip

지원자의 롤모델을 통해 어떠한 삶의 목표를 갖고 있는지 확인하려는 질문입니다.
어떤 학생들은 아버지를 존경한다고 대답하는 경우가 많이 있는데, 부모님보다는 평소에
리더십 측면에서 가장 존경하는 인물을 위인전이나 우리의 역사 속에서 선정하여 논리
적으로 준비할 필요가 있습니다.

답변 예문
저는 충무공 이순신 장군을 제일 존경합니다.
'난중일기'를 보면 사적인 일보다 국가의 안위를 우선하여 생각하였고, 백의종군하
면서도 국가에 대한 충성심이 변하지 않았으며, 스물 세번 싸워 스물 세번을 모두
승리로 이끄셨던 탁월하신 리더십과 돌아가시는 마지막 순간까지 위국헌신하시는
충무공 이순신 장군을 존경합니다. 장군께서 남기신 "필사즉생, 필생즉사" "죽고자
하면 살 것이고, 살고자 하면 죽을 것이다." 정신을 이어받아서, 군 간부가 되면 국
가안보에 꼭 필요한 참 군인이 되겠습니다.

유머 한마디[나도 웃기는 리더가 될 수 있다~]

① 한 초등학교에서 지구본으로 학생들에게 물었다. "누가 아메리카 대륙을 찾을 수 있나요?" 그러자 길동이가 가장 먼저 손을 들었다. 선생님이 길동이를 지명했다. "여기요! 하고 정확히 아메리카 대륙을 가리켰다." "참 잘했어요. 들어가 앉아요." 길동이를 칭찬한 선생님이 이번에는 "자! 그럼 여러분! 아메리카 대륙을 발견한 사람은 누구죠?" 그러자 학생들이 다 같이 대답했다. 뭐라고 했을까요?

▸ "길동이요"

② 요즘 대학생들의 Z세대 속담 얘기해보세요?
  • 버스 지나가면 K~택시 잡아타고 가라.
  • 길고 짧은 것은 대 봐도 모른다.
  • 젊어서 고생은 늙어서 신경통만 남는다.
  • 호랑이에게 물려가도 죽지만 않으면 산다.
  • 윗물이 맑으면 세수하기 좋다.
  • 아는 길은 곧장 가라. 시간 없다.
  • 못 올라갈 나무는 사다리 놓고 올라가라.
  • 발 없는 말은 한 걸음도 못 간다.

나는 가수다(나도 노래를 잘 할 수 있다~)

뿐이고

−박구윤

1. 여기에 있어도 당신뿐이고,
   저기에 있어도 당신뿐이고
   이넓은 세상 어느곳에 있어도
   내 사랑은 당신뿐이다
   힘든날은 두 어깨를 기대고 가고
   좋은날은 마주보고 가고
   비바람 불면 당신 두 손을
   내가 내가 붙잡고 가고
   돈 없어도 당신뿐이고,
   돈 많아도 당신뿐이고
   이 넓은 세상 어느곳에 있어도
   내 사랑은 당신뿐이다

2. 여기에 있어도 당신뿐이고,
   저기에 있어도 당신뿐이고
   이넓은 세상 어느곳에 있어도
   내 사랑은 당신뿐이다
   힘든날은 두 어깨를 기대고 가고
   좋은날은 마주보고 가고
   비바람 불면 당신 두 손을
   내가 내가 붙잡고 가고
   돈 없어도 당신뿐이고,
   돈 많아도 당신뿐이고
   아 넓은 세상 어느곳에 있어도
   내 사랑은 당신뿐이다
   뿐이고, 뿐이고, 뿐이고 당신뿐이다!

CHAPTER

08

군 소통리더십 이해

08 군 소통리더십의 이해

1. 리더십의 중요성[1]

우리는 한 가족의 리더인 가장이나 조직의 리더(leader), 또는 국가 지도자가 자신의 역할을 제대로 수행하지 못했을 경우 어떠한 일이 발생하는지를 역사와 경험을 통해 잘 알고 있다. 또한 많은 연구를 통해 리더십이 조직과 국가의 흥망성쇠를 결정하는 핵심요소라는 것이 밝혀졌기 때문에 시대와 나라를 불문하고 가장 중요한 사회적 이슈의 하나는 소통리더십이었다.

그런데 그 어느 때보다도 최근 들어 사회 각 분야에서 리더십이 중요한 이슈로 등장하고, 리더십 개발에 많은 관심을 갖는 이유는 무엇인가? 그것은 오늘날 우리가 직면하고 있는 시대는 전략, 자본, 기술보다도 사람이 경쟁력의 원천이 되는 지식정보화 사회이기 때문이다. 산업화 시대는 시스템을 먼저 키우는 조직이 경쟁력이 있고, 전통적 생산요소인 자본과 물적 자원, 그리고 노동력이 조직의 가치와 성과를 창출했다. 그러나 지식정보화 시대는 지식노동을 기반으로 하고 있기 때문에 규모와 시스템이 아니라 지적·사회적 자본이 조직의 가치와 성과를 창출한다. 조직이 진정으로 중시해야 할 것은 다름 아닌 사람이며 사람을 통한 경쟁우위만이 지속적으로 존속가능한 경쟁우위를 갖는 시대이다.

따라서 지식정보화 시대의 가장 큰 투자는 지식노동자에 대한 투자라고 할 수 있다. 지식노동의 기여도가 산술급수가 아니라 기하급수적으로 증가하고 있기 때문에 지적·사회적 자본에 대한 투자가 다른 모든 투자를 최적화

---

1 최병순, 「군 리더십」(서울: 북코리아, 2011), pp.16~21. 참고하여 정리.

하는 열쇠가 되고 있다. 이와 더불어 조직 규모의 확대로 조직 운영이 더욱 더 복잡해지고, 불확실성이 더욱 높아지면서 신속한 의사소통과 의사결정을 위해 수직적 조직이 수평적 조직으로, 그리고 조직에서 권력의 원천이 직위에서 전문성으로 이동하면서 조직 내의 경직된 상하관계를 탈피하여 조직의 민주화·전문화가 이루어지고 있다. 또한 사회적 다양성의 증가로 조직 구성원의 가치관과 욕구가 더욱 다양해지고, 윤리경영이 중요시되는 사회로 변함에 따라 기계적 위계질서를 기반으로 한 통제지향적 리더십으로는 더 이상 조직을 효과적으로 운영할 수 없게 되었다.

<그림 8-1>에서 보는 바와 같이 돛단배와 같은 과거의 배는 뱃사공이 모든 정보를 혼자 갖고 있고, 승선 인원도 적었다. 그러나 크루즈 여객선이나 항공모함과 같은 현대의 배는 수많은 사람들이 승선하고 있을 뿐만 아니라 복잡한 첨단과학기술을 사용하여 운행하고 있다. 따라서 크루즈 여객선이나 구축함, 항공모함 같은 거대한 배의 선장이 모든 일을 혼자서 해결하는

그림 8-1 | 배의 유형과 리더십

돛단배의 뱃사공과 같은 리더십을 발휘한다면 제대로 항해를 할 수 없을 것이다.

이와 같이 배의 특성에 따라 선장의 리더십이 달라야 하는 것처럼 과거 산업화 시대와는 달리 급격한 환경변화와 불확실성, 치열한 경쟁 등을 그 특징으로 하는 지식정보화 시대에는 조직 구성원들의 열정과 창의력을 불러일으키고, 구성원 상호 간에 신뢰를 형성하는 소통리더십이 모든 조직의 리더들에게 필수적인 역량이 되고 있다. 특히 군에서 리더십은 <표 8-1>의 베트남전 참전자들을 대상으로 한 설문결과에서 보듯이 전·평시를 막론하고 부대의 성과와 전투력을 결정하는 핵심요인이다. 비록 시대변화에 따라 전쟁

표 8-1 | 군 리더십 중요성에 대한 설문결과

성과(전투력)에 리더십이 미치는 영향 정도

단위: 인원(%)

구 분	계	매우 낮음	낮음	보통	높음	매우 높음
육군	559 (100.0)	8 (1.4)	2 (0.4)	19 (3.4)	193 (34.5)	337 (60.3)
해군	490 (100.0)	3 (0.6)	2 (0.4)	25 (5.1)	160 (32.6)	300 (61.3)

리더십이 전투의 승패에 미치는 영향 정도

구 분	계	20% 이하	20~40%	40~60%	60~80%	90% 이상
인원 (%)	200 (100.0)	3 (1.5)	8 (4.0)	30 (15.0)	67 (33.5)	92 (46.0)

전투 승패의 영향요소

구 분	계	지휘관 지휘능력	부대원 사기	부대 단결력	무기/ 장비	교육 훈련	작전 계획	기타
인원 (%)	203 (100.0)	87 (42.9)	56 (27.6)	33 (16.3)	10 (4.9)	9 (4.4)	7 (3.4)	1 (0.5)

양상이 첨단무기 체계에 의한 하이테크전으로 변화하더라도 누가 더 우수한 무기체계를 갖고 있는가보다는 전투, 특히 소부대 전투에서의 승패는 결국 인간 대 인간의 싸움에서 지휘관이 어떠한 리더십을 발휘하는가에 따라 결정될 것이기 때문에 군에서 소통리더십의 중요성은 앞으로도 변함이 없을 것이다.

2. 리더십의 일반적 정의

리더십을 학문적으로 연구하기 시작한 것은 그리 긴 역사를 갖고 있지 않지만 리더십은 인류 역사가 시작된 이래 우리의 삶에 직간접적으로 많은 영향을 미쳐 왔기 때문에 일반적으로 리더십을 갖는 것은 매우 좋은 것이고, 필요한 것이라는 생각을 하고 있다. 이러한 이유로 아마도 정치, 경영, 교육, 신학 등 사회과학 분야에서 가장 많은 연구가 이루어진 주제 중의 하나가 리더십일 것이다. 그러나 놀랍게도 리더십에 관한 문헌이나 학술 논문들을 보면 리더십에 대해 하나의 통일된 정의가 없고, 저자에 따라 각기 다른 정의를 하고 있음을 발견하게 된다.

리더십에 관한 대표적인 정의들을 살펴보면 <표 8-2>에서 보는 바와 같이 "리더가 집단의 공유된 목표를 향하여 구성원들의 활동을 이끌어가는 행동"(Stogdill. 1974). "조직 성원들이 공동목표를 달성하려는 방향으로 기꺼이 따라 오도록 영향력을 행사하는 과정"(Koontz & O'Donnel, 1980). "주어진 상황 하에서 목표달성을 위해 개인 또는 집단이 노력하도록 모든 활동에 영향을 주는 과정(Hersey & MBlanchard, 1982)" 등과 같이 학자들 간에 서로 다른 정의를 내리고 있다.

이러한 리더십에 대한 정의 외에도 Stogdill(1974)이 리더십 관련 문헌들을 광범위하게 조사한 후에 "리더십을 정의하려고 한 학자 수만큼 많은 리더십에 대한 정의가 있다"고 한 것처럼 리더십에 대한 수많은 서로 다른 정의가 있다.

표 8-2 | 리더십에 대한 정의

구 분	정 의
Stogdill(1974)	리더가 집단의 공유된 목표를 향하여 구성원들의 활동을 이끌어 가는 행동
Koontz & O'Donnel(1980)	조직 구성원들이 공동 목표를 달성하려는 방향으로 기꺼이 따라오도록 영향력을 행사하는 과정
Hersey & Blanchard(1982)	주어진 상황에서 개인이나 집단의 목표달성을 위한 활동에 영향을 미치는 과정
Jago(1982)	강제성을 띄지 않는 영향력 행사 과정으로 구성원들에게 방향을 제시하고 활동을 조정하는 것
Bass(1990)	상황이나 집단 성원들의 인식과 기대를 구조화하기 위해서 구성원들 간에 교류하는 과정
Nanus(1992)	비전의 제시를 통하여 구성원들의 자발적 몰입을 유인하고, 그들에게 활력을 줌으로써 조직을 혁신하여 보다 큰 잠재력을 갖는 새로운 조직 형태로 변형시키는 과정
Covey(2004)	사람들이 자신의 가치와 잠재능력을 볼 수 있도록 분명하게 알려 주는 것
Yukl(2006)	무엇을 해야 할 필요가 있으며 어떻게 하면 그것을 효과적으로 할 수 있는지를 다른 사람들이 이해하고 동의하도록 영향력을 행사하는 과정, 그리고 공유목표를 달성하기 위해 개인과 집단 전체의 노력을 촉진하는 과정

이러한 리더십에 대한 수많은 정의들을 핵심내용의 차이에 따라 분류해 보면 다음과 같이 크게 네 가지 유형으로 범주화할 수 있다.

첫째, 가장 일반적으로 받아들여지고 있는 개념인 "누군가가 원하는 것을 팔로워(follower)가 하도록 만드는 능력"이라는 것이다. 그러나 이러한 정의는 리더십을 권력(power)의 개념과 동일시하여 리더십의 본질과는 매우 다른 강제력의 행사도 포함하고 있는 반면에, 리더십에 내재되어 있는 가치관, 비전, 그리고 관계 측면은 반영하지 못하고 있다. 즉, 이러한 정의는 리더는 이끌고, 상대방들은 따르는 일방적인 과정이라는 것을 전제하고 있기 때문에 리더십이 근본적으로 리더와 팔로워 사이의 관계(relationship)임을 간과하고 있다. 많은 리더들이 팔로워가 이미 그곳에 찬성한다는 것을 확인한 후에 새로운 아이디어를 제시하거나 지시를 하는 것처럼 리더는 독립적인 행위주체가 아니다. 그리고 리더와 팔로워의 관계도 일방적 관계가 아니라 리더가 팔로워들에게 영향을 미치는 동시에 영향을 받는 상호작용 관계이다.

따라서 리더십이란 단지 리더가 무엇을 하는가의 문제가 아니라 리더와 팔로워 사이의 관계에서 무엇이 일어나는가의 문제로 봐야 한다. 리더의 행동은 팔로워의 반응을 유발하고, 이러한 반응은 리더가 팔로워를 이끌어가는 능력에 영향을 미치기 때문이다.

둘째, 리더십은 "팔로워를 동기부여시켜 일이 이루어지도록 하는 것"이다. 이러한 정의는 권한이나 권력에 의한 강제력이 아니라 설득과 모범으로도 사람들을 따르게 할 수 있다는 것을 시사하고 있다.

그리고 "일이 이루어지도록 하는 것"이란 개념은 리더십이 일의 성과에 따라 평가된다는 것을 내포하고 있다. 그러나 리더십 발휘의 목적과 달성된 성과가 과연 가치가 있는 것인가, 즉 리더가 산출한 성과를 어떻게 평가할 것인가를 설명하지 못하고 있다.

셋째, 리더십은 "촉매제 역할을 하는 것"이다. 이것은 참여형 리더와 리더를 보좌하는 참모들이 선호하는 정의이다. 즉, 리더는 참여적이고, 민주적이어야 하며, 구성원들이 스스로 자신의 할 일을 찾도록 도와주어야 한다는 것이다. 리더는 자신이 원하는 것을 얻는 것이 아니라 팔로워들이 원하는 것을 이룰 수 있도록 역량을 강화시켜 주는 것이다. 이것은 리더는 주도하고, 팔로워는 이를 따른다는 고정관념을 깨뜨릴 수 있는 반면, 마치 바람이 부는 대로 돌아가는 바람개비처럼 주도성이 없는 존재로 리더의 역할을 축소시킬 위험성이 있다.

넷째, 리더십은 "비전(vision)을 제시하는 것"이다. 이러한 정의는 위의 정의들에서 빠뜨리고 있는 일의 의미와 목적을 포함하고 있지만, 비전은 리더 혼자 만드는 것이라는 암묵적 전제를 하고 있다. 또한 과연 누구나 리더가 제시한 비전을 좋아하거나 지지하는 것인지에 대한 의문은 간과하고 있다.

이처럼 리더십의 개념이 복잡한 이유는 리더십의 필요성이 궁극적으로 인간이 직면하고 있는 불확실성과 위험에서 비롯되었기 때문이다. 개인생활이나 조직생활 과정에서 판단을 해야 할 경우가 많이 있는데 상황이 명확한 경우에는 혼자서도 의사결정을 하기가 쉽지만 불확실하고 위험한 상황에서는 인간은 다른 사람의 도움을 필요로 한다. 바로 그러한 상황에서 리더십이 중요한 역할을 하게 되는 것이다. 리더는 우리가 공포를 덜 느끼고, 자신감을 더 갖도록 도와준다. 리더는 우리가 무엇을 생각하고, 느끼고, 해야 하는가에 대해 그럴듯한 판단을 내리도록 도와준다. 리더는 팔로워들이 가능성을 발견하고, 필요한 자원을 찾을 수 있도록 도와준다. 그런데 각자가 직면하는 상황의 불확실성과 위험성이 서로 다르기 때문에 사람마다 리더십에 대한 인식도 다를 수밖에 없는 것이다.

또한 리더십이 손으로 만져 보거나, 눈으로 보거나, 직접 측정할 수 없는 사회적 구성개념(social construct)이기 때문에 이러한 혼란은 어느정도 불가피하다고 할 수 있다. 조직의 리더들이 갖고 있는 권한이 실체가 아니지만 실체인 것처럼 보이는 것의 힘을 이용해서 영향력을 행사하는 것처럼 리더십도 관계 속에, 그리고 어떤 관계에 대한 당사자들의 의식 속에서 존재하는 것이지 눈으로 보이는 실체가 아니다. 그렇기 때문에 사람마다 리더십이 서로 다른 의미로 받아들여지고, 서로 다른 의미로 리더십을 사용하는 것은 자연스런 현상이라고도 할 수 있다. 그러나 사람마다 리더십을 서로 다른 의미로 사용하고 있기 때문에 때로는 리더십이 과연 무엇인가에 대한 개념적 혼란이 발생하기도 한다.

따라서 리더십에 대한 개념적 혼란을 방지하기 위해 대부분의 리더십 교과서에서나 학자들은 "리더가 조직목표를 달성하기 위하여 팔로워에게 영향력을 행사하는 과정(process)", 또는 "조직 내에서 발생하는 리더와 팔로워 간의 영향력 관계"로 간결하게 리더십을 정의하고 있다. 그런데 이러한 리더십 정의에 포함되어 있는 '목표'(objective), '팔로워'(follower), '영향력 행사 과정'

(influence process)이라는 용어에는 다음과 같은 의미가 담겨 있다.

첫째, 리더십은 목표(objective)를 달성하는 것이다. 비전과 목표를 제시하고, 전략과 추진계획을 수립하는 것도 중요하지만, 그것만으로 리더십을 제대로 발휘한다고 할 수가 없다는 것이다. 진정한 리더십은 비전과 목표를 결과로 전환시키는 능력이다. 수익률 증가, 일자리 창출, 삶의 질 향상, 시장 확대, 전투력 강화, 강한 군대 건설 등의 구호만을 외치는 것이 아니라 실제로 그렇게 되도록 하는 것이다. 즉, 결과(result)를 만들어 내는 것이 리더십이라는 것이다.

둘째, 리더십은 팔로워(follower), 즉 사람에 대한 것이다. 그것이 가정이든, 기업이든, 군대든, 정부기관이든, 국가든 간에 모든 조직은 사람으로 구성된 집합체이다. 물론 조직을 구성하고 있는 것은 사람만이 아니다. 조직은 과업, 물자, 정보, 문화 등의 많은 구성요소가 유기적으로 결합되어 운영되지만 이러한 조직 구성요소들이 그 기능을 잘 발휘하도록 하는 것은 결국 사람이다. 리더는 사람을 움직여서 조직목표를 달성하기 때문에 사람이 조직의 성패를 결정하는 핵심요소라고 할 수 있다. 소통리더십은 바로 그러한 사람에 대한 것이다.

셋째, 리더십은 리더와 팔로워 간의 영향력 행사 과정(process) 또는 영향력 관계(relationship)이다. 여기서 '과정'(process)은 리더십은 리더가 다른 사람에게 영향을 미치기도 하고, 그들에 의해서 영향을 받기도 한다는 것을 의미한다. 리더십은 리더가 갖고 있는 성격이나 특성이 아니라 일대 일 또는 일대 다수, 또는 그 숫자가 얼마이든지 간에 리더와 그를 따를 것인지, 따르지 말 것인지를 선택하는 팔로워 사이의 거래적 과정이라는 것이다. 다시 말해서 리더십은 직위(position)가 아니라는 것이다. 리더십은 높은 직위를 연상시키는 신화가 있기 때문에 높은 직위에 있으면 자동적으로 리더가 되는 것으로 생각하지만 리더십은 영향력 이상도, 이하도 아니다.

이러한 리더십은 <표 8-3>과 같이 보스십(bossship)과 다르다. 보스처럼 직위 때문에 또는 두려움 때문에 사람들이 따르는 것이 아니라 리더의 권위, 그리고 리더에 대한 신뢰와 존경심 때문에 팔로워들이 자발적으로 따른다.

아랫사람이 있다고 해서 모두가 리더는 아니다. 진정으로 따르는 팔로워가 없다면 단지 그 집단의 보스일 따름이다. 단지 직위나 계급이 높다는 이유만으로 팔로워가 따르는 경우에는 그 영향력은 리더의 직위권력이나 계급 이상을 뛰어넘지 못한다. 할 수 없이 따르기 때문에 팔로워들이 자신에게 불이익이 돌아오지 않는 최저 수준에서 명령이나 지시에 순응하는 행동을 하게 되기 때문이다. 그러나 리더십을 잘 발휘하면 영향력이 커져 팔로워들이 충성하고 마음속으로부터 조직에 헌신하게 되므로 집단 또는 조직의 성과가 더욱 더 높아지게 된다.

리더십을 이와 같이 영향력 행사 과정으로 본다면 어떤 조직 또는 사회에 속한 사람도 리더십을 발휘할 수 있다. 관계를 맺는 방식에 따라 <그림 8-2>와 같이 다양한 형태의 소통리더십이 발휘될 수 있다는 것이다.

표 8-3 | 보스십과 리더십

보스십(Bosship)	리더십(Leadership)
• 직위에 의존한다.	• 영향력에 의존한다.
• 가라고 명령한다.	• 가자고 권유한다.
• 사람을 몰고 간다.	• 앞에서 이끈다.
• 권력을 쌓는다.	• 권위를 쌓는다.
• 복종을 요구한다.	• 존경을 모은다.
• 두려움을 일으킨다.	• 열정을 일으킨다.
• '나'라고 말한다.	• '우리'라고 말한다.
• 남을 믿지 않는다.	• 남을 믿는다.
• 실패의 책임을 묻는다.	• 실패를 고쳐 준다.
• '네가 가라'고 말한다.	• '함께 갑시다'라고 말한다.

그림 8-2 | 영향력 행사 방향과 소통리더십

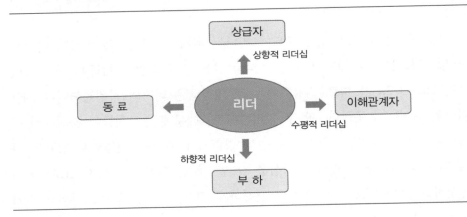

윗사람이 아랫사람에게 영향력을 행사한다면 하향적 리더십, 아랫사람이 윗사람에게 영향력을 행사한다면 상향적 리더십, 그리고 수평적 관계에 있는 동료나 이해관계자들에게 영향력을 행사한다면 수평적 리더십이라고 할 수 있다. 이와 같이 리더십은 하향적·일방적으로만 발휘되는 것이 아니라 전방위적으로 발휘되는 것이라고 할 수 있다. 그리고 이러한 리더십을 '전방위적 리더십', '다방향 리더십', 또는 '360도 리더십'이라고 한다.

이와 같이 지식정보화 사회의 도래와 함께 조직의 핵심자원은 사람이라는 인식이 확대되면서 소통리더십은 조직의 최고위층에서만 요구되는 것이 아니라 조직의 모든 계층에서 필요한 역량이고, 상하 간의 수직적 관계에서만 발휘도는 것이 아니라 리더와 집단 구성원들이 조직의 공동 목표 달성을 위해 함께 노력하는 파트너십(partnership)으로서 소통리더십을 새롭게 인식하고 있다.

3. 군에서의 소통리더십 정의

일반적으로 군 리더십과 일반사회에서의 리더십은 다르다고 생각하기 때문에 리더십에 대한 일반적인 정의와 군에서의 리더십에 대한 정의는 서로 다를 것이라고 생각하기 쉽다. 그러나 실제로는 <표 8-4>에서 보는 바와 같이, 앞에서 기술한 리더십에 대한 일반적인 정의와 군에서의 리더십에 대한 정의가 별다른 차이가 없음을 알 수가 있다.

군 리더십을 오랫동안 체계적으로 연구해 온 미 육군에서는 리더십을 "임무를 완수하고, 조직을 발전시키기 위해 목표와 방향을 제시하고, 동기부여시킴으로써 성원들에게 영향력을 행사하는 과정"이라고 정의하고 있다. 그리고 통합군인 캐나다 군의 경우에는 "임무 완수에 기여하는 역량을 개발 또는 향상시키면서 다른 사람들이 직업적 전문성과 윤리성을 바탕으로 임무를 완수하도록 명령하고, 동기부여시키며, 실현가능하도록 지원하는 것"이라고 정의하고 있다. 이러한 미 육군과 캐나다 군의 리더십 정의의 공통점은 바로 리더십은 구성원들을 동기부여 시켜 임무를 완수하는 것이라는 것이다.

한편 한국군에서는 오랫동안 양성 및 보수 교육과정에서 리더십 교육을 해왔고, 리더십에 대한 관심도 그 어느 조직에서보다도 높았다고 할 수 있다. 그러나 2000년 이전에는 군내에 리더십을 전문적으로 교육하거나 연구하는 기관도 없었을 뿐만 아니라 국방부나 각 군 본부에 리더십 관련 업무를 담당하는 부서도 없었기 때문에 공식적으로는 리더십이라는 용어를 거의 사용하지 않고 지휘, 통솔, 지휘통솔 등의 용어를 혼용하였다. 이처럼 리더십에 대한 용어가 통일되지 못했던 것처럼 리더십에 대한 정의도 <표 8-4>과 같이 각 군별로 서로 다르게 정의되고 있다.

육군은 리더십을 "리더가 전·평시 임무를 완수하고 조직을 발전시키기 위하여, 구성원에게 목적과 방향을 제시하고, 동기를 부여함으로써 영향력을 미치는 활동", 해군은 "지휘관이 자기에게 부여된 책임과 권한에 의해서 부대의 목표를 보다 효율적으로 달성하기 위해 예하 부대 및 상대방의 능력을 극대화하도록 감화시키고, 모든 노력을 부대목표에 집중시키는 기술", 그리고 공군은 "공군 고유의 문화적 가치관에 바탕을 두고, 미래의 항공우주군 건설 및 운용을 위해 전 공군인들이 자발적이고 지속적으로 몰입할 수 있도록 이끌어가는 영향력 행사 과정"이라고 정의하고 있다. 이와 같이 언뜻 보

표 8-4 | 군에서 리더십에 대한 정의

구 분		정 의
미군	육군	부여된 임무를 완수하고, 조직을 발전시키기 위해 목표의 방향을 제시하고, 동기부여시킴으로써 성원들에게 영향력을 행사하는 과정
	해군	지시나 강제적·위협적 명령이라기보다는 감화와 설득으로 사람을 관리하는 것
	공군	공동목표를 달성하기 위하여 상대방들의 존경, 신뢰, 복종 및 충성스런 협조를 얻을 수 있도록 영향을 주고 지도하는 기술
캐나다 군		임무완수에 기여하는 역량을 개발 또는 향상시키면서 다른 사람들이 직업적 전문성과 윤리성을 바탕으로 임무를 완수하도록 명령하고, 동기부여시키며, 실현가능하도록 지원하는 것
한국군	육군	리더가 전·평시 임무를 완수하고 조직을 발전시키기 위하여, 구성원에게 목적과 방향을 제시하고, 동기를 부여함으로써 영향력을 미치는 활동
	해군	지휘관이 자기에게 부여된 책임과 권한에 의해서 부대의 목표를 보다 효율적으로 달성하기 위해 예하부대 및 상대방의 능력을 극대화하도록 감화시키고, 모든 노력을 부대목표에 집중시키는 기술
	공군	공군 고유의 문화적 가치관에 바탕을 두고, 미래의 항공우주군 건설 및 운용을 위해 전 공군인들이 자발적이고, 지속적으로 몰입할 수 있도록 이끌어 가는 영향력 행사 과정

기에 외국군과 한국군의 리더십에 대한 정의가 서로 다르고, 한국군 내에서도 각 군마다 리더십을 서로 다르게 정의하고 있는 것처럼 보이지만 그 내용을 자세히 살펴보면 별다른 차이가 없음을 발견할 수 있다. 즉, 리더십에 대한 일방적인 정의에서와 마찬가지로 '목표', '팔로워', '영향력'의 요소를 정의에 포함하고 있고, 표현은 서로 다르지만 리더십을 "리더가 목표를 달성하기 위해 영향력을 행사하는 과정"이라는 전제를 하고 있다.

육군이 원하는 리더는 어떠해야 하는가? 육군은 전사기질이 충만한 가치 공동체로 육성하기 위해 육군 리더에게 비전과 희망이 '육군 리더상'에 담겨 있다. "올바르고 유능하며 헌신하는 전사(戰士: Warrior)"이다.

따라서 리더십 정의의 핵심적인 내용은 거의 같기 때문에 군에서의 리더십에 대한 정의나 일반적인 리더십에 대한 정의나 그 본질은 차이가 없다고 할 수 있다.

> 내가 죽은 뒤에
> 나의 뼈를 하얼빈 공원 곁에 묻어두었다가,
> 우리 국권이 회복되거든 고국으로 반장(返葬)해 다오.
> 나는 천국에 가서도 마땅히
> 우리나라의 국권 회복을 위해 힘쓸 것이다.
> 너희들은 돌아가서 동포들에게
> 각각 모두 나라에 책임을 지고 국민 된 의무를 다하며,
> 마음을 같이 하고, 힘을 합하여 공로를 세우고,
> 업을 이루도록 일러다오.
> 대한독립의 소리가 천국에 들려오면 나는 마땅히 춤을 추며
> 만세를 부를 것이다.
>
> 1910년 3월 25일(안중근 의사, 32세)

다함께 참여하는 조별과제

1. 일반 리더십과 군 리더십의 정의에 대해 조별 토의 후 발표하시오.

2. 안중근 의사를 리더십 측면에서 왜 존경하는 지 조별 토의 후 발표하시오.

면접시험 출제[예상]

1. 최근에 가장 감명 깊게 읽은 책이나 본 영화가 있는가요?

⊙ Tip

지원자가 감명 깊게 읽은 책이나 본 영화를 통해 가치관을 살펴보려는 질문입니다. "없습니다"라고 하면 'D'를 받을 수도 있으니, 평소 관심을 갖고 준비하여 자신을 긍정적으로 평가할 수 있도록 논리적인 답변을 해야 합니다.

답변 예문 ①

네, 제가 최근에 감명 깊게 읽은 책은 '군 소통리더십'입니다. 군 소통리더십이라는 책은 군 조직은 계급사회의 특성을 갖고 있고, 군 간부와 병사들 간에 소통이 매우 중요한데, 최근에 병사들은 매우 자유분방한 사회환경에서 성장하여 입대한 자원들로 경직된 군대문화에 잘 적응하기가 어렵다고 합니다. 군 간부가 이러한 어려움을 해결하기 위해서는 심리학과 리더십을 적용한 소통으로 다양한 상황에서 병사들의 마음을 얻을 수 있는 소통리더십을 제시한 책으로 매우 감명 깊게 읽었습니다. 제가 군 간부가 되면 '함께 하자' 할 수 있는 리더가 되겠습니다.

답변 예문 ②

저는 최근에 '남산의 부장들' 영화를 봤습니다.

현대사에서 충격적인 영화였으며, 군 간부가 되려는 저는 많은 것을 생각하였습니다. 한 조직의 리더는 보스가 되면 안 되고, 명확한 목적의식을 가지고 부하들과 함께하는 소통의 리더가 되어야 하며 '경청'이 정말 중요하다는 생각을 했습니다.

2. 자살을 생각해 본 적이 있는가?

⊙ Tip

'자살을 생각해 본 적이 있는가?' 이러한 질문을 받으면 당황스럽겠죠? 준비하지 않고 들어간 학생들이 많이 당황했다고 합니다. 최근 군에서 가장 많은 사망사고가 발생하는 것이 자살입니다. 조금이라도 자살우려가 있는 지원자를 식별하여 불합격시키기 위해 인성을 최우선적인 평가요소로 하고 있습니다.

답변 예문

저는 자살을 생각해 본 적이 없습니다. 제가 믿는 종교에서는 자살은 죄악으로 알고 있습니다. 제가 군 간부가 되면 소통리더십으로 자살우려자를 찾아서 예방하고 이러한 불행한 일이 군에서 발생하지 않도록 앞장서겠습니다.

유머 한마디[나도 웃기는 리더가 될 수 있다~]

○ Tip

① 초등학교 수업시간에 맨 뒤에서 자꾸 이상한 소리가 나는 것이었다. 화가 난 선생님이 사오정에게 말했다. "야! 거기 맨 뒤, 필기 안 하고 뭐해?" "안 보여서요." "그래? 오정이 눈 몇인데?" "제 눈은 둘인데요." "아니, 그거 말고! 니 눈이 얼마냐고?" "제 눈은 안파는데요." "사오정! 니 눈이 얼마나 나쁘냐고?" 사오정의 다음 대답에 선생님과 학생들은 까무러졌다. 오정이가 뭐라고 했을까요?

▶ "제 눈은 뭐 나쁘고, 착하고 그런 거 없는데요!"

② 배꼽 잡은 난센스 퀴즈?
- 학생이 학교에 가는 이유? ~~~ 학교가 집으로 올 수 없기 때문에
- 학생이 수업시간에 자는 이유? ~~~ 꿈을 갖기 위해
- 항상 가슴에 흑심을 품고 있는 것은? ~~~ 연필
- 책은 책인데 읽은 수 없는 책은? ~~~ 주책
- 누구나 즐겁게 읽어 주는 글은? ~~~ 싱글벙글
- 오백에서 백을 빼면? ~~~ 오
- 로또 복권의 당첨 확률을 100배 높이는 방법은? ~~~ 복권을 100장 산다
- 모든 사람들이 제일 좋아하는 영화는? ~~~ 부귀영화
- 전쟁 중 장군이 받고 싶은 복은? ~~~ 항복
- 우리나라에서 도를 통한 스님들이 가장 많은 절은? ~~~ 통도사
- 병균 중 가장 계급이 높은 것은? ~~~ 대장균
- 길이가 2킬로미터나 되는 발은? ~~~ 오리발
- 법이 없어야 사는 사람은? ~~~ 사형수
- 소변과 대변 중 어느 것이 먼저 나올까? ~~~ 급한 것
- 파리가 커피에 빠져 죽으며 남긴 말은? ~~~ 세상 쓴맛 단맛 다 봤다

나는 가수다(나도 노래를 잘 할 수 있다~)

● Tip

| 아! 대한민국 | -정수라 |

하늘엔 조각구름 떠있고
강물엔 유람선이 떠있고
저마다 누려야 할 행복이
언제나 자유로운 곳
뚜렷한 사계절이 있기에
볼수록 정이 드는 산과 들
우리의 마음속에 이상이
끝없이 펼쳐지는 곳
원하는 것은 무엇이든 얻을 수 있고
뜻하는 것은 무엇이건 될 수가 있어
이렇게 우린 은혜로운 이 땅을 위해
이렇게 우린 이 강산을 노래 부르네

아아 우리 대한민국
아아 우리 조국
아아 영원토록
사랑하리라
우리 대한민국
아아 우리 조국
아아 영원토록
사랑하리라

도시엔 우뚝 솟은 빌딩들
농촌에 기름진 논과 밭
저마다 자유로움 속에서
조화를 이뤄 가는 곳
도시는 농촌으로 향하고
농촌은 도시로 이어져
우리의 모든 꿈은 끝없이
세계로 뻗어 가는 곳
원하는 것은 무엇이든 얻을 수 있고
뜻하는 것은 무엇이건 될 수가 있어
이렇게 우린 은혜로운 이 땅을 위해
이렇게 우린 이 강산을 노래 부르네

아아 우리 대한민국
아아 우리 조국
아아 영원토록
사랑하리라
우리 대한민국
아아 우리 조국
아아 영원토록
사랑하리라

09

군 리더의 자질과 역량

09 군 리더의 자질과 역량

1. 육군 리더십의 역할[1]

육군의 리더십이란? 리더가 전·평시 임무를 완수하고 조직을 발전시키기 위하여, 구성원에게 목적과 방향을 제시하고, 동기를 부여함으로써 영향력을 미치는 활동이다.

리더십에서 가장 중요한 단어는 '영향력'이다. 리더는 구성원들에게 긍정적이고 합목적적인 영향력을 끼쳐 임무완수를 가능하게 한다.

육군의 리더십은 6대 전투수행기능을 통합하고, 촉진함으로써 전투승리를 달성하게 해준다.

그러므로 리더십은 육군의 전투력, 문화를 결정짓는 핵심요소라고 할 수 있다.

그림 9-1 | 리더십의 역할

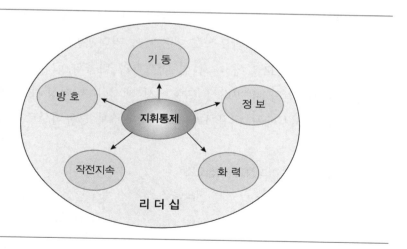

---

1 육군본부. 「초급간부 자기개발서 리더십」(대전: 2018), pp.12.~20. 참고하여 정리.

1) 왜 '육군 리더십 모형'이 중요한가?

칠흑같이 어두운 바다에서 나침반 없이 방향을 잃고 표류하는 배에게 등대는 희망 그 이상이다. 밤바다의 등대와 같이 육군 리더들이 가야할 길을 비춰주는 역할을 하는 것이 바로 '육군 리더십 모형'이다. 육군은 2005년 육군 리더십센터(현재의 '육군 리더십/임무형지휘센터') 창설 후 육군 리더에게 요구되는 자질과 역량에 대해 연구를 거듭해 왔다. 그동안에 축적된 연구결과를 기초로 환경변화와 시대적 요구를 반영하고, 외국군의 사례를 참고하여 '육군 리더상'과 '핵심요소'를 새롭게 정립하였다.

육군 리더십 모형은 '육군 리더상'과 '핵심요소'로 구성된다. '육군 리더상'은 리더개발의 지향점이자 모토(Motto)이다. '핵심요소(Elements)'는 '육군 리더상'을 구현하는데 요구되는 자질과 역량의 여러 요소들이다.

육군의 모든 리더가 새로운 '육군 리더상'과 '핵심요소'를 행동으로 실천할 때, 육군은 '전사기질이 충만한 가치공동체'가 될 것이다.

2) 외국군 사례

외국군의 사례를 보면 <표 9-1>에서 보는 것처럼 각국의 상황을 고려한 특유의 '리더상'과 '핵심요소'를 제정하여 리더개발의 기준으로 삼고 있다.

외국군 '리더십 모형'에 대해 연구한 결과 다음과 같은 공통점을 발견할 수 있다. 첫째, 각국의 '리더십 모형'에서 제시한 '리더상'과 '핵심요소'는 계급 구분 없이 하사에서 대장까지 모든 리더에게 공통적으로 적용된다.

표 9-1 | 외국군의 리더상과 핵심요소

외국군	리더상	핵심요소
미 육군	'다재다능한 리더'	전사정신, 전문성 등 23개
독일군	'군복입은 민주시민'	충성, 전우애 등 17개
이스라엘군	'이스라엘군 정신 구현'	기본가치 발휘 등 34개

둘째, '리더상'과 '핵심요소'는 근본적으로 Be－Know－Do 철학을 기본 바탕으로 삼아 도출되었음을 알 수 있다. Be는 '품성·됨됨이', Know는 '지식·능력', Do는 '실천·발휘'를 의미한다. 이는 동양 및 우리나라에서 군주 및 장수의 주요 덕목으로 제시한 '仁義禮智信(인의예지신)' 또는 '智信仁勇嚴(지신인용엄)'과 맥을 같이한다.

셋째, 각각의 핵심요소들은 그 의미와 범위에 따라 작은 개념에서 큰 개념으로 그룹화하였다. 즉, 개별 핵심요소를 같은 수준과 범위로 구분하여 범주화하였는데 이는 Be－Know－Do 개념으로 구분될 수 있다. Be－Know－Do는 다시 '자질－역량'이라는 개념으로 크게 구분할 수 있다. 자질은 '리더가 갖추어야 할 요소'로서 Be와 Know가 합해진 개념이며, 역량은 '리더가 실천해야 할 요소'로서 Do의 개념이다.

2. 육군 리더상[像]

육군이 원하는 리더는 어떠해야 하는가? 육군을 '전사기질이 충만한 가치공동체'로 육성하기 위해 육군 리더에게 요구되는 비전과 희망이 '육군 리더상'에 담겨 있다.

> ☰ '올바르고 유능하며 헌신하는 戰士(Warrior)!'
> • 올바르고: 품성·됨됨이(Character)
> • 유능하며: 전문적 지식과 능력(Competence)
> • 헌신하는: 숭고한 복무자세(Commitment)
> • 戰士(Warrior): 높은 도덕적 가치와 신념체계를 갖춘 리더

육군은 그동안의 연구결과와 다양한 계층의 의견수렴을 통해 육군 리더가 지향해야 할 '육군 리더상'을 다음과 같이 제정하였다.

'육군 리더상'은 '올바르고 유능하며 헌신하는 전사(Warrior)!'이다. 먼저 '올바르고(Character)'라는 문구는 리더가 갖춰야 할 품성·됨됨이의 방향과 상태를 의미한다. 외국군의 사례에서 제시된 'Be'의 한국적 표현이라고 하겠다. 영어단어인 'Be'의 바람직한 최종상태로서 올바른 인격을 의미하는 'Character'를 선정하였다. '올바르다'는 단순히 비뚤어지거나 굽지않은 바른 상태('바르다')만을 의미하지 않는다. 바른상태의 방향성이 옳아야 한다. '올바르고'를 '유능한'보다 앞서 강조하는 이유는 시대적 요구와 맞닿아 있다. '유능하지만 올바르지 못했던' 리더들이 보여준 부정적 폐해는 너무도 컸다. 미군 고위급 장교들의 리더십을 실증적으로 연구한 2권의 책, 「American Generalship」과 「19 Stars」의 결론은 "Character is everything!"이다. 수많은 실증사례를 분석한 결과 리더에게는 많은 자질과 역량이 필요하지만, 그 중에서도 품성, 인격, 인품으로 해석되는 'Character'를 '리더십의 모든 것'이라고 결론 낸 것은 매우 의미심장하다.

　'유능하며(Competence)'라는 문구는 리더가 갖춰야 할 전문적인 지식과 능력의 높은 수준을 의미한다. 외국군의 사례에서 제시된 'Know'의 한국적 표현이라고 하겠다. 영어단어는 'Know'의 높은 수준의 최종상태로서 유능함을 의미하는 'Competence'를 선정하였다. '무능한 리더는 적보다 무섭다'는 말이 있다. 적과 싸워 이기는 것은 국민이 육군에 기대하는 가장 중요한 임무이며 육군이 존재하는 이유이다. 리더가 '무능'하면 전투에서 승리할 수 없다. 적을 압도하는 뛰어난 자질과 역량을 갖추어야 하는 것은 모든 리더의 책무이다.

　'헌신하는(Commitment)'이라는 문구에는 안중근 장군의 유묵에 적힌 '위국헌신 군인본분(爲國獻身 軍人本分)'을 행동으로 실천하는 리더의 모습을 담았다. 외국군의 사례에서 제시된 'Do'의 한국적 표현이라고 하겠다. 영어단어는 'Do'의 바람직한 최종상태로서 헌신, 솔선을 의미하는 'Commitment'를 선정하였다. 국가에 대한 봉사로서 가장 명예롭고 숭고한 복무자세가 바로 헌신이다.

'戰士(Warrior)'는 육군 리더들의 정체성이다. 전사는 전문전투원일 뿐 아니라 높은 도덕적 가치와 신념체계를 동시에 갖춘 리더이다. 싸워서 승리하고, 승리를 통해 소중한 가치를 수호하는 무적(無敵)의 전사기질(戰士氣質)을 가진 군인이다. 우리 모두는 늘 전쟁만을 생각하며 준비하는 '항재전장(恒在戰場) 의식'이 투철한 전사가 되기 위해 부단히 노력해야 하며, 전사임을 자랑스럽게 여겨야 한다.

육군의 모든 리더가 '올바르고 유능하며 헌신하는 戰士(Warrior)!'로 거듭날 때 국민과 상대방의 진정한 신뢰와 존경을 받을 뿐 아니라, '무적의 전사공동체'라는 육군의 비전을 이루게 될 것이다.

올바르지 않고 유능하지도 않으며, 진정으로 헌신하지 않는 군인이 강군을 만들 수 있겠는가? 모든 뜻을 함축하여 강조하고 있다.

3. '육군 리더십 모형'[Warrior 모형]

새롭게 정립한 육군 리더십 모형을 <그림 9-2>에서 보는 것처럼 영문자 'W'로 형상화하였고, 이를 'Warrior모형', 'W모형'이라 명명하였다. 이는 육군 리더십 모형의 의미가 육군 리더들에게 쉽게 각인되도록 하기 위함이다. 이 'Warrior모형'은 '육군 리더상'과 새롭게 도출된 21개 '핵심요소' 및 6개 '범주'로 구성되어 있다.

'W'자로 형상화한 데에는 두 가지 의미가 있다. 한 가지 의미는 Warrior (전사)이고, 또 한 가지 의미는 Win(승리)이다.

'Warrior'와 'Win'의 첫 글자이기도 하다. '戰士(Warrior)'는 전문전투원일 뿐 아니라 높은 도덕적 가치와 신념체계를 갖춘 리더로서 육군 리더의 정체성이다. 모든 육군 리더는 '戰士(Warrior)'가 되어야 한다. 또한, 모든 육군 리더는 모든 전투에서 승리(Win)해야 한다. '적과 싸워 이기는 육군'은 국민이 육군에 요구하는 가장 중요한 임무이기 때문이다.

Warrior모형은 '6개 범주'로 구성되어 있고, 외부에는 각 범주별 '핵심요

그림 9-2 | 육군 리더십 모형

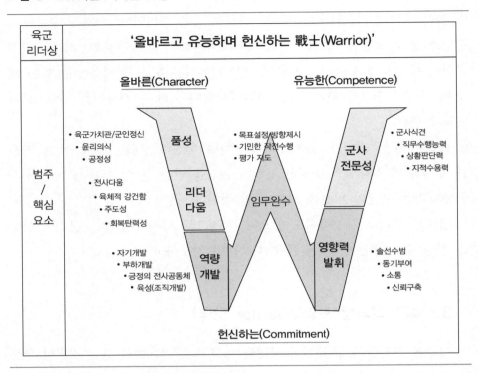

소'가 배열되어 있다. 모형의 왼쪽 날개는 '올바른(Character)' 전사에게 요구되는 '품성', '리더다움'을, 오른쪽 날개는 '유능한(Competence)' 전사에게 요구되는 '군사전문성'을, 모형의 중심부에는 '헌신하는(Commitment)' 전사의 3개 범주인 '역량 개발', '영향력 발휘', '임무 완수'를 배열하였다.

위의 5개 범주는 승리(Victory)의 'V' 모습을 형상화한 '임무완수'를 지향한다. 모든 육군 리더가 Warrior모형에 담긴 핵심요소를 갖추고 실천함으로써 '올바르고 유능하며 헌신하는 戰士(Warrior)!'가 되어야 한다는 의미를 담고 있다.

4. 계급·직책별 리더십 적용

'육군 리더십 모형'에서 제시한 21개의 '핵심요소'는 하사에서 대장에 이르기까지 모든 육군 리더에게 공통적으로 실천하도록 요구된다.

그럼에도 불구하고 많은 사람들은 "하사와 대장이 발휘하는 리더십은 차원이 다르지 않은가?"라는 의문을 제기한다. 타당한 지적이다. 적은 인원과 소규모 부대를 지휘하는 분대장과, 수많은 장병과 대규모 부대를 지휘하는 작전사령관의 리더십환경이 다르기 때문이다.

하사에서 대장에 이르기까지 육군의 모든 리더에게 요구되는 '핵심요소'는 동일하지만, 리더의 계급과 직책, 근무하는 제대와 조직의 규모에 따라 21개 '핵심요소'의 상대적 중요도와 비중, 구체적 실천방안은 다르다.

리더십의 유형은 '행동리더십', '조직리더십', '전략리더십'으로 구분할 수

그림 9-3 | 리더십 유형

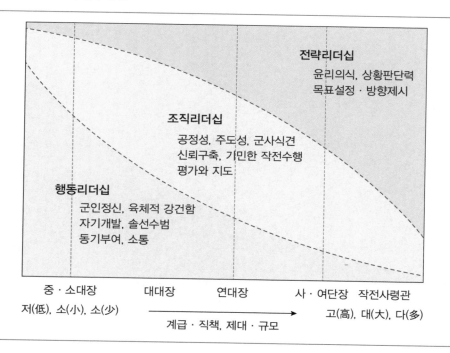

있다. 3가지 리더십 유형은 명확한 범주를 가지고 구분되는 것은 아니나 리더의 계급과 직책, 근무하는 제대와 조직의 규모에 따라 리더십 유형이 다르게 적용됨을 의미하는 개념적 구분이다.

<그림 9-3>에서 보는 것처럼 중·소대장의 경우 행동리더십의 비중이 가장 크고, 조직리더십, 전략리더십 순으로 비중이 상대적으로 작아짐을 알 수 있다. 중·소대장의 경우 특정 임무와 상황에서는 조직·전략리더십의 핵심요소도 중요하게 요구될 수 있지만, 보통의 경우 행동리더십 수준에서 필요한 군인정신, 육체적 강건함, 자기개발, 솔선수범, 동기부여, 소통 등의 핵심요소가 더욱 중요하다. 반면, 사·여단장 이상의 경우 전략 리더십과 조직리더십이 행동리더십에 비해 상대적으로 더욱 요구된다.

행동리더십 수준에서 요구되는 육체적 강건함, 솔선수범도 중요하지만, 그들의 윤리의식, 공정성, 군사식견, 상황판단력, 목표설정·방향제시 등 전략·조직리더십 수준의 핵심요소들을 내면화하고 실천하는 것은 더욱 중요하다.

다함께 참여하는 조별과제

1. 군 리더의 자질과 역량에 대해 조별 토의 후 발표하시오.

2. 올바르고 유능하며 헌신하는 전사(Warrior)에 대해 조별 토의 후 발표
   하시오.

면접시험 출제[예상]

1. '평화를 위해서는 전쟁에 대비하라' 이런 말이 있다. 현재는 평화로운 시대인데 군대가 필요한가요?

⊙ Tip

면접에서 집단토의가 중요하다는 것은 모두 아는 사실입니다. 집단토의장에서 맨 처음 부여되는 개인 주제발표의 주제입니다. 혼자 입장하여 1분 동안 발표하는 것으로 매우 중요합니다. 가능하다면 귀납법을 활용하여 삼단논법으로 발표를 한다면 좋은 평가를 받을 수 있습니다.

답변 예문
네 평화로운 시대에도 군대는 필요합니다.
우리 대한민국은 남북으로 분단된 정전상태입니다.
우리는 역사를 통해 알고 있습니다. 튼튼한 국방력이 갖춰지지 않은 시대에는 외침으로부터 국민들을 보호하지 못하였고, 국권을 상실하기도 했습니다.
'평화를 위해서는 전쟁에 대비하라'는 명언처럼 우리 국민들이 평화로운 시대에 살수 있는 것은 강력한 군대가 있기에 가능하다고 생각합니다.

2. 다이너마이트를 만든 알프레드 노벨의 일화를 예시로 들면서 군인의 가치있는 삶에 대해 발표하세요.

> **⊙ Tip**
>
> 노벨이 발견한 다이너마이트는 나이트로글리세린 액체폭약을 고체폭약으로 개발하여 1867년 전 세계에서 채굴과 건설산업에 널리 사용되었다. 한편 인명 살상용 무기로 전쟁에 사용되어 노벨의 악명을 높이는데 일조했다. 1896년에 노벨은 사망하며 유언으로 전 재산의 63%를 기금으로 만들어 세계평화를 위해 기여한 다섯 개 분야 학자들에게 수여하도록 하였으며 오늘날 세계 최고의 영예 가운데 하나인 노벨상의 기원이 되었다.
>
> **답변 예문**
>
> 노벨은 63세를 사는 동안 355개의 특허를 취득했으며, 화약 말고도 만년필, 축음기, 전화기, 축전지, 백열등, 로켓, 비행기, 수혈 등을 연구했다고 한다. 자신이 개발한 화약이 전쟁에서 너무 많은 인명피해를 입히는 현실을 보며, "전쟁을 완전히 불가능하게 만들 수 있을 정도로 무시무시하고 대규모의 파괴력을 가진 물질이나 기계를 만들어낼 수 있기를 바란다"고 했다. 전쟁이 없는 세상을 원했던 것이다.
> 저는 군 간부가 되고 싶습니다. 군인은 누구나 하나뿐인 목숨을 바쳐서 전쟁을 예방하고, 전쟁이 발발하면 국민의 생명과 재산을 보호하기 위해 위국헌신해야 합니다. 그것이 가장 가치있는 삶이라고 생각합니다.

유머 한마디(나도 웃기는 리더가 될 수 있다~)

나는 가수다(나도 노래를 잘 할 수 있다~)

있을 때 잘해   -오승근

있을 때 잘해 후회하지 말고
(있을 때 잘해 후회하지 말고)
있을 때 잘해 흔들리지 말고
(있을 때 잘해 흔들리지 말고)
가까이 있을 때 붙잡지 그랬어
있을 때 잘해 그러니까 잘해
(있을 때 잘해 그러니까 잘해)
이번이 마지막 마지막 기회야
이제는 마음에 그 문을 열어줘
아무도 모르게 보고파질 때
그럴 때마다 너를 찾는거야
바라보고 있잖아(있잖아)
사랑하고 있잖아(있잖아)
더 이상 내게 무얼 바라나
있을 때 잘해 있을 때 잘해

있을 때 잘해 후회하지 말고
(있을 때 잘해 후회하지 말고)
있을 때 잘해 흔들리지 말고
(있을 때 잘해 흔들리지 말고)
가까이 있을 때 붙잡지 그랬어
있을 때 잘해 그러니까 잘해
(있을 때 잘해 그러니까 잘해)
이번이 마지막 마지막 기회야
이제는 마음에 그 문을 열어줘
아무도 모르게 보고파질 때
그럴 때마다 너를 찾는거야
바라보고 있잖아(있잖아)
사랑하고 있잖아(있잖아)
더 이상 내게 무얼 바라나
있을 때 잘해 있을 때 잘해

군 소통리더십 발휘

10 군 소통리더십 발휘

리더십을 발휘하는 주체로서 리더의 객관화된 '자기인식'은 매우 중요하다. 초급간부는 '육군 전투력의 창끝 리더'로서 현장에서 구성원들과 직접 접촉하면서 행동위주로 소통리더십을 발휘해야 한다. 행동리더십 수준에서 초급간부에게 특히 요구되는 소통리더십 발휘의 핵심요소에 대해 알아보았다.

1. 초급간부의 특징[1]

초급간부는 상관의 지침을 받아 직접지휘로써 중·소대원을 전사(戰士) 기질로 무장된 전투원으로 육성해야 하는 위치에 있다.

초급간부는 군 생활 경험이 부족하기 때문에 군인정신 등 가치관을 정립할 때 상급자의 영향을 많이 받는다. 또한, 악기상 및 열악한 조건에서 작전임무와 훈련에 직접 참여해야 하는 리더이므로 본인의 의지와 실천 여하에 따라 부대와 개인의 전투력 차이가 심화된다. 작전과 훈련의 성패는 초급간부의 능력과 직결된다.

초급간부는 올바른 소통리더십을 체득화해 가는 시기에 있다. 배우고 익히지만 신념화가 미흡할 수 있다. 무엇보다 올바른 소통리더십 실천, 상대방에 대한 존중·배려·소통이 중요하지만 행동으로 실천하는 것은 말이나 생각처럼 쉽지 않다. 작은 권한에 비해 많은 사안에 대해 직접적인 책임을 져야 하므로 소극적으로 임무를 수행할 우려도 있다. 또한, IT 숙달세대로서 SNS를 통한 의사소통능력이 우수하지만 그에 비례해서 사이버상 각종

---

1 육군본부, 「초급간부 자기개발서 리더십」(대전: 2018), pp.22~25. 참고하여 정리.

사건·사고(도박, 정치적 중립 위반, 상관 비방, 보안 위규 등)에 직접적으로 연관될 개연성이 매우 높다.

2. 초급간부와 상급자의 관계

각급 부대에 근무하는 초급간부는 상급자와의 근무경험에서 많은 차이가 날뿐 아니라, 의사소통기법이 미숙하여 문제 상황에 자주 봉착한다. 특히, 중견간부와의 사고방식, 가치관, 생활양식 등에서 많은 차이가 있다. 한 예로서, 초급간부는 '충성심'을 비교적 낮은 군의 가치로 인식하고 있지만 중견 이상 간부들은 군의 핵심요소로 '충성심'을 가장 중요하게 인식하고 있다. 이러한 차이로 인해 초급간부는 상급자의 기대에 부응하지 못하는 행동을 할 수 있다.

이를 극복하기 위해 초급간부는 상급자의 계급과 군 생활 경험을 존중하고 상급자의 입장에서 자신의 행동을 살펴보는 것이 중요하다. 상급자를 어렵게만 생각하고 제대로 의사소통하지 못할 경우 상급자와의 올바른 관계정립은 물론, 부여된 임무를 성공적으로 수행하는 것도 어렵게 된다는 것을 명심해야 한다. 소통은 상급자만의 몫이 아니라 상·하급자 모두의 노력이 있어야 비로소 가능해진다. 소통은 모든 것을 가능하게 만드는 첫 출발이다.

3. 초급간부와 하급자의 관계

초급간부는 신세대 장병들과 가장 유사한 가치관을 가지고 있다. 그러므로 그들과 동고동락하며 정성스럽게 지휘할 경우 누구보다 부대원을 잘 이끌 수 있다. 하지만 불비한 여건 속에서 발생하는 어려움을 극복하는 회복탄력성이 부족할 경우 구성원들과 감정적·행동적 충돌이 빈번하게 되고 이로 인해 각종사고에 초급간부 본인과 부대원이 노출될 수 있다. 만일 용사들의 생각이 무엇인지, 무엇을 바라는지 고려하지 않고 독선적으로 지휘할 경우

더 큰 어려움에 봉착할 수 있다. 그렇지만 육군 조직의 특성상 용사들이 원하는 대로만 지휘할 수는 없다. 상대방들의 요구가 군의 존재목적에 위반되는 것이라면 단연코 바로 잡아야 한다.

초급간부들은 군인정신이 충일한 전사(戰士)이면서 상대방들을 전사(戰士)로 만들어내는 직접적인 역할을 수행해야 한다. 자기 스스로 군인의 복무가치에 대한 행동적 실천이 필요하며, 봉사와 희생의 자세로 상대방들과 대면하여 직접적인 리더십을 발휘해야 한다. 마주치게 될 많은 유혹을 뿌리치고, 닥치게 될 어떠한 어려움에도 움츠러들지 않을 강한 의지력을 함양해야 한다.

4. 초급간부의 소통리더십

국가방위의 중심군인 육군을 커다란 창(槍)에 비유하면, 초급간부는 그 창의 첨단이다. 창끝이 강하고, 예리해야 적을 뚫을 수 있다.

새로운 '육군 리더십 모형'(Warrior모형)으로 초급간부의 소통리더십이 어떻게 해야 하는지 설명하면 다음과 같다.

초급간부는 '올바르고 유능하며 헌신하는 戰士(Warrior)!'가 되어야 함을 목표로 우수한 자질을 갖추고 뛰어난 역량을 발휘해야 한다.

초급간부의 리더십은 현장에서 구성원들과 대면하면서 임무를 수행하므로 함께 동고동락하면서 조직의 팀워크와 응집력을 강화시켜 임무를 수행하게 된다.

자질에는 내적으로 갖춰야 하는 '품성', 외적으로 갖춰야 하는 '리더다움'을 구비해야 하는데, 이는 반드시 모범이 될 수 있는 올바름을 기반으로 삼아야 한다. 또한, 소부대를 지휘하여 반드시 승리할 수 있는 뛰어난 '군사전문성'을 갖춤으로써 유능하다는 평가를 받아야 한다.

역량은 자질을 바탕으로 행동으로 실천해야 하는 것으로 최종적으로 리더십의 효과성을 달성하게 해준다. 초급간부는 자신뿐 아니라 상대방 및 조직의 '역량 개발'을 지속적으로 추진하고, 다양한 방법으로 올바른 '영향력을 발휘'하여, 부여된 '임무를 완수'함으로써 승리를 쟁취해야 한다.

'육군 리더십 모형'(Warrior모형)에서 제시한 21개 핵심요소는 모든 리더(하사~대장)에게 공통적으로 요구되지만 계급·직책, 제대·규모에 따라 적용 비중에는 상대적으로 차이가 있다.

군 생활이 10년 이내인 초급간부들은 대체적으로 현장에서 구성원들과 직접 접촉하면서 행동위주로 리더십을 발휘한다. 초급간부는 대부분 150명 이하의 비교적 적은 규모의 병력을 직접 지휘하고, 예하제대와 참모가 있을 경우에는 직·간접 지휘를 병행한다.

행동리더십이 특히 요구되는 초급간부에게 상대적으로 더 중요하게 요구되는 자질에 해당하는 핵심요소는 군인정신, 육군가치관, 전사다움, 주도성, 상황판단력, 군사식견 등이다. 따라서 초급 리더는 강한 군인정신을 바탕으로 육군 전 장병의 정신적·내면적 지표인 육군가치관을 신념화·행동화하여 실천하는 강한 리더의 표상이 되어야 한다. 항상 당당하고 전사다운 멋진 모습은 물론 매사에 주도적으로 임무를 수행해야 한다. 또한, 유능한 리더에게 요구되는 상황판단력과 군사지식 함양을 위해 노력해야 한다.

또한, 초급간부의 역량 중 상대적으로 더 중요하게 요구되는 핵심요소는 자기개발, 긍정의 전사공동체 육성(조직개발), 솔선수범, 소통, 목표설정·방향제시 등이다. 리더는 리더 자신뿐만 아니라 구성원들을 지속적으로 개발시키기 위해 학습여건을 조성하고 함께 동참하는 등 긍정적인 전사공동체를 육성하는데 적극 노력해야 한다.

또한, 리더는 임무수행 현장에서 동고동락하며 어렵고 위험한 일에 먼저 나서고, 항상 구성원들을 이해하는 마음과 허심탄회한 소통을 통하여 열린 마음으로 조직을 이끌어야 한다. 또한, 임무수행을 위해 명확히 목표를 설정하고 방향을 제시함으로써 조직구성원들이 흔들림 없이 믿고 따르도록 해야 한다.

5. 지휘관 및 참모의 소통리더십

1) 우수한 지휘관의 소통리더십 활동

① 이런 능력을~
- 목표를 적절하게 설정·관리한다.
- 문제의 근원을 파헤치는 관점·분석력이 있다.
- 사물을 단순화 시키는 능력이 있다.
- 예측·감각을 보유한다.
- 다점·다정면으로 업무수행한다.

② 이런 자세를~
- 상대방의 말을 경청하는
- 상대방을 대신하여 책임을 지는
- 열정과 정성을 다하는
- 목적과 이유를 분명히 알려주는

③ 이런 조치를~
- 기본과업(전투준비태세)에 몰입/충실
- 차이를 식별, 상황을 파악
- 비예산 사업은 추진하지 않고, 전투발전, 정상 예산소요 제기
- 상황발생시 정직하게 보고, 조기종결, 확대방지

2) 우수한 참모의 소통리더십 활동

① 예측(豫測)해라.
- 상급부대 참모와 1일 1회 이상 전화
- 상급부대 회의록과 공문 내용을 근거로 메모하라.
- 수시로 변경되는 사항과 기 계획된 요소를 통합적으로 처리하라.

② 보고 방법을 체질화하라.
- 연역법(결론부터)으로 보고하라.
- 최초 – 중간 – 최종보고를 놓치지 마라.

③ 메모하라.
- 지시받으면 적어라. 종결 표시를 하라.
- 좋은 생각나면 적어라.

④ 협조(協助)하라.
- 협조하지 않으면 조직을 파괴하는 것이다.
- 업무의 출발은 협조에서 시작된다.

⑤ 예하부대 입장에서 업무를 처리하라.
- 먼저 예하부대를 생각하고 일을 처리하라.
- 무엇을 도와줄 것인가 고민하라.

⑥ 적극적으로 사고(思考)하고 행동(行動)하라.
- 아무리 적극적이어도 지휘관만큼 안 된다는 사실을 항시 명심하라.

⑦ 가용한 수단(手段)과 방법(方法)을 다 찾아보라.
- 우선 순수 소요를 내고, 우선순위를 따져서 가장 적합한 방법을 채택하라.

⑧ 주파수를 맞추어라.
- 나의 지휘관이 지금 무슨 생각을 하는지를 생각하라.
- 지휘 주목(注目)한 만큼 여유(餘裕)가 생긴다.

⑨ 상급부대 참모부를 활용하라.
- 필요한 내용을 보고해야 상급부대 참모도 알려준다.
- 2단계 상급부대의 업무 동선(動線)을 파악하라.

⑩ 문제의식(問題意識)을 가져라.
- 문제의식이 없으면 발전할 수 없다.

3) 참모활동 10훈(薰)

① 정직
② 참모간의 긴밀한 협조
③ 업무를 예측하라(분기, 월, 주기)
④ 적시적인 첩보제공
⑤ 1일 3통(상급, 인접, 예하부대)
⑥ 연구하고 고민하여 참신한 대안제시
⑦ 현장위주업무
⑧ 제시된 업무 필히 확인 감독
⑨ 성실하고 근면한 활동
⑩ 자기개발을 위한 노력
日新 日日新 又日新(일신 일일신 우일신)

4) 훌륭한 소통리더가 되는 조건

① 좋아하거나 싫어하는 사람을 만들지 말라.
- 아홉명과 친숙하더라도 한명의 적이 있으면 안된다.
② 항상 유쾌한 말과 웃는 얼굴로 사람을 대하라.
- 상대방을 편하게 해주는 것 이상 친숙한 방법은 없다.
③ 뒷전에서 남을 절대 비방하지 말라.
- 면전에서 꾸짖더라도 없는데서 칭찬하라.
④ 어떠한 경우에서도 사람을 편애하지 말라.
- 인간은 자기를 인정해 주는 사람에게 생명을 바친다.
⑤ 자기 주장이 관철되지 않았다고 불만을 나타내지 말라.
- 불만의 표시는 마음이 유치한 증거이며 버릇이 된다.

⑥ 목전에 있는 작은 이익에만 마음을 두지 말라.
  • 작은 이익만 잘 챙기는 사람은 큰 것을 항상 손해본다.
⑦ 자기 본위의 사고에 몰두하지 말라.
  • 전체를 생각지 않고 자기와 주변만을 생각하면 오류에 빠진다.
⑧ 생각과 이상은 크게 갖더라도 작은데까지 살펴라
  • 큰 골짜기와 작은 골짜기를 동시에 볼 줄 알아야 완벽하다.
⑨ 건전한 사생활에 공사를 명확히 구분하라.
  • 불건전한 사생활과 공사구분이 애매하면 스스로 망하는 법이다.
⑩ 우선 업무를 통해 자신의 능력을 인정받아라.
  • 업무를 미리 예측하지 못하면 결코 유능한 사람이 못된다.

완성된 인간은 없지만 장점이 많은 훌륭한 간부는 많다. 스스로 반성하고 부족한 것을 채워나가는 것 자체가 훌륭한 소통리더이다.

다함께 참여하는 조별과제

1. 초급간부의 소통리더십에 대해 조별 토의 후 발표하시오.

2. 육군 전투력의 창끝 소통리더십에 대해 조별 토의 후 발표하시오.

면접시험 출제[예상]

일제강점기 독립군, 광복군을 보고 우리나라의 군은 어떤 전통을 계승하고 있으며, 지원자의 각오를 발표하시오.

⊙ Tip

대한민국 국군의 뿌리와 군 간부가 되려는 지원자의 정신과 각오를 살펴보려는 질문이다. 1910~1945년 일제강점기 독립군과 광복군의 활동과 정신을 알아보고 국군의 사명을 인지하여 지원자의 다짐을 발표할 수 있도록 준비하면 됩니다.

답변 예문

우리 국군은 일제강점기 독립군과 광복군의 애국정신을 이어받고 있습니다.

일제강점기 독립군의 대표적인 전투는 '봉오동전투'와 '청산리대첩'입니다.

1919년 3·1 운동을 계기로 무장 독립전쟁의 필요성을 인지하고 1920년 만주와 연해주에 독립군 부대를 조직하여 일본군을 무찌르기 위한 독립군의 전투가 시작되었습니다.

1920년 6월 '봉오동전투' 북간도지역에서 홍범도장군의 대한독립군을 중심으로 봉오동전투에서 독립군이 일본군을 무찌른 최초의 전투이며 승리입니다.

1920년 10월 '청산리대첩'은 봉오동전투의 패배에 대한 설욕전으로 만주·연해주지역의 독립군을 소탕하기 위해 일본군이 2개 사단을 동원하여 공격해 오는 일본군을 북로군정서군 김좌진장군, 대한독립군 홍범도장군, 국민회군 등 독립군 연합부대(2,000여명)가 청산리지역에서 6일간 10여 차례의 대승을 거둔 청산리대첩으로 독립군 전투 사상 최대의 승리라고 역사는 기록하고 있습니다.

'광복군'은 1940년 대한민국 임시정부를 결성하고 그 예하조직으로 '한국광복군을 중국 충칭에서 지청천장군을 총사령관으로 하고 이범석장군을 참모장으로하여 창설하였습니다. 한국광복군의 주요활동은 1941년 12월 일본이 태평양전쟁을 일으키자 대일 선전포고를 하였고, 1943년에는 인도, 미얀마 전선에서 영국군과 연합낙전을 전개하였다.(조선의용대 김원봉은 1942년 한국광복군에 흡수 통합되어 부사령관이 됨)

국군조직법은 1948년 11월 30일 법률 제9호로 우리나라 최초의 국군조직법이 선포되어, 오늘날 대통령은 국군의 통수권자이며, 국방부 예하에 육·해·공군, 해병대가 편성되어 있습니다.

* 문재인정부: 2018년 국방부 업무보고 자료에 따르면 독립군 양성학교였던 신흥무관학교 등의 독립운동사를 국군 역사에 포함시키기로 했다. 국군의 역사적 뿌리 재정립을 통해 대한민국의 정체성과 정통성을 확립하고 조국 독립을 위해 목숨을 바친 우리 선조의 애국정신을 선양한다는 차원이다. 2018년 국방부는 독립군과 광복군을 우리 국군의 기원이라고 공식 인정했다.

유머 한마디(나도 웃기는 리더가 될 수 있다~)

🔵 Tip

지구촌의 학생들이 친선캠프에 모였다. 자기 나라의 명예를 걸고 번지점프 시합을 하기로 했다. 그러나 막상 높은 점프대에 올라서자 잔뜩 겁에 질린 학생들을 보고 각국 선생님들은 용기를 주기 위해 한마디씩을 외쳤다. 영국 선생님이 – "신사답게 뛰어내려라." 영국 학생은 고개를 끄덕이더니 용감하게 뛰어내렸다. 다음은 프랑스 선생님이 – "예술적으로 뛰어내려라."는 말에 과감하게 점프를 했다. 다음은 한국 학생이 겁에 질려있다 선생님의 한마디에 주저 없이 뛰어내렸다.[2] 한국 선생님이 뭐라고 했을까요?

▶ "내신에 반영한다!"

---

2 류재화·정헌, 「유머의 추억」(서울: 페르소나, 2016), p.47.

나는 가수다(나도 노래를 잘 할 수 있다~)

⬥ Tip

해뜰날	
	- 송대관/신지

꿈을 안고 왔단다 내가 왔단다
슬픔도 괴로움도
모두모두 비켜라
안되는일 없단다 노력하면은
쨍하고 해뜰날 돌아온단다
쨍하고 해뜰날 돌아온단다
뛰고 뛰고 뛰는
몸이라 괴로웁지만
힘겨운 나의 인생 구름 걷히고
산뜻하게 맑은날 돌아온단다
쨍하고 해뜰날 돌아온단다
쨍하고 해뜰날 돌아온단다
꿈을안고 왔단다 내가 왔단다

슬픔도 괴로움도
모두모두 비켜라
안되는일 없단다 노력하면은
쨍하고 해뜰날 돌아온단다
쨍하고 해뜰날 돌아온단다
뛰고 뛰고 뛰는
몸이라 괴로웁지만
힘겨운 나의 인생 구름 걷히고
산뜻하게 맑은날 돌아온단다
쨍하고 해뜰날 돌아온단다
쨍하고 해뜰날 돌아온단다
쨍하고 해뜰날 돌아온단다
쨍하고 해뜰날 돌아온단다
쨍하고 해뜰날 돌아온단다

11

긍정형 소통리더십

11 긍정형 소통리더십

성공하고 싶으면 긍정형 리더가 되라고 한다. 우리의 생각과 말 그리고 행동은 빠르고 늦음의 차이는 있을지언정 놀랄 만큼 정확히 자신에게 되돌아 온다. 군대 조직에서 긍정적 사고는 개인에게 스트레스를 덜 받게 하고 상급자로부터 인정받을 수 있으며 용사들에게 마음의 문을 열어줄 수 있다. 긍정형 리더가 되기 위해서는 아래와 같은 긍정형 씨앗을 실천하며 잘 키워야 한다.

첫째, 먼저 긍정형 리더가 되자
둘째, 상대방을 소중한 존재로 대하자
셋째, 긍정적인 말과 행동으로 소통하자
넷째, 조직의 긍정적인 변화를 주도하자
그리고, 긍정형 소통리더가 되자

1. 긍정형 소통리더십이란?[1]

마음, 말, 행동을 부정적인 접근방식에서 긍정적인 접근방식으로 전환하여 구성원들의 창의성과 자율성을 최대한 발휘하게 하고, 임무완수에 전력투구하게 하는 소통리더십이다.

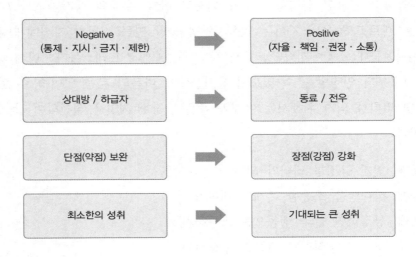

---

1 육군교육사령부, 「리더십」(대전: 2018), pp.35~75. 참고하여 정리.

긍정형 소통리더십의 필요성

● '긍정(Positive)'의 힘

※ '아이센'의 신경과학 연구결과

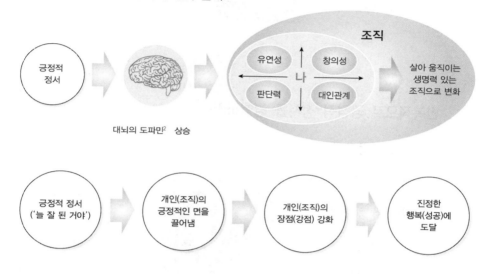

Secret(비밀)이란 바로 '끌어 당김의 법칙'

"내가 끌어 당기는 대로 이루어진다"

- 『The Secret』 론다 번

---

2 뇌 신경세포의 '흥분' 전달 역할을 하는 신경 전달물질의 하나.

◉ 반복적으로 부정적 정서를 경험하면…

- 자기방어적
- 의심, 불안
- 자기중심적

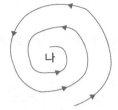

"스스로 만든 장벽속에
갇히게 됨"

◉ 반복적으로 긍정적 정서를 경험하면…

- 주변환경 탐구
- 창의성, 공동체 의식 증대
- 행복한 삶을 창조
- 배려와 봉사
- 감사하는 마음

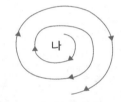

"삶의 영역이
더욱 확대됨?

"긍정적인 정서를 반복적으로 느끼게 하는 것이 중요"

긍정의 힘이 나와 조직의 미래를 바꾼다!

⬤ '긍정적 정서'가 이렇게 만든다

⬤ 졸업앨범 속 미소에 관한 연구[3]

- '진짜 미소'(50명): 건강·생존율· 만족도 높고 이혼율 낮음
- '무표정/인위적 미소'(91명): '진짜 미소' 인원에 비해 부정적 결과

  ※ 긍정적 정서가 긍정적 결과 유발

⬤ 창의력 문제 풀이 실험[4]

- 코믹 영화를 본 학생: 75%가 10분내 문제 해결
- 논리적 사고가 필요한 영화를 본 학생: 20%만 10분내 문제 해결

  ※ 즐거워야 창의력이 나옴

⬤ 긍정적 정서가 미치는 영향에 관한 연구[5]

- 행복한 사람은 사망하거나 질병에 걸릴 가능성이 불행한 사람보다 현저히 낮음(50%)

  ※ 긍정적 정서는 행복과 노화 방지에 도움

---

3 미 버클리대학 교수인 파커와 컬트너의 캘리포니아 소재 밀즈대학 1958, 1960년 졸업생 141명을 대상으로 한 '미소의 종류가 건강·생존율·만족도 등에 미치는 영향'에 대한 연구.
4 아이센 교수가 코넬대학 학생 100명을 대상으로 '초, 성냥, 압정(통)을 주고 촛농이 바닥에 떨어지지 않게 초를 세우는 문제를 내어 풀도록 한' 실험(답: 종이로 된 압정통을 압정을 이용하여 벽에 고정시킨 후, 초를 그 속에 넣어 촛불을 켠다).
5 미 메이오 클리닉 종합병원이 65세 이상 멕시코계 미국인 2,282명을 대상으로 2년 동안 '긍정적인 정서가 수명과 질병에 미치는 영향'에 대해 조사한 연구.

열악한 성장환경 극복에 관한 연구[6]

- 129명: 학습장애, 폭력사건, 소년원 경험, 정신 질환 등 사회 부적응
- 72명: 건전하고 반듯한 청년으로 성장
  ※ 건전하고 반듯하게 자란 72명에게는 조건 없이 지지해준 어른이 최소 1명 이상 존재 했기 때문에 어려움을 극복하고 성장함

물의 결정체 실험[7]

- 긍정의 말을 지속적으로 들려준 물: 곧고 반짝이는 결정체
- 부정의 말을 지속적으로 들려준 물: 흐리고 기형적인 결정체
  ※ 긍정형 '말씀씨'는 생명이 없는 물도 변화시킴

긍정의 말(사랑, 감사)을
들려준 물의 결정체 모양

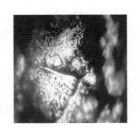

부정의 말(증오, 악마)을 들려준
물의 결정체 모양

---

6 미 심리학자 에미워너의 1955년에 태어난 하와이주 카우아이섬 출신 어린아이 201명을 대상으로 40년에 걸쳐 '어린시절 겪었던 특정한 어려움이 훗날 어떤 문제를 일으키는가'에 대한 연구.
7 독창적인 물 연구의 대가인 일본 IHM 종합 연구소장 에모토 마사루의 '물을 담은 용기에 지속적으로 긍정 및 부정의 말을 들려준 후 물이 어떻게 달라지는가'에 대한 실험.

2. 긍정형 소통리더십 실천(3가지 '긍정형 씨앗'을 뿌리자)

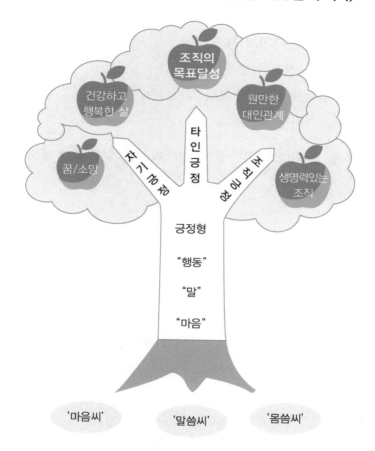

※ 해석: 먼저 육군이라는 토양 위에 '마음씨, 말씀씨, 몸씀씨'라는 3가지 긍정형씨앗을 뿌리고, 긍정형 마음·긍정형 말·긍정형 행동을 실천하여 자기로부터 타인과 조직을 긍정적으로 변화시켜 우리 육군을 건강하고 행복하게 만들자는 의미

* 마음씨·말씀씨·몸씀씨: 마음, 말씀(말), 몸씀(행동)에 씨앗을 강조하기 위해 '씨'란 명사를 붙임

◎ 실천해야 할 중점 내용

"마음씨"

- 부정적 생각에서 긍정적 생각으로!
- 자신에 대한 긍정적인 믿음을 가지자
- 상대방의 입장에서 긍정적으로 생각하자
- 주인의식을 가지자

　"당신이 할 수 있다고 믿든, 할 수 없다고 믿든, 믿는 대로 될 것이다"

- 헨리 포드

"말씀씨"

- 긍정형 말투를 사용하자
- "때문에"가 아닌 "덕분에"로 말하자
- 인정하고 칭찬하는 말을 하자

　"친절한 말 한 마디가 세 번의 겨울을 따뜻하게 한다"

- 공 자

"몸씀씨"

- 긍정적으로 동참하고 행동으로 실천하자
- 조직의 긍정형 비전을 제시하고 확산시키자
- 때로는 과감하게 결단하고 행동하자

　"말만 하고 행동하지 않는 사람은 잡초로 가득 찬 정원과 같다"

- 영국 수필가 J. 하우얼

1) 먼저 긍정형 리더가 되자

• 지금 우리의 모습 중에는 . . . (Negative)

　• '통제형/지시형(통제·지시·금지·제한 등)'지휘 스타일 만연

사례 ✎

• 내 상대방은 '나보다 능력이 떨어져, 그런데도 나보다 열의가 없어' 등의 생각을 가지고 예하 지휘관의 지휘영역까지 통제/간섭(분대장 증후군)
• 중대장들은 휴일간 간부들이 위수지역을 벗어나 출타할 가능성이 높으니 휴일간 전 간부 대상, 지속적으로 위치파악 할 것(대대장 지시사항)
• 출타간 경례 안 하는 병사 발견 시 질책, 처벌, 군기순찰, 시내에 헌병 투입

• 앞으로 우리는 . . .(Positive)

　① 긍정의 패러다임으로 전환하자

　② 긍적적인 '자신의 꿈'을 갖자

　③ 지금 하는 일에 긍정적으로 헌신하자

❶ 긍정의 패러다임으로 전환하자

• 부정적(Negative) 생각에서 긍정적(Positive) 생각으로!

＊ 의기보다 기회, 약점보다 강점, 불가능한 것보다 가능한 것으로

◆ Tip

• 베트남전 참전 후 난청장애를 갖게 되었다. 이로 인해 육군대학에서 공부할 때 강의 내용이 들리지 않아 성적이 좋지 않았다. 하지만 나쁜 일만은 아니었다. 난청은 지휘관 시절에 상대방들과 대화할 때 전력을 다하는 습관을 갖게 하였다.
－『고맙습니다』, 김승남

• 6·25전쟁시 7사단 3연대는 부대가 신병위주로 재편성되었다. 3연대 1중대 1소대장은 신병들의 전투능력이 전무한 상황에 좌절하지 않고, 아무것도 모르기 때문에 가르치는 대로 받아들일 것이라는 확신하에 교육훈련에 매진하였다. '50년 9월 16일 자정, 1개 대대규모의 적이 중대 정면으로 공격했으나 성공적으로 방어하였다. 다른 소대의 사상자는 평균 20여 명이었으나 1소대의 사상자는 3명에 불과했다.
－7사단 전투상보

• 경례 잘하는 병사 발견시 휴가증을 부여하는 '출타장병 포상제도' 시행

• 발명왕 에디슨은 전구를 발명할 때까지 2,000번의 실패가 있었다.
한 젊은 기자가 에디슨에게 그토록 실패했을 때의 기분이 어떠했는지를 물었다. 에디슨은 "난 한번도 실패한 적이 없습니다. 나는 단지 전구가 빛을 내지 않는 2,000가지의 원리를 알아냈을 뿐입니다."라고 답했다.
－『무지개 원리』, 차동엽

나폴레옹
**"땅에서 재면 내 키가 가장 작지만
하늘에서 재면 내 키가 가장 크다"**

❷ 긍정적인 '자신의 꿈'을 갖자

• 실현 가능한 구체적인 비전과 목표를 세우자(SMART법칙)

Specific   Measurable   Attainable   Relevant   Relevant

－『석세스 내비게이터십』 구건서

1대대장은 간부와 병사의 수동적인 복무자세를 변화시키기 위해 자신의 인생에 대한 목표와 추진계획을 작성하게 하였다. 병사는 월, 1년, 10년 단위로 작성 후 개인사물함에 붙이고 간부는 1년, 3년, 5년, 10년, 30년 단위로 작성하여 개인 사무실 책상 및 간부 숙소에 부착하게 하여 신념화를 유도하였다.

－○○사단 대대장

존. F 케네디는 1962년 라이스 대학에서 "10년 이내에 인간이 달 위를 걷게 하겠다"는 비전을 발표하였다. 그리고 7년 후인 1969년 닐 암스트롱은 달 위를 걸었다.

- 자신에 대한 긍정적인 믿음을 가지자
  * 내가 먼저 긍정의 리더가 되어야 상대방들에게 긍정적인 영향을 미칠 수 있다

- 1951년 8월, 5사단 36연대 3중대 1소대는 적 후방에 고립되어 커다란 위험에 처했다. 소대원들은 "이제 죽었구나"하는 불안감과 좌절감에 빠져들었다. 이때 이용우 소대장은 적 포위망을 뚫을 수 있다는 자신감 넘치는 표정을 띠며 소대원의 행동지침을 확신에 찬 목소리로 하달하였다. 절망적인 상황에서도 포기하지 않고 희망을 전하는 소대장의 모습에 용기백배하여 소대장의 지휘에 따라 일사분란하게 행동하였다. 그 결과 적의 삼엄한 포위망을 뚫고 아군의 방어선에 도달하였다.

  − 5사단 전투상보

- 자동차의 왕 포드에게 기자들이 가난한 농민의 아들로 태어나 어떻게 세계의 자동차 왕이 되었냐고 묻자 포드는 이렇게 대답했다. "난 처음부터 내가 성공할 수 있다고 나 자신을 믿었기 때문에 성공한 것이다."

- 현재 내 앞엔 힘든 일이 생겼지만 예전에 그랬던 것처럼 이번에도 나는 잘 극복할 수 있을 거야!

- 체력이 약하지만 2개월 동안 노력한다면 나는 반드시 특급전사가 될 수 있어!

"간~~~절히 원하면 반드시 이루어진다"(피그말리온 효과)

생생하게(vivid) 꿈꾸면(dream) 이루어진다(realization)

『꿈꾸는 다락방』 이지성

❸ 지금 하는 일에 긍정적으로 헌신하자
 • 부대, 상대방에게 열정(Passion)을!

• 회사에 새벽 5시경 출근하여 청소부터 하고 부지런히 일하여 초정밀분야의 한국 최고의 명장이 된 김규환은 '목숨 걸고 노력하면 안 되는 것이 없다'며 부르짖는 사람으로 아이디어 제안 24,612건, 국제 발명특허 62개를 가지고 있는 대한민국 정밀가공분야 기술명장이다.

 —『어머니 저는 해냈어요』, 김규환

• 1973년 단 4명이 세 평짜리 시골창고에서 창업하여 현재는 계열사 140개, 직원 13만 여 명, 매출 8조원의 모터분야 세계 1위의 일본전산의 사장인 나가모리는 '안 된다고 말하는 자에게 최면은 걸어라'. '내가 스스로 불씨가 된다' 등 열정의 시스템을 회사에 적용하여 운용하고 있다.
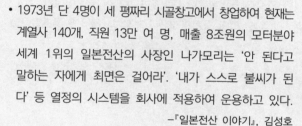
 —『일본전산 이야기』, 김성호

• "대대장은 항상 너를 믿는다"라는 내용의 대대장 자필 카드와 초코파이 한 개를 아침식사 시간에 관물대에 넣어 두어 생일자를 감동시켰다.

 —5사단 전투상보

 • 상대방들의 Role Model이 되자(솔선수범)

• 6·25 전쟁 중 금병산 전투시 중공군의 사격으로 병사들이 두려움에 머리를 박고 방아쇠를 공중으로 당기고 있을 때 김영옥 대위는 총알이 빗발치는 능선에 올라서서 팔짱을 끼고 서 있었다. 이러한 김 대위의 무모할 정도의 용기 있는 행동으로 병사들은 두려움을 잊고 정상을 향해 돌격하여 적 진지를 점령하였다.
 —『영웅 김영옥』, 한우성

- 6·25 전쟁간 미군 장성 아들 142명이 참전하여 35명이 전사 또는 부상당하였다. 아이젠하워 대통령과 클라크 대통령 아들은 최전선에서 싸웠고 밴플리트 장군의 아들 지미 중위는 폭격기를 조종하여 북쪽으로 출격하였다가 실종되었다. 영국의 지도층 자제가 입학하는 이튼 칼리지 졸업생 가운데 무려 2,000여 명이 1·2차 세계대전에서 목숨을 잃었다. 엘리자베스 여왕의 차남 엔드류 왕자는 포클랜드 전쟁시 전투헬기 조종사로 참전하였으며 찰스 왕세자의 차남인 해리 왕자는 아프카니스탄에서 아파치 헬기 조종사로 근무하였다. 이처럼 노블리스 오블리제(Nobless Oblige, 사회 지도층의 도덕적 책무)는 행동으로 실천하는 것이다.

- 사막의 여우라 불리는 롬멜은 항시 전방에 위치하여 진두지휘를 통해 상대방들의 사기진작은 물론 지휘관의 강력한 의지를 표명하였다. 분만 아니라 작전간 비행기, 전차, 차량 등을 직접 확인하였으며, 하루 두 컵의 홍차와 레몬, 매끼 빵 하나와 통조림만으로 식사를 하는 등 절제된 생활을 통하여 몸소 솔선수범을 실천하였다.

-『롬멜 보병전술』, 황규만

- "긍정은 내가 선택하는 것이다."

-『Self Talking』, 새드 헴스테터[8]

- 사람들은 하루에 깊이 자는 시간을 빼고 20시간 동안 5~6만 가지 생각을 한다.
1시간이면 2,500가지, 1분에도 42가지 생각을 한다
여기서 문제는 85%가 부정적 생각이라는 점이다. 스스로의 마음을 지배하지 못하고 내버려 두면 후회와 비난 속에서 인생을 마감하게 된다
  - "긍정은 단순한 선택의 문제가 아니다.
    긍정은 우리의 삶을 바꾸는 적극적 선택 행위이다"

---

8 미국의 심리학자로서 '동기유발 행동' 분야의 세계적 권위자.

• "서로 다른 조직 분위기가 인간 수명에 미치는 영향 연구[9]

-『긍정심리학』, 마틴 셀리그만

무미건조한 수녀집단: 구성원의 34%만 85세 이상 장수

활기 넘치는 수녀집단: 구성원의 90%가 85세 이상 장수

2) 상대방을 소중한 존재로 대하자

• 지금 우리의 모습 중에는. . .(Negative)

• 상대방을 '마음대로 할 수 있는 존재'로 인식(간부)

• 간부는 지적/지시만 하는 대상으로 인식(병사)

• 상대방의 마음에 상처를 주는 언어폭력 잔존

사례

• 부대원 중에 석·박사 학위를 취득한 병사를 뽑아 자신의 학위 논문을 정리하게 하거나, 병사에게 관사에서 키우는 애완동물의 목욕·먹이주기·산책 등을 시키는 경우

• '우리 대대장 별명은 김병장!, 잔소리꾼!'

• 중대장이 소대장의 업무가 미숙하다는 이유로 "내가 아는 ㅇㅇ출신들은 안 그런데 너는 왜 그러냐?", "ㅇㅇ출신 이라 천군만마를 얻은 줄 알았는데 이거 뭐 이등병만도 못하냐!, 그러면서 네가 ㅇㅇ출신이냐?"라고 출신을 비하하는 폭언

---

9 마틴 셀리그만 교수가 노트르담 수녀회 소속 178명의 수녀들을 대상으로 수녀회 입회시 '자기소개서에 쓴 글'을 분석하여 긍정적이고 행복한 정서가 깃든 집단과 긍정적 정서가 거의 없는 집단으로 구분한 후, '행복과 장수'에 관한 연구.

군 생활, 간부/상급자는 지긋지긋! 전역후부대 방향은 처다보지도…

- 앞으로 우리는. . .(Positive)
  - 상대방의 마음을 얻는 최고의 지혜, 경청(傾聽)
  - 상대방의 입장에서 긍정적으로 생각하자(易地思之)
  - 긍정적인 에너지가 넘치도록 하자

❶ 상대방의 마음을 얻는 최고의 지혜, 경청(傾聽)
  - 상관부터 상대방의 의견을 경청하는 자세를 견지하자
  - 대화시 눈은 상대를 보고, 입은 맞장구를 쳐주며 호응하자

🔵 Tip

- 경청이란 존중과 수용적 태도로 상대를 이해하는 것, 상대방들의 사소한 얘기라도 상대를 주시하며 상대의 말을 끝까지 듣고 적절하게 반응하라
- 삼성그룹 이건희 회장은 "사람은 자기를 이해 해주면 그가 무슨 말을 하더라도 받아 들이려 노력한단다. 아들아! 경청은 조직을 이끄는 성공의 열쇠란다"라는 부친 이병철 회장의 유지가 담긴 '경청'이란 휘호를 사무실에 걸어두고 이를 실천하는 것으로 유명하다.

－『호암어록』, 이병철

| 귀 (耳) | ← | | → | 열 개의 눈으로
(十目) |
| 임금 (王) | ← | 聽 | → | 하나된 마음으로
(一心) |

열린 귀로 많이 듣고, 여러 개의 눈으로 다양한 것을 보고, 상대방과 같은 마음이 되어서 들어주는 리더

❷ 상대방의 입장에서 긍정적으로 생각하자[易地思之]

• 상급자가 먼저 마음을 열고 다가가자

● Tip

• 이순신 장군은 한산도에 운주당을 짓고 기거하며 장수는 물론 하급 군사라도 좋은 계책이 있거나 하소연할 일이 있으면 언제라도 찾아오게 만들었다. 많은 병사들이 언제든지 찾아와 계책을 이야기하고 개인적인 하소연도 들어주는 장소였다.

　　　　　　　　　　　　　　　　　　　　　　　　－『이순신의 리더십』, 이선호

• LG 조○○사장은 감독처럼 벤치에 앉아 훈련시키기 보다는 함께 팀워크를 맞춰 뛰어다니는 '농구 주장식' 경영방식을 실천하고 있다. 현장에 뛰어들어 사원들의 고충을 듣고 애로사항을 해결해 주는 조사장에 대한 사원들의 신뢰는 절대적이다.

　　　　　　　　　　　　　　　　　　　　　　　　　　　　　　　－매일경제

운주당(運籌堂)

난중일기

'난중일기'에 가장 많이 나오는 말이 '상대방들과 밤새 토의를 하였다'는 문장이다. 이순신은 한산도 운주당에 상대방들을 불러 모아 의논했으며 아랫사람의 이야기에 귀를 기울였고 그런 시간을 통해 상대방들의 지혜를 배웠다.

• 상대방의 다양성을 이해하자

◑ Tip

• 최근 우리군에도 다문화 장병이 연간 1,000여 명씩 입대하고 있다. 어머니가 일본인인 천〇〇 이병이 중대에 전입왔을 때 주변에서는 '문화적 차이로 인해 적응하는데 어려움이 있을 것이다'라고 수근거렸으나, 소대장 박〇〇 중사는 선입견을 버리고 타 병사들과 똑같이 대해주고 오히려 강도 높은 훈련지도를 통해 천 이병을 특급전사로 만들었다.

　　　　　　　　　　　　　　　　－SBS 특선다큐 '레인보우의 희망일기'(2012. 1. 1.)

• 1986년도 25년 동안 맨체스터 유나이티드의 감독을 맡은 퍼거슨은 1,409회의 경기에서 836승 326무 247패의 경이로운 성적을 냈다. 퍼거슨 감독에 대해 박지성 선수는 "감독님은 출전선수 11명과 후보선수 이외에도 선수단 전 인원이 장점과 단점, 특성, 감정상태까지도 일일이 파악하고 있다"라고 놀라움을 표시했다. 퍼거슨 감독의 선수단 개개인에 대한 다양성 이해가 경이로운 성적의 밑거름이 되었다.

　　　　　　　　　　　　　　　　　　　　　　　　－스포츠 동아(2011. 11. 5.)

제일 좋아하는 과일은?
'틀림'이 아닌 '다름'을 이해

❸ 상대방의 긍정적인 에너지가 넘치도록 하자

• 상대방은 나의 동료, 전우!(인식의 전환)

○ Tip

피랍소식을 접한 이후로 하루에 연이어 2시간 이상 잠을 청했던 적이 없었다. 선박에 대한 도상연구, 내부 소탕작전 시 행동요령과 팀워크 훈련, 그리고 작전 중 불의의 사고를 당할 수 있다는 불안감으로 쉽게 잠을 잘 수 없었다. 하지만 지옥훈련을 뚫고 나온 내 자신을 믿고 동료를 믿기에 "할 수 있다"는 다짐을 계속하며 자신감을 다져 나갔다. 실제 작전에서 내 등 뒤로 동료들과 하나 둘 붙는 것이 느껴졌을 때 "누군가 나의 뒤를 지키고 있다"는 든든함과 자신감이 가슴속에 솟구쳤다.

－해군 특전요원 공격팀 중사 김○○

안 보이면 보고 싶고,

멀리 있으면 가까이 가고 싶고,

함께 있으면 편안한 상급자

상급자/부대에 감사하는 마음, 전역 후 육군의 든든한 후원자

• 상대방의 장점(강점)에 주목, 인정하고 칭찬하다

○ Tip

• 심리학자 로젠탈은 초등학교를 방문하여 지능테스트를 한 후, 그 학생들 중에서 20%를 무작위로 선정하고 그들의 지능수준이 높다는 허위사실을 담임 교사에게 알려주었다. 8개월의 시간이 지난 후 학생들의 성적을 비교분석해보니 무작위로 선정한 20% 학생들의 수준이 놀랍게 올라 있었다. 20% 학생들이 우수하다고 믿은 선생님들이 보여준 인정과 칭찬이 그들의 자율성과 자존감을 높여준 결과였다.

－『기대와 칭찬의 힘』, 로젠탈

- 새로 전입온 김○○ 이병은 개인주의적 행동으로 소대분위기에 적응하지 못하고 점점 위축되어 갔다. 이를 지켜보던 소대장은 김 이병이 사회에서 비보이(B-boy)대회 참가 경험이 있는 것을 확인하고, 중대장에게 건의하여 중대 동아리 활동에 비보이 종목을 추가하였다. 김이병은 발군의 실력을 보이며 활발한 성격을 되찾았고 소대원에게 인정받는 병사가 되었다.

-○사단 소대장

상대방의 "끼"를 살리는 소통리더십

참고

- 맹인의 등불

옛날에 앞을 보지 못하는 사람이 밤에 물동이를 머리에 이고, 한 손에는 등불을 들고 길을 걸어가고 있었다. 그와 마주친 사람이 물었다.
"정말 어리석군요! 당신은 앞을 보지도 못하면서 등불을 왜 들고 다니십니까?"라고 말하자, 앞을 못 보는 사람이 말했다. "당신이 나와 부딪치지 않게 하려고요, 이 등불은 나를 위한 것이 아니라 당신을 위한 것입니다."

-「배려」, 한상복

- 인간관계에서 중요한 3가지 '말씀씨'

첫째, "미안해요"
- 자존심 때문에 이 말을 수 년 동안 하지 못하는 사람이 있다.
- 그는 가장 외로운 사람인 동시에 상대방도 가장 외롭고 고통스럽게 만드는 사람이다.

- 이 말을 하루에 적어도 한 번 정도 하고 사는 사람은 이해심이 많다.
- 수고에 대한 고마움, 음식에 대한 고마움, 어떤 수고든지, 그 수고가 비록 사소한 것 일지라도 고마움을 표현하는 사람은 너무나 좋은 사람이다.
- 이 말은 아주 좋은 것임에도 불구하고 적극적으로 사용하는 사람은 아주 적다.
- 이것을 표현하는 일은 처음엔 너무나 어렵다. 하지만 당신은 그 어려운 관문을 통과하면 두 번째는 조금 더 쉽다.

• 이런 언어폭력이 아직 부대에?
  • 능력 공격: 상대방의 능력을 비난/비방하는 언어표현

중사가 후임인 하사에게 병사들이 보고 있는 가운데 상습적으로 "병사만도 못한 버리지 같은 놈아", "이 쓰레기야 네가 그러고도 간부냐, 너보다 이등병이 낫겠다" 등의 욕설을 하여 이를 견디지 못한 하사가 분신자살

  • 외모 공격: 상대방의 생김를 비난/비방하는 언어표현

소대장이 하사에게 고함을 지르고 노래를 부르면서 "이상하게 생기고 웃기게 생겼으나 군인 말고 개그맨 해라"라고 하면서 폭언

  • 조 롱: 상대방의 약점과 단점을 농담 삼아 비아냥거리는 언행

중대장이 중대원과 회식하던 중 술에 취해 소대장에게 "이 쓰레기야 너 정말 그 따위로 할래, 네가 그러고도 간부냐, 그냥 나가 죽어라, 니가 뭘 잘했다고 기집애처럼 질질 짜 냐"라고 조롱

• 협 박: 상대방을 위협하는 언어표현

하사가 일병에게 차량정비 중 자신의 지시를 제대로 이해하지 못하는 것에 대하여 "병신△△야, 대체 너 뭐하는 △△야, 잘 하는 게 뭐냐?, 또라이 △△, △발 내 인생 포기하더라도 너 쥐도 새도 모르게 죽여서 묻어버린다"라고 폭언

• 모 욕: 상대방을 비하하거나 무시하려는 상스러운 언어표현

중사가 훈련 중 하사의 훈련태도가 불량하다는 이유로 "△자식, 미역국 끓여 준 니 애미가 한심하다. 벌레는 죽여도 되지만 너는 그럴 가치도 없다"라고 폭언

긍정형 '말씀씨'를 뿌리자

3) 긍정적인 말과 행동으로 소통하자

• 지금 우리의 모습 중에는. . .(Negative)
  • 부정형 '말씀씨'의 홍수
    (안 돼! 내가 어떻게... 못해!)
  • 간부는 자기가 하고 싶은 말만 하고 듣지는 않는 사람?
  • 마음의 벽! 닫힌 마음! (소통이 되지 않으면 결과는 뻔합니다)

≈ 회의, 보고시 지휘관의 말투는?

• "엉뚱한 소리 하지 말고 묻는 말에만 대답해!"
• "판단은 내가 해! 너는 시키는 대로만 해!"
• "도대체 말귀를 못 알아 들어"
• "개념 없는 소리 그만 해!"
• "그래서 어쩌라는 거야!"

- 앞으로 우리는. . .(Positive)
  - '긍정형 말투'를 사용하자
  - 긍정형 의사소통 기법을 익히자

❶ '긍정형 말투'를 사용하자
  - 부정형에서 긍정형으로 이렇게 바꿔 봅시다

√ 뭔가 2%가 부족해!	√ 이제 2%만 채우면 되겠어!
√ 왜 일이 순조롭게 진행되지 않지?	√ 어떻게 하면 순조롭게 진행될 수 있지?
√ 네가 하고 싶은 말이 그것 뿐인가?	√ 네 생각에는 어떻게 하면 좋겠는가?
√ 왜 출근시간을 못 맞추는 거야?	√ 무슨 일이 있었나?
√ 너! 이 정도 밖에 안돼? 뭐 한거야?	√ 이 부분은 이렇게 바꿔보는게 어떨까?
√ 너 나한테 불만 있어?	√ 네 생각이 어떤지 듣고 싶다
√ 이게! 빠~~~져 가지고?	√ 앞으로 우리 함께 잘해보자
√ 쓸데 없는 소리하지 말고 본론만 말해!	√ 의견은 좋은데 핵심적인 내용만 이야기하면 좋겠다!
√ 너 제대로 확인한거 맞어?	√ 이 부분은 다시 확인해서 보고해라!
√ 아직도 반 밖에 못한거야?	√ 이제 반만 더하면 되겠네!
√ 회의 준비가 왜 이렇게 늦어?	√ 다음부터는 10분 더 당겨서 준비하자!

※ 마우스(mouth) 청결운동: 긍정적인·좋은·바른·고운·순화된 말 사용하기[○○학교]

• "덕분에" 운동을 실천하자 ("때문에" → "덕분에")

• 엄격한 자휘관 "때문에" 일이 힘들다

  → 그 엄격한 "덕분에" 나의 업무 수행능력이 향상되었다

• GOP 순찰로가 험하기 "때문에" 내 몸이 힘들다

  → 다양한 코스의 GOP 순찰로 "덕분에" 내 체력이 강해지고 있다

• 말썽 많은 상대방들 "때문에" 골치가 아프다

  → 다양한 구성원들 "덕분에" 인간관계의 묘미를 배운다

• 나는 불우한 가정환경 "때문에" 많이 배우지 못했다

  → 나는 어린 시절의 경제적 어려움 "덕분에" 근검절약이 몸에 배였다

레나 마리아

"양팔이 없고 한쪽 다리가 짧은은 장애를 딛고,
긍정의 힘으로 세계적인 가스펠 가수가 되다

우리 부대에도 "덕분에" 운동을 실천합시다!

❷ 긍정형 의사소통 기법을 익히자

- 속마음을 말할 수 있도록 말하자
- 함께 공감해 주고, 발전적인 피드백을 해주자

○ Tip

- 세종은 신하들이 마음속의 말을 꺼내지 않고 형식적인 것만 보고하는 것을 막기 위해 "회의석상에서 과감한 말로 쟁론하라. 왜 반대하고 논쟁하는 자가 없는가?" 라고 지적했다. 실제로 호의 진행간에 신하들이 국왕의 의견에 무조건 동조하려는 것을 막기 위해서 화의 참석자 중에 일부는 반대의견을 말할 수 있도록 하였다.

  －『세종처럼』, 박현모

- 일본 열도를 얼어붙게 한 '장기불황'에 살아남아 오히려 10배의 성장을 이룬 '일본전산'의 나가모리 사장은 일년 동안 점심 간담회를 50회 이상 열어 1,000명이 넘는 젊은 사원들과 직접 이야기를 나누고 25회 이상의 저녁 모임을 통해서 300~400명과 이야기를 나눈다. 하고 싶은 말을 할 수 있는 여건과 환경을 만드는 것. 이것이 자연스러운 조직문화를 만들어 패자의 문화를 승자의 문화로 탈바꿈시키는 핵심이다.

  －『일본전산 이야기』, 김성호

- 회의, 토의시 참석자 모두에게 발언할 기회를 주자

○ Tip

- 신한증권 도○○사장은 회의 진행을 잘 하는 것으로 정평이 나 있다. 한 직원은 "도사장이 주재한 회의는 정말로 쇼킹했다"고 말했다. 질문을 던져 모든 참석자들의 참여를 유도하는 데다 '당신 생각은 어떤가?'를 물어본다는 것이다. "어색한 침묵은 깨지고 자신의 생각을 더 활발히 발언하게 된다"고 전했다.

  －『삼성처럼 회의하라』, 김영안

- 2대대장은 간담회나 토의시 어떻게 자리를 배치하느냐에 따라 의사소통의 효과가 달라진다는 것을 착안, 원탁형이나 서로 마주보면서 토의하고 대화하여 열린 마음으로 소통할 수 있는 여건을 조성하였다.

  −○사단 대대장

- 대화시 1분간 말하고, 2분간 듣고, 3번 공감하자 (대화의 1,2,3 법칙)

- 구성원들과 주기적인 대화의 기회를 마련하자

○ Tip

- ○○고속은 고객이 만족하고 행복을 느끼도록 전 임직원이 하루 60분씩 영업 현장에 나가 현장업무를 지원하는 '현장 60 활동' 프로그램을 시행하였다.
- 상대방들의 직·간접적인 의사소통 수단인 e−mail, 고충 처리함, 휴대폰 메시지, 마음의 편지, 계급/계층별 간담회 등을 활용

★ 실천사례

- "덕분에"말씀씨를 실천한 마쓰시타 고노스케[10]

  "어릴 적 집이 몹시 가난했던 덕분에 구두닦이 등 많은 일을 하여 세상을 살아가는데 필요한 경험을 많이 할 수 있었다"

  "태어날 때부터 몸이 약했던 덕분에 항상 운동에 힘써 늙어서도 건강하게 지낼 수 있었다"

---

10 일본 '경영의 신'이라 불리우는 고노스케는 초등학교를 중퇴한 후 마쓰시타라는 가전업체를 설립하여 현재의 Panasonic을 있게 하였다. "덕분에"라는 긍정적 자세로 기업활동은 물론 사회 봉사활동, 후학 양성에도 노력했던 기업가.

"초등학교도 못나온 덕분에 모두를
스승 삼아 열심히 배울 수 있었다"

누구는 현실적인 한계 때문에 포기하는가 하면
누구는 그러한 어려움 덕분에 성공을 이루기도 한다

참고

- '긍정적인 말의 힘'에 대한 두 가지 실험
  - 실험 1: 지속적으로 긍정의 말(사랑해, 고마워)을 들려주며 키운 양파가 부정의 말(바보, 할 수 없어)을 들려주거나 무관심으로 일관한 양파보다 더 싱싱하게 잘 자랐다.

  - 실험 2: 흰 쌀밥을 투명용기 2개에 담아 '고맙습니다'. '짜증나!!!'문구로 구분하여 문구의 말을 지속적으로 들려주었다. 며칠 뒤 긍정적인 말을 들은 용기의 밥은 구수한 냄새가 나는 곰팡이가 피어 있고, 나쁜 말을 들은 용기는 썩은 냄새가 나는 곰팡이가 피었다.

'긍정의 말씀씨'는 식물의 생명과 운명도 바꾼다

4) 조직의 긍정적인 변화를 주도하자

- 지금 우리의 모습 중에는. . .(Negative)
  - 변화는 귀찮고, 싫고, 힘들고, 두려운 것
    "가능하면 피하자"
  - '얼어버린, 그리고 말라버린' 창의성

삶은 개구리 증후군[11]

사례

- ○○부대 연병장 귀퉁이에 커다란 바위가 자리하고 있었다. 새로 부임한 대대장이 원활한 연병장 사용을 위해 바위를 없애자고 했으나 대대의 부사관들은 서로 눈치만 보면서 "그렇지 않아도 할 일이 많은데 일을 만드네" 등의 말을 하면서 대대장의 지시를 이행하지 않았다. 며칠 후 축구경기 중 병사가 바위에 부딪쳐 다치는 사고가 발생했다.

  －○사단○대대

- 지난 130여 년의 기간 동안 필름의 대명사로 불려왔던 '코닥'이 파산한 핵심적 이유로 변화를 거부한 '수로내기(Canalization)'를 꼽는다. 사람은 한 번 어떤 방식으로 성공하면 그 방식을 언제까지나 고집하는 심리적 경향이 있는데, 이를 심리학에서 '수로내기'라 한다. 이는 크게 성공을 가능하게 했던 방식을 맹목적으로 믿고 성공을 가능하게 했던 방식만 고수하면서 변화를 거부한다. 일찍이 IBM이 위기에 빠진 것도 '수로내기' 때문이었다.

  －연합뉴스('12. 1. 20)

- 앞으로 우리는. . .(Positive)
  - 긍정형 변화가 필요하다는 마인드를 가지자
  - 조직의 긍정형 비전을 제시하고 확산시키자
  - 때로는 과감하게 결단하고 실행하자

---

11 환경의 변화를 인식하지 못하고 현실에 안주하려는 경향, 또는 목표의식이 없고 자기의 문제점을 합리화 시키려는 증상/심리('비전' 상실 증후군이라 불리기도 함).

❶ 긍정형 변화가 필요하다는 마인드를 가지자

- 성공적인 변화를 위한 방법
  - 변화를 위해서는 구체적이고 분명한 목표를 정한다
  - 행동으로 실천하고 부정적인 것에 얽매이지 마라
  - 성공을 바라며 변화를 위해 노력하라

  -『스위치』, 칩 히스

- 2012년 1월 16일 동아일보와 채널 A가 제정한 '제1회 영예로운 제복상' 시상식에서 특이한 이력으로 특별상을 수상한 한 군인이 있었다. 영예의 주인공은 8건의 발명특허등록을 비롯해 18건의 창의 사례 제안, 120여 건의 각종 정책 제안으로 25건이 채택되었다.

  - 수도방위사령부 상사(진) ○○○

- 항상 해오던 일을 하면, 항상 얻던 것만 얻는다

  - 프랜시스 베이컨

변화와 도전을 선택한 독수리는 바위산으로 날아가 둥지를 틉니다. / 그렇게 생사를 건 130여 일이 지나면 / 새로운 40년의 삶을 살 수 있게 되는 것입니다.

'긍정적으로 변화를 주도하는 조직'만이 살아남을 수 있다!

❷ 조직의 긍정형 비전을 제시하고 확산시키자

🔺 Tip

- 미 제1해병사단은 유엔군의 북진 때 원산항으로 상륙하여 서부전선에서 북상 중인 미 제8군과 접촉을 유지하려고 장진호 계곡을 따라 강계방향으로 전진하던 중 중공군 8개 사단의 포위 공격을 받아 전멸 위기에 있었다.

  사단장인 스미스 소장은 장병들에게 "우리는 퇴각하는 것이 아니라 새로운 방향으로 공격을 하는 것이다"라며 상대방들에게 전투의지를 불러일으켜 10일간 100km를 돌파하여 적에게는 치명타를 주었으며 아군에게는 철수의 발판을 마련하게 되었다.

  −『장진호 전투』, 국방부

- ○사단 ○○연대 2대대 2소대장은 평소 소대원들과 허심탄회하게 지내면서 소대원을 존중하고 배려하는 소대장이었다. 또한 전·평시 소대의 임무 수행을 위해 소대의 목표를 소대원들과 의논하여 선정하고 이를 공유했다.

  전 소대원 특급전사라는 소대의 목표를 선정하여 이를 달성하기 위해 사격집중 훈련 주를 활용하여 주·야 연속으로 훈련하고 소대장이 개인의 고벽을 하나씩 고쳐주는 1 : 1 맞춤식 훈련을 통해 전군 최로로 전 소대원이 특등사수가 되는 목표를 달성했다.

  −○사단 소대장

≋ 나비효과(Butterfly Effect)란?

브라질에 있는 나비의 날갯짓이 미국 텍사스에 토네이도를 발생시킬 수 있다는 과학이론(미국기상학자 E. 로렌츠)으로 "작은 변화가 엄청난 변화를 초래"할 수 있는 경우를 표현

❸ 때로는 과감하게 결단하고 실행하자

- 이순신 장군은 일본 수군을 이길 수 있는 방법 찾기에 고민에 고민을 거듭하였다. 방법은 일본군에 비해 사거리가 긴 함포를 최대한 활용하는 것이었다. 일본군이 원하는 근접전을 피하고, 일정거리를 유지한 상태에서 화력을 집중할 수 있는 묘책으로 탄생한 것이 그 유명한 '학익진'이다.

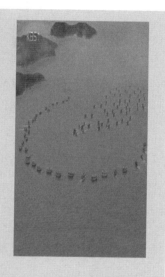

학익진 대형을 신속하게 숙달하기 위해서는 수군의 엄청난 노력과 육체적 고통이 요구되었다. 조선 수군들은 불평과 함께 훈련에 피동적이었으나 이순신 장군은 이에 굴하지 않고 학익진을 완성했다. 그 결과 수적 열세에도 불구하고 승리의 기적을 만들 수 있었다.

- 1967년 4월 박정희 대통령이 경부고속도로 건설 추직을 발표하자 "사람이 모자라는데 어떻게 농지에 고속도로를 건설하나?", "국가재정이 파탄 날 것이다", "부유층 유람로가 될 것이다" 등의 이유로 반대하면서 공사현장에서 야당 지도자들은 드러눕기까지 하였다. 그러나 대통령은 육군 3개 공병단을 투입, 공사를 강행하여 1970년 7월 7일 428km

의 경부고속도로를 2년 5개월 만에 완공하였다. 오늘날 경부고속도로는 지역개발 효과와 경제개발을 촉진하여 국가산업과 국민생활의 대동맥으로서 역할을 하고 있다.

"공기의 저항이 없으면 독수리는 날 수 없고,
물의 저항이 없으면 배가 뜰 수 없다"

– 조엘 오스틴

5) 긍정형 팔로워가 되자

• 지금 우리의 모습 중에는. . .(Negative)
  • 나는 오직 '리더'일 뿐!
    * 팔로워의 중요성 인식 미흡
  • 무조건 "예! 예! 예!"(Yes Man)
    * 건설적인 비판의식 부족
    * 아무런 생각 없이 지시에 맹종
  • 부대 일 보다 내 문제가 더 중요…
    * 개인 중심적 사고

• 나 자신의 경험을 강조하며 "내가 시키는 대로만 하라"고 하는 자기중심적인 지휘관
• 대대 전술훈련이 있음에도 불구하고 전역 후 입사를 위한 면접을 위해 장기간의 휴가
로 훈련 불참

－○사단 중대장

• 앞으로 우리는. . .(Positive)
  • 주인의식을 가지고 능동적으로 일하자
  • 조직을 먼저 생각하자
  • 건설적 비판과 대안을 제시하자

❶ 주인의식을 가지고 능동적으로 일하자
  • 힘들고 남이 하기 싫어하는 일에 내가 먼저 동참하자
  • 불평불만을 하지 않고 긍정적으로 생각하자
  • 상급자 입장에서 생각하고 행동하자
  • 리더의 신뢰를 얻은 수 있도록 노력하자
    * 리더에게 필요한 정보를 적시에 제공

- 낙하산 생산업체 사장은 낙하산의 불량률을 줄이기 위해 백방으로 노력하였으나 여전히 불량률은 감소하지 않았다. 사장이 급기야 "낙하산 불량률 테스트는 자기가 만든 것은 자기가 한다"라고 선언하고 비행기에 직원을 싣고 하늘로 올라간 후 한 사람 씩 떨어뜨리는 연습을 시키니까 마침내 낙하산 불량률이 제로가 되었다. 주인정신을 갖고 있느냐, 아니냐에 따라 그 결과는 사뭇 다르게 나타난다.

  -『How? 물고기 날다』, 유영만

- 김 중사는 항상 지기계발을 위해 노력하였고, 영화 '프레데터'의 장면처럼 형광물질을 지뢰에 적용하여 '발광지뢰'를 발명하였다.

  -○여단 지뢰/폭파당담관

리더가 없는 조직은 존재해도, 팔로워가 없는 조직은 존재할 수 없다

-바바라 켈러만

❷ 조직을 먼저 생각하자
- 조직목표를 명확하게 인식하자
  * 자신에게 기대되는 역할을 도출
- 선공후사(先公後私)의 자세로 근무하자(희생)

- 천안함 사태가 발생하자 정년이 2년 남은 53세의 한주호 준위는 동료들과 함께 탐색작전에 투입되었다. 최악의 기상 조건과 노후된 장비, 수 차례 이어진 잠수, 생사를 넘나드는 구조작업…

"형님! 너무 위험합니다". "아버지! 너무 위험해요. 가지마세요"그러자 그는"아니다! 오늘 완전히다 마치겠다. 함수 객실을 전부 탐색하고 나오겠다"

"실종장병 가족들이 애를 태우고 있으니 내가 책임지고 해내겠다", "위험해도 좋다! 그곳에 나의 도움을 기다리는 동료들이 있다는 믿음으로 간다"며 한치 앞도 보이지 않은 바닷속으로 뛰어 들었다. 그것이 그의 마지막 말이 되었다.

전장에서 부대원에게 '생명의 헌신'을 요구하기 위해서
리더의 헌신은 필수!

❸ 건설적인 비판과 대안을 제시하자

• 상급자의 잘못된 지시에 용기 있게 직언할 수 있어야!
  * 먼저 수명하고 잠시 후 직언할 내용 만들기!
• "NO"라고 말할 때는 논리적인 대안을 제시하자
  * 대안제시 가능토록 개인능력 개발

• 3소대장은 중대 전술훈련간 공격작전을 위해 기동 중 우천으로 인해 계곡물이 불어 이동이 제한되는 것을 확인하고 중대장에게 보고하였으나 중대장은 극복하라고 지시, 이에 소대장은 즉각 반박하지 않고 타 지역을 정찰하여 우회 가능한 지역을 확인한 후 중대장에게 재 건의함으로써 승인 후 정상적인 공격작전을 시행하였다

– ○○사단 소대장

• 과거 일방 발표식 진행 방식에서 건설적인 비판과 대안제시를 위해 회의 문화가 발전 하고 있다. ○○기업에서는 회의 참석자의 적극적 의견을 이끌어 내기 위해 참석자들 에게 적색과 청색 스티커를 뽑게하고 적색 스티커를 뽑은 참석자 위주로 더 보완이 요망되는 사항을 의무적으로 발표하게 한다. 이러한 방식의 회의진행을 통해 자연스럽 게 의견과 아이디어를 제시할 수 있는 여건과 분위기를 유도한다.

–『토론의 기술』, 이연택

• 동락리 전투의 '임무형 지휘'

1950년 7월 1일 국군 6사단 7연대 2대대는 방어준비를 하던 중, 초등학교 여교사로부터 "북괴군이 학교를 점령하고 약탈하고 있다"는 첩보를 받고, 동락리 초등학교 일대에 연대규모의 적이 집결 중인 것을 확인하였다.

연대장으로부터 부여받은 644고지의 방어에만 충실할 것인가, 아니면 호기를 이용해, 적을 공격할 것인가를 고민한 후, 대대장은 공격하기로 결심하고 17시를 기해 일제히 공격을 개시, 다음날 아침까지 적 15사단 48연대의 주력을 완전 격멸하였다.

동락리 전투는 통신두절로 인해 연대장의 지휘를 받을 수 없었던 상황이었다. 그러나 평시 연대 작전목적과 연대장의 지휘의도를 명확히 이해했던 대대장이 부여된 임무에만 고착되지 않고 호기를 식별하여 작전을 성공적으로 이끌었다.

이는 상급지휘관이 원하는 바를 명확히 이해했던 훌륭한 팔로워였기에 가능한 일이었다.

• 장진호 전투의 한 장면

중공군 8개 사단이 미 제1해병사단을 포위공격
하였으며, 그중 일부인 중공군 59사단은 11월 28일
F중대를 공격하기 시작하자, 대대로부터 철수하라는
지시를 받았다.

중대장 바버 대위는 덕동고개가 적의 수중에 들
어가면 유담리에 있는 아군의 2개 연대와 하갈우리의
1개 연대가 심각한 위험에 빠질 것으로 판단하고 이
를 대대장과 무선 교신을 통해 보고하려 했지만 교신이 되지 않았다.

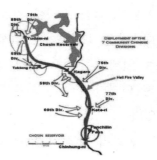

바버 대위는 유담리의 2개 연대가 철수할
때까지 덕동고개를 사수하기로 결심하고 중대원
의 전투의지를 고취시킴과 동시에 방어진지를
보강하는 등 전투태세를 갖추어 적 1개 사단의
2차례 공격에도 불구하고 이를 격퇴하였다.

통신이 두절된 상황에서도 상급부대 작전을
이해한 훌륭한 팔로워, 바버 대위의 노력으로 2개 연대가 무사히 철수할 수
있었다.

• 역사 속의 숨은 영웅, 지혜의 팔로워 '나대용' 장군

나대용 장군이 선조 16년(1583년)에 무과에 급제하여 선조 24년(1591년) 전라좌수사로 있던 이순신 장군 휘하의 전선감조(戰船監造) 군관으로 임명되었을 때 일이다.

이순신 장군의 철갑선을 만들기 위한 요구조건을 듣고 대다수 군관들은 고개를 절레절레 흔들었다. 심지어 몇몇은 노골적인 불만을 터뜨렸다. "그 양반은 늦은 나이에 급제를 하더니만 세상물정 모르고 되지도 않는 명령만 내리다니, 거참"…

이렇듯 모두가 불가능만을 이야기 하고 있을 때, 나대용은 철갑선인 거북선을 설계하여 임진년에 발발한 왜란에서 혁혁한 전공을 세우며 조선수군의 위상을 크게 드높였다.

다함께 참여하는 조별과제

1. 긍정형 소통리더십에 대해 조별 토의 후 발표하시오.

2. 조직을 성공시키는 리더의 역할에 대해 조별 토의 후 발표하시오.

육군의 5대 가치관이 있다. 충성, 용기, 책임, 존중, 창의 중 하나를 선택하여 설명해 보세요?

🔺 Tip

육군의 간부가 되려는 지원자에게 육군이 추구하고 있는 가치관에 대한 질문입니다. 자신감 있는 자세로 답변을 하는 것이 중요합니다. 평소에 국방부나 육군본부 홈페이지에 접속하여 군의 주요정책이나 새로운 변화에 대해 공부해 두는 것도 좋은 방법이 될 것입니다.

캄캄한 밤중에도 뱃사공이 길을 잃지 않고 부두를 찾아오는 것은 불을 밝혀주는 등대가 있기 때문입니다. 등대는 뱃사공에게 바른길을 안내하는 길잡이입니다.

이와 마찬가지로 육군의 모든 구성원들이 동일한 목표를 향해 한 방향으로 나아가도록 길잡이 역할을 해주는 것이 바로 '육군의 5대 가치관'입니다. 공부해 둘 필요가 있겠죠?

답변 예문

육군의 가치관은 충성, 용기, 책임, 존중, 창의입니다.

저는 충성에 대해 말씀드리겠습니다.

충성은 군인에 있어 기본 중에 기본이며 의무라고 생각합니다. 군인은 국가와 국민을 위해 충성을 다할 것을 맹세하고 있습니다. 충성은 어떠한 대가를 바라지 않습니다. 왜냐하면 진정한 충성은 참 마음에서 우러나오는 것이기 때문입니다.

군인의 참다운 가치는 국가와 국민을 위하는 것입니다. 국가와 국민을 위해 기꺼이 자기 자신을 희생하고 헌신하는 것이 진정한 충성이라고 생각합니다.

제가 군 간부가 되면 '위국헌신 군인본분' 정신을 실천하는 참 군인이 되겠습니다.

유머 한마디(나도 웃기는 리더가 될 수 있다~)

◑ Tip

① 여름날 모기가 스님에게 물었다. "파리가 가까이 가면 손을 휘저어 쫓으시면서 우리가 가까이 가면 무조건 때려죽이시는 이유가 뭡니까?" 스님이 대답했다. "얌마, 파리는 죽어라 하고 비는 시늉이라도 하잖아." 모기가 다시 스님에게 물었다. "그래도 어찌 불자가 살생을 한단 말입니까?" 그러자 스님이 태연한 목소리로 대답했다. 뭐라고 했을까요?

▸ "짜샤, 남의 피 빨아먹는 놈 죽이는 건 살생이 아니라 천도야!"

② 어느 교회 주일학교 선생님이 아이들에게 물었다. "내가 집을 팔아서 헌금을 많이 하면 천당에 가게 될까요?" "아뇨!"라고 아이들이 일제히 대답했다. 그러면 매일 착한 일을 많이 하면 천당에 갈 수 있을까요? "노오!"였다. "그렇다면 어떻게 해야 천당에 갈 수 있는 거죠?" 뒤에서 다섯 살 된 녀석이 소리쳤다.

▸ "죽어야지요!"

나는 가수다(나도 노래를 잘 할 수 있다~)

⬤ Tip

| 사노라면 | −이소라 |

1절
사노라면 언젠가는 밝은 날도 오겠지
흐린 날도 날이 새면 해가 뜨지 않더냐
새파랗게 젊다는 게 한 밑천인데
쩨쩨하게 굴지 말고 가슴을 쫙 펴라
내일은 해가 뜬다 내일은 해가 뜬다

2절
비가 새는 작은 방에 새우잠을 잔대도
고운 님 함께라면 즐거웁지 않더냐
오순도순 속삭이는 밤이 있는 한
쩨쩨하게 굴지 말고 가슴을 쫙 펴라
내일은 해가 뜬다 내일은 해가 뜬다

3절
사노라면 언젠가는 밝은 날도 오겠지
흐린 날도 날이 새면 해가 뜨지 않더냐
새파랗게 젊다는 게 한 밑천인데
한숨일랑 쉬지 말고 가슴을 쫙 펴라
내일은 해가 뜬다 내일은 해가 뜬다

CHAPTER

12

군 리더십 우수 실천사례

12 군 리더십 우수 실천사례

'올바르고 유능하며 헌신하는 戰士(Warrior)!'가 되기 위해 모든 육군 리더는 제시된 핵심요소를 갖추고 실천해야 한다. 리더십 개발은 학교교육, 부대훈련, 자기개발을 통해 이루어진다. 이 중 자기개발은 실천이 가장 어렵지만, 일단 동기가 유발되면 가장 효과적인 리더십 개발방법이다. 21개 핵심요소별로 구체적인 자기개발 방안을 제시하였다.

각 핵심요소가 갖는 의미가 무엇인지를 알아보고, 왜 그 핵심요소를 실천해야 하는지, 어떤 모습이 잘못된 사례인지에 대해 살펴보았다. 이를 기초로 해당 핵심요소를 개발하기 위해 각 개인이 실천해야 할 '마음과 생각 바꾸기', '행동으로 실천하기'를 제시하였다. 리더들의 이해를 돕기 위해 핵심요소와 관련된 명언·명구, 참고사례를 제시하였으며, 핵심요소별 설명 끝부분에는 그 핵심요소를 대표하는 인물의 사례를 제시하였다.

1. 품성[1]

육군 리더는 올바른 군인이기 이전에 올바른 인간이어야 한다.

이러한 의미를 담고 있는 '품성'을 구성하는 핵심요소는 '육군가치관/군인정신', '윤리의식', '공정성'이다.

위의 3가지 핵심요소를 포함한 이유는 다음과 같다.

첫째, '육군가치관'과 '군인정신'은 무형 전투력의 핵심이자 군인으로서 당연히 지녀야 할 가치관의 결정체이기 때문이다.

---

1 육군본부, 「초급간부 자기개발서 리더십」(대전: 2018), pp.28~74. 참고하여 정리.

이것은 위에서 보는 것과 같이 중복되는 3개(충성, 용기, 책임)을 포함하여 9개 하위 요소로 구성된다.

'육군가치관'과 '군인정신'의 하위 요소인 '용기'와 '책임'은 불가분의 관계에 있다. 진정한 용기가 있어야 책임의식을 실천할 수 있고, 책임의식이 있어야 진정한 용기가 발휘될 수 있기 때문이다.

둘째, '윤리의식'은 리더가 바르게 행동하고 지켜야 할 도리를 다함으로써 자신의 명예와 자존감 함양은 물론, 구성원의 신뢰를 얻고 모범이 되어야 하므로 매우 중요하다.

셋째, 부대와 구성원의 단결과 사기를 위해 초급간부는 한쪽에 치우침이 없이 공정하고 올바르게 권한을 행사해야 하기 때문에 '공정성'이라는 핵심 요소를 선정하였다.

1) 충성[육군가치관/군인정신의 한 요소]

◎ '충성'이란 무엇인가?

충성은 사람의 심장과 같이 군인에게 중심이 되는 가장 중요한 기본요소로 다른 요소를 발현하게 하는 군인정신의 정수(精髓)이다.

진실한 마음으로 자신의 정성을 다하는 것이며, 초급간부로서 맡겨진 임무와 상관의 지시를 끝까지 완수하는 굳센 의지와 상대방에게 정성을 다하는 마음가짐과 늘 말과 행동을 할 때 올바른 '충성'인지를 생각해야 한다.

◎ 왜 '충성'을 실천해야 하는가?

• '충성'을 실천했을 때 얻게 되는 이점
  · 주변사람의 따뜻하고 전폭적인 인정과 지지를 받게 된다.
  · 내가 군인임이 자랑스럽고 자부심과 소속감이 높아진다.
  · 전우애가 충만해지며, 군 복무에 대한 보람과 가치를 느낀다.

- '충성'을 실천하지 않았을 때 문제점·불이익
  - 누구에게도 인정받지 못해 군생활이 힘들어 진다.
  - 군대를 돈 버는 직장으로만 생각하여 군 복무에 대한 보람과 가치가 없어진다.
  - 전시에 적에게 투항하게 되고, 아군에 대한 정보를 누설한다.

◎ 어떤 모습이 잘못된 '충성'인가?

- 상급자의 부당한 지시에 '무조건', '맹목적'으로 수명하고 예하 상대방들에게 시행을 강요하는 행위
- 조직이나 업무보다 상관에게만 잘하는 것이 충성이라는 인식

◎ 어떻게 하면 '충성'이란 요소를 개발할 수 있는가?

- 마음과 생각 바꾸기
  - 아침에 눈을 떴을 때 몇 분간 오늘 해야 할 업무를 시간 순서대로 떠올려 본다. 일과 전 오늘 내가 만날 상대방들의 얼굴과 이름, 수행업무를 하나씩 생각해 보자.
  - 하루를 시작하면서 '대한민국의 군인으로서 군복은 숭고하고 고귀한 소명의 상징'임을 생각하고 모든 말과 행동에 정성을 쏟겠다고 다짐해 보자.
  - 전투화 끈을 묶으면서 나와 업무에 충성을 다할 것을 다짐하자.
  - 점호시 애국가와 조국기도문의 가사와 내용을 음미하자.
  - 초급간부로서 임무를 받으면 항상 최선을 다해 완벽하게 수행하겠다고 스스로 다짐하자.
  - 한해·한달·한주·하루의 목표를 세우고 일기쓰기와 취침 전 성찰의 시간을 통해 스스로 한 약속의 실천 여부를 반성하고 다짐하는 시간을 가지자.
- 행동으로 실천하기
  - 국기게양식, 부대신조·군가제창 등 의식행사에 의미를 부여하고 적극 참여하자.
  - 아침에 여유 있게 기상하여 출근 전 두발, 복장, 군복입은 모습들을 거울을 보고 확인하며, 군인임을 매일 자각하자.

· 일과에 5분 빨리 참석한다는 자세로 시간을 준수하자.
· 초급간부로서 올바른 '팔로워십'에 대해서 정확히 이해하고 실천하며, 상
  대방들에게도 실천할 수 있도록 교육하자.
· 상관의 업무지시에 밝은 얼굴과 적극적인 자세로 대하며 메모하자.
· 상대방들의 휴가·건강·복지에 항상 관심을 가져야 하며, 상대방들을 대
  할 때 진심을 담아 사심 없이 대하자.
· 평일 일과이후의 장거리 출타나 음주는 다음날 근무에 지장을 초래하므
  로 가급적 자제하고 휴일을 활용하여 출타하자.
· 초급간부 때부터 자신의 직무분야(병과, 주특기)에서 최고가 되려는 노력을
  게을리하지 말자.
· 일과 후 오늘의 말과 행동에 정성을 다했는지 반성해 보자.

2) 용기[육군가치관/군인정신의 한 요소]

◎ '용기란' 무엇인가?

　씩씩하고 굳센 기운과 사물을 겁내지 않은 기개이며, 초급간부의 진정
한 용기란 두려움을 모르는 것이 아니라 비록 두렵지만 그것을 이겨내
고 자신의 임무를 완수하는 것이다.

◎ 왜 '용기'를 발휘해야 하는가?

　• '용기'를 발휘했을 때 얻게 되는 이점
　　· 어려운 임무와 고된 훈련에도 도전적 자세로 임하게 된다.
　　· 위험한 상황에서 앞장서게 되어 상대방들을 이끌게 된다.
　　· 전투시 공포와 두려움을 이겨내고 불리한 전세를 역전시킨다.
　• '용기'를 발휘하지 않았을 때 문제점·불이익
　　· 위험에 봉착하면 공포심이 커져 쉽게 포기하고 뒤로 숨는다.
　　· 자신감 없이 매사에 소극적으로 행동하여 신뢰를 잃게 된다.
　　· 전투시 적시적인 결심을 하지 못하여 승리할 수 있는 기회를 놓치게
　　　된다.

◎ 어떤 모습이 잘못된 '용기'인가?

- 옳지 않은 일인데도 전후사정을 살피지 않고 무턱대고 나서는 객기
- 민간인과 시비가 붙은 동료들의 싸움에 끼어들어 대민물의를 일으키는 행위
- 임무수행간 힘들고 위험한 상황이 발생하면 이런저런 핑계를 대면서 그 상황을 상대방에게 떠맡기는 행위
- 상급자의 부당한 지시나 옳지 않은 일임에도 불구하고 무조건 따르고 상대방에게도 똑같이 강요하는 행위

◎ 어떻게 하면 '용기'라는 요소를 개발할 수 있는가?

- 마음과 생각 바꾸기
  - '나는 과연 위험한 상황에서도 두려움을 극복하고 용기를 발휘할 수 있는 군인인가?'를 스스로 묻고 자성(自省)해 본다.
  - 옳다고 믿는 일은 불이익이 있더라도 신념을 지키며, 어떠한 경우라도 불의나 부정과 타협하지 않겠다고 늘 다짐한다.
  - 어떤 일을 행동으로 옮기기 전에 옳고 그름을 자신 스스로 3번 되묻는(3 Questions) 습관을 기른다.
  - 아무리 어렵고 힘든 임무가 부여되어도 '잘 해낼 수 있다!'는 자기확신을 갖고 몰입한다.
- 행동으로 실천하기
  - 1일 1시간 이상 강인한 체력단련을 통해 두려움과 피로감을 이길 수 있는 육체적 용기의 원천을 배양하자.
  - 새로운 임무를 부여 받더라도 위축되지 말고 상급자나 업무담당자를 찾아가 묻고, 관련 규정을 찾아보면서 임무를 수행하자.
  - 상급자로부터 질책을 받으면 겸허히 수용하고, 마음을 다진후 웃는 얼굴로 다시 다가가 대화할 수 있는 담대함을 가지자.
  - 상급자의 불합리한 지시나 옳지 않다고 생각되는 것에 대해서는 일단 수명 후 예의에 어긋나지 않게 건의하자.

· 실수를 하는 것이 부끄러운 것이 아니라 실수를 인정하지 않는 것이 부끄러운 것이다. 나의 실수나 잘못이 있다면 숨기지 않고 떳떳하게 인정하고 반성한다.

· 전사속에서 용기를 실천한 위인과 영웅들을 찾아서 핵심적인 내용을 독서노트에 메모하고 틈틈이 읽어보자.

3) 책임〔육군가치관/군인정신의 한 요소〕

◎ '책임'이란 무엇인가?

어떤 일을 맡아서 해야 할 임무, 그 결과에 대하여 지는 의무나 부담이며, 초급간부로서 자신에게 맡겨진 일을 정성을 다해 수행하고 끝까지 헌신(獻身)하려는 마음과 자세를 가지는 것

◎ 왜 '책임'을 실천해야 하는가?

• '책임'을 실천했을 때 얻게 되는 이점

· 주어진 임무에 주인의식을 갖고, 최선을 다하게 된다.

· 상대방들이 믿고 자발적으로 따르게 되며, 상관으로부터 신뢰를 얻게 된다.

· 임무완수에 대한 의지가 높아지고, 전투에서 승리하게 된다.

• '책임'을 실천하지 않았을 때 문제점·불이익

· 업무에 열의가 없고 적극적인 자세가 결여되어 일을 하긴 하는데 성과를 내지 못한다.

· 어렵고 위험한 상황에서 주저하고, 결단을 내리지 못한다.

· 무책임한 언행으로 부대에 해를 끼치게 된다.

◎ 어떤 모습이 잘못된 '책임'인가?

• 상대방들 잘못에는 엄격하게 책임을 묻고, 자신이 잘못하면 상대방들에게 전가시키는 행위

• 지시받은 임무만 수동적으로 겨우 수행하고, 추가적인 임무를 받을까봐 회피하고 전전긍긍하는 모습

- 자신이 책임질 수 없는 것까지 "내가 책임지면 되잖아!"라고 허세부리는 태도

◎ 어떻게 하면 '책임'이란 요소를 개발할 수 있는가?
- 마음과 생각 바꾸기
  · 아침에 출근하기 전 군복과 어깨위의 푸른 견장을 보고, 나에게 맡겨진 상대방들의 얼굴을 떠올려보며, 뜨거운 사명감을 느껴보자.
  · 나의 모든 언행은 다시 되돌릴 수 없음을 자각하고, 말한마디, 행동 하나에도 책임이 뒤따른다는 것을 명심하자.
  · 출근길을 걸어가며 내 업무의 전문가가 되겠다는 생각과 더불어 결과에 대해 책임을 지겠다는 의지를 속으로 되새겨보자.
  · 초급간부의 사생활도 부대와 육군을 대표한다는 생각을 가지고, 군인으로서 책임감 있게 행동하고 헌신하겠다고 다짐하자.
- 행동으로 실천하기
  · 출·퇴근길에 부대 책임지역을 걸으면서 상태를 확인하자.
  · 부대에 출근하면 상대방들의 얼굴을 일일이 보면서, 밤새 아프거나 도움이 필요한 용사는 없는지 확인하고 조치하자.
  · 오늘 해야 할 일을 수첩에 적어 우선순위를 정하고, 최선을 다해 실시하며, 전투일일결산시 달성여부를 평가한 후 결과에 대해서 스스로 책임을 지자.
  · 직무와 관련된 교범, 규범 등 목표를 정해 탐독하는 습관을 갖고, 전문성을 구비하여 부대에서 존재감 있는 간부가 되자.
  · 상대방들과 약속할 때에는 지킬 수 있는 약속인지 심사숙고하고, 한번 한 약속은 반드시 이행하자.
  · 일과후에도 '군인'이라는 신분임을 명심하고, 자기개발을 위한 부단한 노력과 함께 운동, 휴식 등 발전적인 시간을 갖도록 노력하자.

4) 존중〔육군가치관 한 요소〕

◎ '존중'이란 무엇인가?

타인을 높이고(尊), 귀중하게(重) 대하는 마음과 자세이며, 상대방과 동료들에게 함부로 말하지 않고, 인격적으로 배려하며, 전쟁터에서 나와 생사를 함께 할 전우에 맞게 대하는 것이다.

◎ 왜 '존중'을 실천해야 하는가?

- '존중'을 실천했을 때 얻게 되는 이점
  - ·상대방들의 자존감이 높아져 임무를 능동적으로 수행하게 된다.
  - ·부대의 분위기가 밝아지고, 전우애와 단결력이 좋아진다.
  - ·전투시 어려운 상황에서도 하나가 되어 역경을 극복할 수 있다.
- '존중'을 실천하지 않았을 때 문제점·불이익
  - ·내가 아무리 유능해도 진심으로 따르는 상대방이 없으며, 업무 외에는 만나는 것을 기피한다.
  - ·부대에 각종 폭언과 부조리가 만연하고, 사고가 끊이지 않으며 부대 분위기가 침체된다.
  - ·전투시 위급한 상황에서 군율이 와해되어 무질서한 부대가 되고, '프래깅(Fragging)'과 같은 행위가 발생한다.

◎ 어떤 모습이 잘못된 '존중'인가?

- 무조건 잘해주기만 해야 한다는 강박관념을 갖고 상대방을 대하는 태도
- 자기가 기분 좋을 때는 잘해주고, 기분 나쁘면 함부로 대하는 경우
- 자기보다 높은 직위나 똑똑한 사람은 대우하고, 계급이 낮거나 약한 사람은 무시하는 이중적 태도

◎ 어떻게 하면 '존중'이란 요소를 개발할 수 있는가?

- 마음과 생각 바꾸기
  - ·상대방들을 대하기 전에 부모의 입장에서 이타심(利他心)을 가지고 그들이 얼마나 소중한 존재인지를 먼저 생각해 보자.

- 복무중인 용사들은 국방의 신성한 의무를 다하기 위해 젊음을 헌신하고 있는, 국가에 선택받은 가치 있는 인재(人材)라는 사실을 명심하자.
- 초급간부로서 상급자의 경험, 식견, 연륜을 존경하고, 배우겠다는 존중의 마음을 갖자.
- 부대에는 나와 다른 환경과 가치관을 가지고 성장한 다양한 사람들이 있다는 것을 이해하자.
- 전투시 나를 돕고 살려주는 전우가 바로 옆에 있는 상대방과 동료라는 사실을 인식하고, 뜨거운 전우애를 가슴으로 느껴보자.

• 행동으로 실천하기
- 출·퇴근시 밝은 얼굴로 상대방들을 보면서 인사해주자.
- '친근함의 표현'과 '상처가 되는 말'을 구분하여 사용하고 '잘했다!, 수고했다!'는 인정과 칭찬의 말을 습관화하자.
- 실수로 이미 내뱉은 말이라도 다시 돌아보고 잘못이 있다면 반성하고, 즉시 사과하자.
- 하급자가 경례하면, 절도 있게 반드시 답례하자.
- 남군, 여군 상호 전우로 인식하고, 성별이 아닌 군인으로서 계급과 직책에 맞게 존중하고 배려하자.
- 작전이나 훈련 종료 후에는 상대방들의 생활관을 둘러보며, 따뜻한 말로 구체적으로 격려하자.
- 훈련간 다쳤거나 낙오한 상대방들을 배려하고 챙겨주며, 항상 같이 간다는 인식을 심어주자.

5) 창의[육군가치관 한 요소]

◎ '창의'란 무엇인가?

고정된 사고에 집착됨 없이 새로운 의견을 생각하여 내는 것이며, 자신의 직무분야의 문제점을 찾아 새로운 아이디어로 해결하거나, 취약한 부분에 대해 '어떻게 혁신(革新)할 것인가?'를 끊임없이 고민하고 연구하는 자세

◎ 왜 '창의'를 실천해야 하는가?

- '창의'를 실천했을 때 얻게 되는 이점
  - 능력 있는 간부라는 칭찬과 신망을 얻을 수 있다.
  - 빠르게 변화하는 시대적 흐름에 능동적으로 대처 가능하다.
  - 현재보다 나은 개인·조직 발전을 기대할 수 있다.
  - 전투시 적과의 머리싸움에서 이길 수 있다.
- '창의'를 실천하지 않았을 때 문제점·불이익
  - 지금까지의 관행이나 상급자의 지시에만 의존하게 된다.
  - 업무수행 수준이 정체되고 조직발전에 기여하지 못한다.
  - 전투에서 적과 아군의 강·약점을 이용하지 못하고 고정된 전투방식만을 답습하여 패배를 자초한다.

◎ 어떤 모습이 잘못된 '창의'인가?

- 하게 되어 있는 기본적인 것은 제대로 하지 않으면서 새로운 것만을 추구하는 자세
- 업무를 창의적으로 한다는 명분으로 관련된 법규나 규정, 축적된 경험· 관례 등을 무시하고 독선적으로 업무 추진
- 기존의 표준화된 양식과 절차를 세밀한 검토 없이 새롭게 바꾸도록 강요하여 행정적 업무량만 많게 하는 경우

◎ 어떻게 하면 '창의'라는 요소를 개발할 수 있는가?

- 마음과 생각 바꾸기
  - 기존에 해오던 업무처리 방식에 의문을 갖고 '당연함에 도전'하는 자세를 가지자.
  - 작은 것이라도 하루에 한 가지씩 불편하거나 불필요한 사항을 찾아 개선하려는 마음을 가지자.
  - 상대방들의 엉뚱한 생각까지도 수용하는 열린 마음을 가지자.
  - 실수·실패를 겁내지 않고 끊임없이 도전하겠다고 다짐하자.

- 행동으로 실천하기
  - 많이 알아야 창의성이 나올 수 있다. 다양한 분야의 정보, 지식을 습득하는 데 게을리하지 말자.
  - 부여받은 임무를 수행할 때 고정관념을 깨트리고 새로운 시각과 방법에서 접근하는 혁신적인 시도를 하자.
  - 서로 다른 것들의 연결(이종교배)을 끊임없이 시도하자
  - 인접부대나 주변 동료, 선·후배들이 잘하고 있는 사항을 찾아서 물어보고 벤치마킹하여 부대관리, 교육훈련에 적용하자.
  - 작전 및 교육훈련 종료 후 현지에서 상대방들과 난상토론(브레인스토밍)을 실시하고 다양한 아이디어는 메모하여 차후 작전 및 교육훈련간 활용하자
  - 창의력을 향상시킬 수 있는 구체적인 Tool을 숙달하자(브레인스토밍, 스캠퍼법, 속성나열기법, 역사고법 등)
  - 상대방들의 좋은 의견을 수렴할 수 있는 여건을 조성하고 사소한 것이라도 의견을 경청하여 자신의 업무분야에 적용하자.
  - 상급부대에서 개발한 콘텐츠를 적극 활용하여 끊임없이 탐구하고 자신의 지식을 확장하자.
  - 포켓용 수첩과 스마트폰(노트 기능)을 활용하여 번쩍이는 생각을 즉시 메모하는 습관을 갖자.
  - 분기 또는 반기단위 교리개선이나 전투발전요구를 1건씩 제안하는 목표를 세우고 교범 및 관련서적 탐독을 생활화하자.

6) 명예[육군가치관 한 요소]

◎ '명예'란 무엇인가?

세상에 널리 인정받아 얻은 좋은 평판이나 이름, 존엄이나 품위이며 군인의 명예는 내적 명예심이 군인다운 복장과 용모, 당당한 태도와 행동으로 보여지며, 완벽한 전투준비와 강인한 훈련으로 전시에 전투에서 승리하는 것이다.

◎ 왜 '명예'를 실천해야 하는가?

- '명예'를 실천했을 때 얻게 되는 이점
  · 군복 입은 나의 모습이 자랑스럽고 군 복무에 대한 긍지와 보람을 느낄 수 있다.
  · 옳지 못한 일은 절제하게 되고, 옳은 일에 앞장서게 된다.
  · 부대와 조직에 대한 애대심과 사기가 높아진다.
- '명예'를 실천하지 않았을 때 문제점·불이익
  · 자신의 사사로운 이익을 위해 규정과 방침을 쉽게 위반한다.
  · 군인으로서 기본자세가 흐트러져 주변 사람과 사회의 지탄을 받거나 물의를 일으키게 된다.
  · 부대나 상급자에 대한 불평불만과 원망이 늘어나고 복무가 짜증스러워진다.

◎ 어떤 모습이 잘못된 '명예'인가?

- 명예를 중시하는 것은 허황된 것으로서, 실질을 숭상하고 추구하는 것과 반대되는 개념으로 인식
- 軍, 군인으로서의 평가보다 개인의 이름에 대한 평판, 자존심을 더 중요시하는 자세

◎ 어떻게 하면 '명예'라는 요소를 개발할 수 있는가?

- 마음과 생각 바꾸기
  · 수첩에 임관사진을 넣고 보면서, 대한민국 군인으로서 초심을 유지하고, 마음과 태도가 올바른지 늘 반성해 보자.
  · 하루 일과를 시작하기 전 건강한 몸을 주신 부모님께 감사하고, 선발되어 군에 복무할 수 있게 된 것을 감사하며 긍지를 느끼자.
  · 국기게양식, 하기식시 현 위치에 멈춰 서서 국기에 예의를 표하고, 가사 하나 하나를 되새기며 국가와 부대에 대해 올바른 마음가짐을 가지도록 노력하자.
  · 하루를 마무리하며 바르게 살았는지, 어떻게 하면 바르게 살 것인지를 돌

이켜보는 신독(愼獨)의 시간을 가져보자.

· 명예심은 내면으로부터 생성되는 것임을 인식하고 자기 신념화를 위해 노력하자.

• 행동으로 실천하기

· 출군하기 전 거울에 비친 나의 모습을 확인하고 명예로운 군인이 되겠다고 스스로에게 다짐하자.

· 교관으로서 교육준비를 철처히 하며, 교육과 훈련지도를 통하여 상대방들에게 군 복무의 가치와 보람을 인식시켜 주자.

· 동료·상대방들과 대화할 때 항상 올바른 호칭과 언어를 사용하자.

· 회식시 현장에서 바로 계산하며 절대 외상을 달지 않는다. 상대방들과의 식사비용은 상급자가 내는 것이 상식이다.

· 음주가 포함된 식사나 회식에 차량을 가지고 가지 않으며, 차량을 가지고 간 회식시 음주 후에는 절대 차량문을 열지 않고 대중교통이나 부대차량을 이용하자.

· 음주 후 다음날 숙취가 해소되지 않았다면 출근시 대중교통이나 부대차량을 이용하자.

· 긍지와 자부심을 내면화·신념화하고 고양하는 노력을 하자.

7) 필승의 신념〔군인정신의 한 요소〕

◎ '필승의 신념'이란 무엇인가?

어떠한 악조건 속에서도 싸워 이길 수 있다는 굳센 믿음이며, 초급간부로서 전투준비, 교육훈련, 부대관리를 철저하게 함으로써 얻어지는 임무완수, 전투승리에 대한 자신감이다.

◎ 왜 '필승의 신념'을 가져야 하는가?

• '필승의 신념'을 가졌을 때 얻게 되는 이점

· 매사에 자신감이 생기고 행동으로 옮기는 실천력이 커진다.

· 적의 약점과 전장의 호기를 이용할 수 있는 창의적 생각이 떠오른다.

· 부대 사기가 충만해지며, 부대 단결력과 전우애가 높아진다.
- '필승의 신념'을 가지지 않았을 때 문제점·불이익
  · 패전과 실패에 대한 걱정과 불안감으로 자신감을 사실한다.
  · 임무가 주어지면 해보기도 전에 안되는 이유부터 찾게 된다.
  · 작전·전투·훈련 준비는 소홀히 하고 '다 잘되겠지'하는 무사안일에 빠진다.
  · 전투에 투입되기도 전에 도망가거나 임무를 기피하게 된다.

◎ 어떤 것이 잘못된 '필승의 신념'인가?
- 전투와 무관한 체육대회, 장기자랑 등에 부대의 모든 힘을 쏟아 붓고 수단과 방법을 가리지 않고 이겨야 한다고 강요
- 훈련과 전투는 별개라고 생각하여 '훈련이니 안전상 이 정도만 하고 실전에서는 똑바로 한다!'라는 마음자세
- 음주도 승리해야 할 전투라고 생각하며 자신의 주량을 초과하여 폭음하고 인사불성이 되는 경우

◎ 어떻게 하면 '필승의 신념'을 개발할 수 있는가?
- 마음과 생각 바꾸기
  · 군복을 착용하고 전투화 끈을 매면서 '오늘 당장 전쟁이 날 수 있다.', '현 위치에서 적과 싸운다.'는 마음가짐으로 출근하자.
  · 승리의 비밀은 이길 수밖에 없는 사전 준비를 완료하는 것에 있음을 명심하자.
  · 필승의 신념을 내면화할 수 있는 신조를 마음으로 암송하자.
- 행동으로 실천하기
  · 올바른 사생관으로 국가와 민족에 헌신한 영웅·열사들을 찾아서 그 정신을 배우고 상대방들에게도 교육하자.
  · 부대생활간 전투적 사고를 내면화·습성화할 수 있는 방법을 찾아서 매일 실천해보자
  · 모든 부대활동시 명령에 의한 부대지휘를 습성화하자.

- 훈련준비와 연계하여 편제화기·장비 조작 및 운용과 소부대 전술·전투기술에 능숙한 전투전문가가 되도록 노력하자.
- 전쟁이 나면 즉각 출동할 수 있도록 자신과 상대방들의 군장내용물을 정확하게 결속하고 주기적으로 확인하자.
- 실제 전장상황을 상징한 실전적인 훈련을 계획하고 실천하자.
- 작전계획은 현장에서 직접 발로 밟으며 실효성을 확인하고, 2단계 상급부대 작계는 이해, 1단계 상급부대 작계는 숙지하자.
- 전투기술을 생활화 숙달할 수 있도록 부대운영에 반영하자.
- '연대행정업무통합관리체계'를 실질적으로 활용하여 불필요한 행정요소를 없애고, 부대 훈련수준을 데이터화하여 공유하자.

8) 임전무퇴의 기상〔군인정신의 한 요소〕

◎ '임전무퇴의 기상'이란 무엇인가?

전투에 임하여 결코 물러서지 않는 불굴의 투지이며, 최악의 상황에서도 절대 포기하지 않으며 희생이 있더라도 맡은 바 책임을 다해 불굴의 투지로 승리를 쟁취하는 것이다.

◎ 왜 '임전무퇴의 기상'을 가져야 하는가?

- '임전무퇴의 기상'을 가졌을 때 얻게 되는 이점
  - 주어진 임무와 책임은 절대 포기하지 않고 완수한다.
  - 상대방들에게 이길 수 있다는 용기와 불굴의 의지를 확산시킨다.
  - 불리한 전투상황을 타개하고 전세를 역전시키는 힘이 생긴다.
- '임전무퇴의 기상'을 가지지 않았을 때 문제점·불이익
  - 어려운 일이나 난관에 봉착하면 쉽게 포기한다.
  - 전투시 두려움으로 도망가거나 적에게 항복하게 된다.
  - 적에게 투항하여 비참하고 비굴한 포로생활을 하게 된다.
  - 불안과 공포가 쉽게 확산되고 부대가 공황에 빠진다.

◎ 어떤 것이 잘못된 '임전무퇴의 기상'인가?

- 치밀한 준비 없이 투지·정신력만 강조하여 같은 실수를 되풀이하는 경우
- 용맹이 지나쳐 상대방들의 생명을 가벼이 보고 전공(戰功)에만 집착하고 연연하는 태도
- 적의 능력을 깔보고 방비를 게을리하여 기습을 허용하거나, 호언장담이 지나쳐 군사보안이 적에게 누설되는 경우
- METT＋TC를 고려하여 실시하는 '지연방어'(방어작전형태의 하나)가 임전무퇴의 기상에 위배된다는 인식

◎ 어떻게 하면 '임전무퇴의 기상'을 개발할 수 있는가?

- 마음과 생각 바꾸기
- 군인으로서 명예로운 사생관을 스스로 정립하겠다고 다짐하자.
- '전쟁이 일어나면 현 작전지역에서 적을 격멸한다'는 사수의지를 항상 마음속으로 다짐하자.
- 주둔지와 작계지역을 보면서 '저 산에서 전투가 벌어진다면 어떻게 공격과 방어를 할 것인가?'를 머릿속으로 워게임을 해보자.
- 행동으로 실천하기
  - 고통을 이기고 인내력을 유지할 수 있는 강인한 체력과 신체를 연마하자.
  - 악천후·야간·주야연속훈련 등 어렵고 힘든 훈련에 똑같이 동참하여 상대방들과 동고동락하면서 절대 포기하지 않는 근성과 전우애를 훈련현장에서 기르자.
  - 주기적으로 실시하는 전쟁대비훈련과 행사를 철저히 준비하여 실전적으로 실시하고 실시결과는 작계에 적용하여 보완하자.
  - 정신전력교육시간과 기회교육을 활용하여 역사 속에 살아있는 임전무퇴의 기상을 배우고 교육하자.
  - 평소 부대생활 주변에서 임전무퇴의 기상과 사생관을 내면·신념화할 수 있도록 환경을 만들며 교육하고 실천하자.
  - 승패가 있는 팀, 분·소대 대항 부대활동과 작전·훈련에 최선을 다하자.

9) 애국애족의 정신〔군인정신의 한 요소〕

◎ '애국애족의 정신'이란 무엇인가?

국가와 국민을 지극히 사랑하고 헌신하겠다는 마음가짐이며, 대한민국의 역사와 정통성을 제대로 알고 사랑하며, 개인적인 이익보다는 부대와 공적인 일을 우선시하는 것이다.

◎ 왜 '애국애족의 정신'을 가져야 하는가?

• 올바른 '애국애족의 정신'을 가졌을 때 얻게 되는 이점
  · 군 복무에 대한 자긍심과 사명감이 투철해지고, 맡은 바 업무에 최선을 다하게 된다.
  · 군인과 육군이 상대방과 국민으로부터 존경과 신뢰를 받게 된다.
  · 지켜야 할 대상이 명확해져서 전투시 물러서지 않고 끝까지 싸울 수 있는 정신력이 생긴다.

• '애국애족의 정신'을 가지지 않았을 때 문제점·불이익
  · 숭고한 군인의 소명과 가치를 상실하고 군 복무에 불평불만이 많아진다.
  · 군대를 돈벌이, 생계수단만으로 여기게 되어 사명감이 작아진다.
  · 전투시 쉽게 굴복하고 목숨을 위해 전우를 배신하게 된다.

◎ 어떤 모습이 잘못된 '애국애족의 정신'인가?

• 애국애족의 정신은 나라를 구했던 영웅들만이 할 수 있는 높은 수준의 행동이라는 인식

• 군 작전 및 훈련 중이라는 명목하에 국민의 생명과 재산보호에 소홀히 하거나 피해를 주는 행위

• 편협한 민족주의 사고에 매몰되어 다문화가정이나 해외동포에 대해 편견을 가지고 무시 또는 차별하는 태도

• 대민지원의 대가로 보상이나 반대급부를 요구하거나 성의 없이 시간 때우기식으로 대충 지원하는 행위

◎ 어떻게 하면 '애국애족의 정신'을 개발할 수 있는가?

• 마음과 생각 바꾸기

· 애국애족은 거창한 것이 아니라 현재 내 직책과 업무에 헌신하는 것이 첫 출발임을 인식하자.

· 역사 속에서 '국가와 군인은 어떤 관계에 있는가!'에 관심을 가짐으로써 내가 군대에 온 목적과 의미를 바르게 정립하자.

· 업무를 시작하기 전, 항상 상대방들을 전우로서 대우하고 내 몸과 같이 관리하며 정성을 다하겠다고 다짐하자.

· 하루를 정리하면서 오늘 나의 언행이 국민들의 눈높이에 맞는지 생각하고 반성해 보는 습관을 가지자.

• 행동으로 실천하기

· 「국가상징」인 태극기, 애국가, 무궁화 등의 유래와 의미를 제대로 알고 상대방들에게 교육시키자.

· 나의 조국 대한민국의 역사와 정통성을 바르게 이해하고 상대방들에게도 신념에 찬 교육을 통해 자긍심을 고취시키자.

· 軍 간부로서 훈련과 근무에 집중하도록 스스로 여건을 만들자.

· 작전·교육훈련간 대민피해 예방대책을 마련하자.

· 국기게양식과 하기식시 경건한 자세로 예의를 갖추고, 국가기념일에는 숙소에 태극기 게양 등 의식행사에 적극 참여하자.

· 역사 속 '애국애족의 정신'을 실천한 민족의 영웅들을 찾아서 읽고 군 생활의 멘토로 삼고 내면화·일체화하려고 노력하자.

10) 윤리의식

◎ '윤리의식'이란 무엇인가?

바르게 행동하고 지켜야 할 도리를 다하는 자세와 태도이며, 보편타당한 도덕적 가치 판단에 따라 바르게 행동하려고 하는 곧은 마음. 다른 가치를 실천하는 기준이며 출발점이다.

◎ 왜 '윤리의식'을 실천해야 하는가?

- '윤리의식'을 실천했을 때 얻게 되는 이점
  - 나뿐만 아니라 주변 사람들에게 당당해진다.
  - 상급자, 동료, 상대방들이 나를 신뢰하게 되어 자존감이 높아진다.
  - 부대의 성과가 높아지며, 긍정적인 분위기가 조성된다.
- '윤리의식'을 실천하지 않았을 때 문제점·불이익
  - 상급자, 동료, 상대방으로부터 존경과 신뢰를 얻지 못한다.
  - 기강이 흐트러져 사고가 빈번히 발생하고 대군불신을 초래한다.
  - 전투에서 승리하더라도 사후 처벌을 면할 수 없다.

◎ 잘못된 '윤리의식' 사례들

- 초과근무를 하지 않으면서 허위로 기록하거나 상대방들에게 부탁하여 입력시키는 행위
- 체력검정, 각종 측정이나 평가시 부정이나 편법을 사용하여 부당한 이익이나 성과를 얻으려는 행위
- 공공예산(분·소대지휘활동비 등)을 사적으로 사용하고 허위로 근거자료를 작성하거나 직권을 남용하는 행위
- 과도한 음주나 게임, 사이버도박 등 무절제한 사생활과 자신의 분수에 맞지 않게 과소비와 사치를 일삼는 경우
- 자신의 잘못이나 상급자의 질책이 두려워 허위(虛僞)·왜곡(歪曲)·과장(誇張)되게 보고하는 경우

◎ 어떻게 하면 '윤리의식'을 함양할 수 있는가?

- 마음과 생각 바꾸기
  - 실력 이전에 인성을 먼저 갖추는 것이 진정한 인생 성공을 가져다 준다는 것을 명심하자.
  - 윤리의식은 '자유의사'에 의해 '연습되는 것'이다. 꾸준한 자기성찰과 행동화를 통해 어제보다 나은 '발전'을 지향하자.
  - 간부는 '어항 속 금붕어'라는 것을 명심하고, 늘 스스로 경계하고 단속하

는 마음과 자세를 가지자.

· 나의 도덕적인 행동이 부대와 상대방들의 윤리의식과 행동에도 상당한 영향을 미친다는 것을 생각하자.

· 수첩이나 지갑에 가족사진을 넣고 보면서 내 언행이 내일 아침 언론에 보도되어도 부모님이나 가족과 함께 볼 수 있는지 스스로 생각하고 자문하자.

• 행동으로 실천하기

· 순간적인 만족보다는 자신의 분수에 맞는 검소한 생활습관을 길러 청렴하고 자존감(自尊感)있는 군인이 되자.

· 직무를 수행할 때 수시로 관련법규와 규정을 찾아보고 이해한 후 '준법정신'에 근거하여 업무를 추진하자.

· 부대생활간 자주 범하는 실수나 간과하는 것에 대해 '나의 윤리목록'을 작성하여 수첩이나 사무실에 두고 자신을 수시로 되돌아보자.

· 남군, 여군 상호 성적인 모욕감을 주는 말과 행동을 하지 말자.

· 전쟁법 준수를 위해 「전쟁법 해설서」(국방부 홈페이지 검색)를 탐독하여 이해하고, 의문사항이 있으면 군법무관을 적극 활용하자.

· 작전·훈련간 농작물 절취, 쓰레기 투기 등의 대민피해를 근절하고 훈련 후에는 전장정리를 철저히 하자.

11) 공정성

◎ '공정성'이란 무엇인가?

한쪽에 치우침이 없이 공평하고, 올바르게 직무를 수행하는 마음과 자세이며, 초급간부로서 스스로 규정과 방침을 지키고, 상대방들을 차별 없이 대하며, 처벌과 포상을 공정하게 하는 것이다.

◎ 왜 '공정성'을 실천해야 하는가?

• '공정성'을 실천했을 때 얻게 되는 이점

· 사람을 대하거나 일을 함에 있어 항상 떳떳하고, 당당해진다.

·부대원들이 불만이 없으며, 나의 결정에 대해 의심하지 않고 지지해준다.

·전투시 군기와 군율이 엄정하여 지휘체계가 확고해진다.

• '공정성'을 실천하지 않았을 때 문제점·불이익

·스스로 양심의 가책을 느끼며, 상대방들에게는 비난과 손가락질을 받는다.

·위화감(違和感)을 조성하여 부대가 화합·단결되지 못한다.

·전투시 기강이 무너지고, 상대방들의 사기가 저하되어 명령을 위반하는 사례가 빈번하게 발생한다.

◎ '공정성'을 해치는 잘못된 사례들

• 학연·지연·출신·종교·성별·병과 등을 업무와 연결지어 공(公)과 사(私)를 흩트리는 행위

• 직무상 권한을 자신의 이익이나 사사로운 감정과 결부시켜 표출하거나 부당하게 행사

• 나는 간부니까 되고, 너는 용사니까 안 된다는 특권의식

• 평가관 임무수행시 친분이 있는 사람이나 부대는 관대하게 평가하고, 기타 부대는 가혹하게 평가하는 행태

◎ 어떻게 하면 '공정성'이란 요소를 개발할 수 있는가?

• 마음과 생각 바꾸기

·업무를 처리할 때 경험이나 관행보다는 '준법정신'에 근거한 규정과 방침을 기준으로 추진하겠다고 다짐하자.

·선임병이나 특정인원의 인기를 얻기 위해 상대방들을 차별하거나 두둔하여 마음의 상처를 주지 않겠다고 다짐하자.

·나부터 간부라는 특권의식을 버리고, 군인으로서 마땅히 지켜야 할 규범을 스스로 실천하겠다고 다짐하자.

·상대방을 과거 잘못으로 계속 부정적으로 평가하고, 폄하하는 사적인 감정과 선입견을 버리자.

- 행동으로 실천하기
  - 근무명령서는 형평성을 유지하여 편성되는지, 엄격하게 지켜지고 있는지 반드시 확인하고 결산하자.
  - 부대원의 외출·박, 휴가는 본인의 희망에 따라 공정하게 시행되는지 꼼꼼히 확인하자.
  - 진급, 자격인증제 평가시에는 사전에 평가계획과 기준을 반드시 공지하여 준비여건을 보장하고, 결과에 수긍할 수 있도록 해주자.
  - 일과중이나 업무시간에 보고되지 않은 사적 출타나 업무와 관련이 없는 행동은 하지 말자.
  - 남군과 여군을 대함에 있어 사적인 감정을 업무에 개입시키지 말고 (Selflessness), 업무성과로 평가하자.
  - 작전·훈련에 대한 포상은 노력과 성과에 따라 부여하며, 공정(功績)사실 은 모두에게 구체적으로 알려주자.

2. 리더다움

리더가 내적으로 갖춰야 하는, 보이지 않는 내면의 모습도 중요하지만 내면의 가치가 밖으로 표출되어 구성원들에게 보여지는 모습 역시 중요하다. 구성원들이 리더를 보고 믿음직하고 멋있다고 인식하면 리더에 대한 호감과 신뢰가 증진된다. '리더다움'의 범주를 구성하는 핵심요소는 '전사다움', '육체적 강건함', '주도성', '회복탄력성'이다.

위의 4가지 핵심요소를 포함한 이유는 다음과 같다.

첫째, '전사다움'이 중요한 이유는 군인이 군인답고 전사다워야 구성원들이 리더를 보고 믿음직하고 멋있다고 인식하면서 호감과 신뢰가 증진되기 때문이다. 따라서 전사임을 명예롭고 자랑스럽게 여기며 당당하게 행동해야 한다.

둘째, '육체적 강건함'은 전·평시 부여되는 임무를 수행하기 위해 강철같은 체력과 건강이 필요하기 때문에 선정하였다.

초급간부는 임무수행시 겪게 되는 정신적·육체적 피로와 고통을 극복할 수 있어야 한다.

셋째, 초급간부는 어떠한 상황도 주도적으로 이끌어 나갈 수 있는 '주도성'이 있어야 목표지향적으로 부대를 이끌 수 있고, 급변하는 상황 속에서도 합리적인 대안을 도출할 수 있다.

넷째, 시련이나 고난에 직면했을 때 이를 잘 극복해낼 수 있는 '회복탄력성'이 높아야 한다. 소부대를 지휘하는 초급간부는 자신뿐만 아니라 구성원, 조직의 회복탄력성을 높여야 한다.

'가지 많은 나무에 바람 잘 날 없다.'라는 속담처럼 부대를 지휘하는데 따르는 업무적, 개인적 스트레스는 상대적으로 강하며, 상대방들을 스트레스에 대처하는 상관의 태도에 따라 큰 영향을 받기 때문이다.

1) 전사다움

◎ '전사다움'이란 무엇인가?

전문전투원인 뿐 아니라 높은 도덕적 가치와 신념체계를 갖춘 리더로서 싸워서 승리하고, 승리를 통해 소중한 가치를 수호하는 무적의 전사기질이며, 충일(充溢)한 군인정신과 탁월한 전술·전기, 진정한 전우애를 바탕으로 싸워서 승리하고, 승리를 통해 소중한 가치를 수호하는 전투와 전쟁에 전문화된 무적(無敵)의 전사기질(戰士氣質)이다.

◎ 왜 '전사다움'을 갖추어야 하는가?

- '전사다움'을 갖추었을 때 얻게 되는 이점
  - 위풍당당(威風堂堂)해지고, 자존감이 높아진다.
  - 나의 전사다움은 상대방들이 나를 믿고 따르게 만들며, 상대방들에게도 소신 있고 당당하게 행동하는데 좋은 영향을 준다.
  - 부대의 군기(軍紀)와 기강이 세워지고 싸워서 승리하게 된다.

- '전사다움'을 갖추지 않았을 때 문제점·불이익
  - 군인으로서 정체성을 상실하여 소극적인 군 복무를 하게 된다.
  - 사회나 국민들로부터 지탄의 대상이 되고 신뢰를 잃는다.
  - 전투시 상대방들이 믿고 따르지 않아 패배에 이른다.

◎ 어떤 모습이 잘못된 '전사다움'인가?

- 절도 있는 자세가 지나쳐 상급자, 동료·상대방을 대할 때 상황에 맞지 않게 딱딱하거나 형식적으로 대하는 경우
- 외형적인 것만 치중하여 신경 쓰고 군인으로서 내적 당당함이나 자긍심은 경시하는 경향
- 자신의 지혜나 지식을 믿고 상대방나 동료를 업신여기며, 뜻대로 안되면 고함치며 화를 내는 태도
- 상대방·하급자에게는 강하고 당당하지만, 상관 앞에서는 과도하게 약한 모습을 보이는 태도

◎ 어떻게 하면 '전사다움'을 갖출 수 있는가?

- 마음과 생각 바꾸기
  - 드러나는 겉모습 보다는 신념과 직무지식 등 내면을 갖추는 것이 더욱 중요함을 기억하고, 끊임없이 성찰하자.
  - 군인으로서 싸워서 승리하겠다는 불굴의 투지와 소중한 가치를 지키기 위해 목숨을 걸 수 있는 사생관을 갖추자.
  - 항상 '상대방들이 나를 보고 있다'는 것을 생각하고, '전문 직업군인', '전투전문가'라는 사실을 기억하자.
- 행동으로 실천하기
  - 나 먼저 외적 모습에서 '군인다움(Martialness)', '전사다움'이 느껴지도록 노력하자.
  - 말과 행동을 '군인답게'하기 위해 노력하자
  - 강인한 체력단련과 전투기술 숙달을 통해 '무적의 전사(Invincible Brave Warrior)'로서의 전문성과 자긍심을 높이자

· 상급자를 만나면 숨거나 피하지 말고 큰 목소리로 당당하게 경례하며, 동료·상대방들 만났을 때는 밝은 표정으로 인사하자.

· 직무수행시 관련법규를 스스로 준수하고, 상관의 정당한 명령에 정성을 다하여 복종하는 습성을 기르자.

· 상대방들 휴가시 전투복·전투화, 용모 등을 반드시 확인하고 전사다운 품위를 지킬 수 있도록 지도하자.

· '전사기질'을 보고 배울 수 있는 자료들을 자주 접하자.

· 항상 전투임무와 연결하는 '전투적 사고' 습관을 갖자.

2) 육체적 강건함

◎ '육체적 강건함'이란 무엇인가?

전·평시 어떠한 임무도 완수해낼 수 있는 체력과 건강이며, 전장에서 겪게 되는 정신적·육체적 피로와 고통, 수면부족 등을 극복하고 임무를 완수하기 위해 필요한 강인한 체력과 건강한 신체를 단련하고 유지하는 것이다.

◎ 왜 '육체적 강건함'을 갖춰야 하는가?

• '육체적 강건함'을 갖추었을 때 얻게 되는 이점

· 매사에 자신감이 생기고 앞에서 힘차게 이끌 수 있다.

· 상대방들에게 당당하게 보이고 행동에 믿음을 줄 수 있다.

· 연속되는 작전과 전투에도 지치거나 피곤해 하지 않고 임무수행에 전념할 수 있게 된다.

• '육체적 강건함'을 갖추지 않았을 때 문제점·불이익

· 임무수행간 앞장서서 이끌고 나가기가 두렵고 추진력이 없어진다.

· 상대방들에게 나약하고 부족하게 보여 믿음을 줄 수가 없다.

· 업무나 대인관계에 쉽게 피로해지고 짜증을 내게 된다.

· 전투시 한계에 부딪히며 쉽게 좌절하고 포기하게 된다.

◎ 어떤 모습이 잘못된 '육체적 강건함'인가

- 겉멋 위주, 근육강화 위주로만 반복 운동하여 균형이 맞지 않고 행동이 둔하게 되는 경우
- 욕심이 자나쳐 계획성 없이 짧은 기간에 과도한 체력단련으로 근육이나 신체에 부작용이 발생하는 경우
- 규칙적인 식사를 하지 않고, 건강보조식품이나 영양보충제 위주의 다이어트 식단으로 몸을 만들려는 노력
- 전투체력단련이 아닌 흥미 위주의 체육활동만 선호

◎ 어떻게 하면 '육체적 강건함'을 개발할 수 있는가?

- 마음과 생각 바꾸기
  · 꾸준한 운동을 통해 다져진 강인한 체력은 강한 정신력으로 연결된다는 사실을 명심하자.
  · 전사의 기본은 강인한 육체와 건강을 유지하는 것임을 자각하고 체력단련과 신체건강에 신경 쓰겠다고 다짐하자.
  · 꾸준한 체력단련은 육체적으로 자신을 발전시키며, 이러한 발전은 군 복무 보람과 자신감으로 승화됨을 인식하자.
  · 전장에서는 육체적 피로와 정신적인 긴장이 평시보다 3~8배 증가됨을 인식하고 이를 극복하는 방법은 강인한 심신단련에 있음을 명심하자.
- 행동으로 실천하기
  · 아침에 조금 일찍 일어나서 반드시 아침밥을 먹고 출근하자.
  · 일일체력단련, 전투체육시간 준수는 모든 사람의 권리이자 의무이다. 나부터 적극 동참하고, 상대방들의 운동을 반드시 보장하자.
  · 체력단련 목표를 정하고 꾸준히 실천하여 성취감을 느끼자.
  · 체력수준을 고려하여 '서킷트레이닝'(Circuit training), '크로스핏'(Cross Fit)과 같은 과학적 맞춤형 체력강화 방법을 적용하자.
  · 국군도수체조 12개 동작을 숙달하고 상대방들에게도 정확한 동작을 교육하자.
  · 주기적인 건강검진과 관리를 통해 건강한 신체를 유지하자.

· 작전·야외훈련 후 전투휴무간에는 음주나 장거리출타를 자제하고, 자신
의 생활주변에 대한 위생관리를 철처히 하자.

3) 주도성

◎ '주도성'이란 무엇인가?

스스로 할 일을 찾아 주도적으로 일을 이끌어가는 것이며, 자발적으로
임무를 수행하고, 목표지향적으로 부대를 이끌고 나가는 것으로 임무
형지휘를 구현하는데 필요한 핵심요소이다.

◎ 왜 '주도성'을 발휘해야 하는가?

• '주도성'을 발휘했을 때 얻게 되는 이점
· 상급자, 동료, 상대방들에게 전(全) 방위 영향력을 발휘하여 대인관계를
주도할 수 있다.
· 상대방들의 열정을 불러일으키고, 업무수행의 성과를 높인다.
· 전·평시 임무의 추정된 과업까지도 식별하여 수행함으로써, 상급부대 작
전에 기여할 수 있다.

• '주도성'을 발휘하지 않았을 때 발생하는 문제점·불이익
· 상급부대나 상급자가 시키는 것만 하게 되어 소극적인 사람이 된다.
· 구체적이고 명확한 목표나 계획 없이 시키는 것만 이것저것 하다가 시간
을 허비하고 임무를 완수하지 못하게 된다.
· 전투에서 상급부대와 접촉이 단절되거나 통신이 두절되면 이를 주도적으
로 극복하지 못하고 우왕좌왕하게 된다.

◎ 어떤 모습이 잘못된 '주도성'인가?

• 상급자의 의도를 고려하지 않고, 자신의 독선적인 생각으로 부대를
이끌어가다 일을 그르치는 경우
• 부대원들과 협력하지 않고 자신의 유능함만 믿고 오로지 혼자서 모
든 임무를 다하려고 하는 행태

• 가용시간을 치밀하게 고려하지 않고 업무를 추진하다가 기간이 촉박하여 상대방들을 강압적으로 다그치는 모습

◎ 어떻게 하면 '주도성'을 발휘할 수 있는가?

• 마음과 생각 바꾸기

· 임무를 부여받으면 임무의 본질과 상급자(지휘관) 의도가 무엇인지 머릿속으로 되묻고 정리하는 습관을 가지자.

· 해야 할 임무라면 주인의식을 가지고 적극적·능동적으로 하겠다는 다짐을 하자.

· 나 혼자라는 생각을 버리고, 부대원들과 협력하여 함께 완수하자.

• 행동으로 실천하기

· 「시간의 4분면」을 활용하여 일일·주간·월간단위로 계획성 있게 업무를 추진하고 중간평가를 통해서 수정 및 보완하자.

· 부대운영예정사항, 교육훈련예정표 등을 확인하여 자신이 해야 할 업무를 육군수첩에 적고, 경중완급(輕重緩急)을 고려하여 우선순위에 의해 업무를 추진하자.

· 「SMART 법칙」을 활용하여 구체적이고 실현가능한 목표를 수립하고, 목표지향적으로 임무를 수행하자.

· 임무수행시 관련규정을 찾아보고, 상급자나 근무 경험이 풍부한 동료·상대방에게 물어봐서 자신만의 Knowhow를 축적하자.

4) 회복탄력성

◎ '회복탄력성'이란 무엇인가?

시련이나 고난에 직면했을 때 이를 이겨내는 힘(Resilience)이며, 역경과 실패를 발판으로 더 높이 도약하는 마음의 근력으로서 '필승의 신념'과 '임전무퇴의 기상'을 실천하는 바탕이 된다.

◎ 왜 '회복탄력성'을 강화해야 하는가?

- '회복탄력성'을 강화했을 때 얻게 되는 이점
  · 감정과 생각을 긍정적으로 조절하여 생활태도는 밝아지고, 도전의식은 강해진다.
  · 상대방들에게 바람직한 영향을 미쳐, 어려운 임무나 역경에 직면하더라도 목표완수에 대한 의지를 강화시켜 준다.
  · 전투시 포위되거나 수세에 몰리더라도 포기하지 않고, 위기를 기회로 전환시킬 수 있다.
- '회복탄력성'을 강화하지 않았을 때 발생하는 문제점·불이익
  · 역경에 부닥치면 좌절하고 쉽게 마음의 고통을 받으며 원망과 미움 등의 부정적 감정이 쌓인다.
  · 자신도, 상대방들도 힘든 과업에 쉽게 지치고, 무기력해진다.
  · 전투시 위기에 직면하면, 스스로 패배를 예상하고 쉽게 항복해버린다.

◎ 어떤 모습이 잘못된 '회복탄력성'인가?

- 회복탄력성은 본인 노력과 관계없이 타고나는 것이라는 인식
- 육체적 강건함이 회복탄력성과 무관하다는 인식
- 모든 사람이 어느 정도 회복탄력성을 내재적으로 보유하고 있지만 워낙 나쁜 상황이 오면 어쩔 수 없다고 포기하는 생각

◎ 어떻게 하면 '회복탄력성'을 강화할 수 있는가?

- 마음과 생각 바꾸기
  · 일상에서 누리는 당연한 것들에 의미를 부여하며, 주어진 모든 것에 감사하는 마음을 가지고 상대방들에게도 일깨워주자.
  · 힘든 일로 화가 날 때 동료나 상대방들에게 바로 표출하지 말고, 3번 생각하여 감정을 조절하고, 평정심을 되돌리자.
  · 자신의 약점이 무엇인지 식별하고, 약점을 강점으로 바꿔서 생각하며, '나는 잘 할 수 있다'는 유능감(有能感)을 갖자.
  · 과거의 실수와 실패에 얽매이지 말고 현재에 충실하고, 미래를 희망으로

개척하겠다는 긍정적인 마음을 가지자.

• 행동으로 실천하기

·체력단련시간과 일과 이후를 활용하여 상대방들과 함께 매일 뜀걸음과 같은 유산소운동으로 땀 흘리는 습관을 기르자.

·상급자에게 업무상 질책을 받더라도 위축된 모습을 보이지 말고, 오히려 더 적극적으로 임무를 수행하도록 노력하자

·임무를 수행하다가 제한사항이 생기더라도 낙심하지 말고, 상급자나 해당 분야 담당자를 찾아서 조언을 구하자.

·잠들기 전 하루를 되돌아보며 5가지 이상 감사할 일들을 찾아 '감사일기'를 작성하고 상대방들에게도 5감사 운동을 권하자.

·습관적인 야근은 지양하고, 하루 30분 이상 인문학 독서로 마음의 양식을 쌓는 등 지친 마음을 회복하는데 투자하자.

·각종 선발이나 평가결과가 좋지 않더라도 비관하지 말고, 스스로 긍정적인 마인드를 형성하여 재도전하자.

3. 군사전문성

리더의 군사적 전문성은 유사시 전투승리와 부대원의 생사를 결정한다. '무능한 리더는 적보다 무섭다'는 말은 리더의 군사전문성이 선택이 아닌 의무임을 적시한 경구(警句)이다. 리더의 군사전문성은 당면한 문제에 대해 얼마나 깊게 생각하고, 창의적으로 최적의 해결방안을 도출하여, 결심하고 부대를 이끌 수 있는가에 영향을 미친다. '군사전문성' 범주를 구성하는 핵심요소는 '군사식견', '직무수행능력', '상황판단력', '지적수용력'이다.

위의 4가지 핵심요소를 포함한 이유는 다음과 같다.

첫째, '군사식견'은 일종의 지적 재산으로 군사지식이 넓고 깊게 쌓이면 부대지휘와 임무수행이 용이해진다. 초급간부는 군사지식과 전술·전기, 법규를 잘 알고 부대의 편제화기·장비·물자의 조작·운용을 능숙하게 하여 부대지휘와 임무수행에 적용해야 하다.

둘째, 리더는 어떠한 직책을 부여받아도 임무를 완수할 수 있는 '직무수행능력'을 갖추어야 한다. 초급간부에게 필요한 전문지식과 체력을 겸비하고 전투준비 및 전투지휘, 교육훈련, 부대관리 등 실질적으로 적용할 수 있는 능력을 갖추어야 한다.

셋째, 리더에게는 미래를 예측하고, 상황과 문제의 핵심을 파악하며, 적시에 최적의 대안을 제시할 수 있는 '상황판단력'이 필요하다. 초급간부는 상황을 대관세찰(大觀細察)하여, 전체 속에서 내가 할 일과 상급부대 건의사항을 구분하고, 합리적인 방안을 찾아낼 줄 알아야 한다.

넷째, '지적수용력'은 리더로서 급변하는 환경변화에 적응하고 미래의 불확실한 상황을 예측하기 위해 새로운 지식을 받아들이고 적극적으로 지식을 탐구해야 하기 때문에 핵심요소로 선정하였다.

리더는 열린 마음으로 새로운 지식과 정보를 받아들여 창의적 문제해결능력을 증진하고 개방적이고 유연한 사고를 가져야 한다.

1) 군사식견

◎ '군사식견'이란 무엇인가?

전술·전기와 편제장비·물자를 포함한 군사 전문분야를 알고 숙달하여 부대지휘와 임무수행에 적용할 수 있는 능력이며, 초급간부로서 계급과 직책에 필요한 군사지식과 전술·전기, 법규를 잘 알고, 부대의 편제화기·장비·물자 조작·운용을 능숙하게 하여 부대지휘와 임무수행에 적용하는 것이다.

◎ 왜 '군사식견'을 함양해야 하는가?

• '군사식견'을 함양했을 때 얻게 되는 이점
  · 임무수행에 자신감이 넘치고, 상대방들이 믿고 의지하게 된다.
  · 상대방들이 마음으로부터 존경하게 되어 부대를 한 방향으로 이끄는 구심점(求心點)이 된다.

・자신이 습득한 군사지식과 전술·전기가 유사시에 나와 부대를 살릴 수도 있다.
- '군사식견'을 함양하지 않았을 때 문제점·불이익
  ・임무수행에 자신감이 없고 주도성을 잃어, 상대방들에게 끌려 다니게 된다.
  ・상대방들이 속으로 무시하고, 진정으로 따르지 않는다.
  ・전투상황에서 제대로 지휘나 상황조치를 하지 못해 부대를 힘겨운 상황으로 몰아넣는다.

◎ 어떤 모습이 잘못된 '군사식견'인가?
- 교리나 교범은 많이 알고 있으나 실제 행동화하지 못하고 부대지휘나 임무수행에 적용하지 못하지 경우
- 자신의 전술경험과 구(舊)교리만 고집·답습하려는 행태
- 각종 편제화기·장비·물자에 대한 이론적 지식은 해박하나, 실제 조작 및 운용을 하는데 숙련도(Skill)는 미흡한 경우

◎ 어떻게 하면 '군사식견'을 함양할 수 있는가?
- 마음과 생각 바꾸기
  ・자신의 계급과 직책에서 필요한 또는 부족한 군사지식이 무엇인지 늘 고민하고 그때 그때 적거나 기록해 두자.
  ・교범이나 군사서적에서 배우고 익힌 내용들을 실제 '어떻게 활용할 수 있을까'를 늘 고민하자.
  ・자신과 상대방들의 군사지식과 역량을 향상시키기 위한 다양한 방법에 대해 생각해보자.
  ・편제화기·장비·물자 조작과 운용에 최고의 전문가가 되겠다고 다짐하자.
- 행동으로 실천하기
  ・계급과 직책에 적합한 군사 교리문헌을 선정하여 계획적·지속적으로 탐독함으로써 군사전문성을 높이자.
  ・초급간부 필독도서를 선정하고 목록화하여 탐독하자.
  ・군사지식과 관련된 법규와 규정

· '전장리더십'을 함양할 수 있는 교훈이 담긴 책

· 군사지식을 함양할 수 있는 국·내외 군사전문 웹사이트를 찾아서 자신의 업무에 활용하자.

· 작전·전투준비와 훈련시 전장상황에 맞는 조건반사적인 전술적 행동을 습성화시키자.

· 전투명령와 시호통신을 반복해서 훈련하고, 이를 작전·전투준비와 훈련에 실질적으로 적용하자.

· 편제화기·장비·물자 관련 매뉴얼을 탐독하고, 숙련도(Skill)를 높이자.

· 4차 산업혁명 시대의 IT 기술에 대해 군에서 운용하고 있는 분야를 찾아서 업무에 적극 활용하자.

· 전쟁 관련 내용을 간접경험으로부터 배우고, 벤치마킹하자.

· 상대방들이 전술안(眼)을 높이기 위해 현장 전술토의와 사례위주 교육을 활성화하여 상·하 전술관을 공유하자.

· 작전, 전투준비, 교육훈련 후에는 사후검토를 실시하고, 자신의 '전술노트'를 만들어 군사지식을 축적하고 활용하자.

2) 직무수행능력

◎ '직무수행능력'이란 무엇인가?

직책에 대한 전문지식과 이를 전투준비, 교육훈련, 부대관리에 실질적으로 적용하여 임무를 수행하는 능력이며, 초급간부로서 계급과 직책에 필요한 전문지식과 체력을 갖추고 전투준비 및 전투지휘, 교육훈련 지도, 부대관리에 실질적으로 적용할 수 있는 자질과 역량이다.

◎ 왜 '직무수행능력'을 함양해야 하는가?

• '직무수행능력'을 함양했을 때 얻게 되는 이점

· 해당직책에서 어떠한 임무를 부여 받더라도 자신감 있게 임무를 완수할 수 있게 된다.

· 상관에게 신뢰를 받고 상대방들이 존경하며 따르게 된다.

·긴급한 전투상황에서도 올바르게 판단하여 적시적인 전투지휘와 상황조치를 할 수 있다.

• '직무수행능력'을 함양하지 않았을 때 문제점·불이익

·맡은 직책과 업무에 자신이 없고, 소극적인 사람이 되어 군 복무의 보람과 가치를 잃게 된다.

·상관이 일을 믿고 맡기지 않으며, 상대방들에게 무시당한다.

·긴급한 작전이나 전투상황에서 제대로 전투지휘나 상황조치를 하지 못한다.

◎ 어떤 모습이 잘못된 '직무수행능력'인가?

• 임무수행의 완벽성과 무결점주의에 집착하여 성과만이 목표가 되고 상대방들을 수단화하는 업무수행태도

• 기존의 성공한 학습과 경험만을 지나치게 맹신하여 주변의 조언이나 의견은 무시하고 배척하는 경우

◎ 어떻게 하면 '직무수행능력'을 함양할 수 있는가?

• 마음과 생각 바꾸기

·임무수행의 출발점은 상관의 의도를 명찰하여 임무의 핵심을 명확하게 파악하는 것임을 명심하자.

·임무를 부여받으면 연구하고 노력하여 반드시 완수하겠다는 긍정적인 마음과 태도를 가지자.

·현재 계급과 직책뿐만 아니라 장차 임무를 수행할 때 자신에게 필요한 직무지식이 무엇인지 고민하여 찾아내자.

• 행동으로 실천하기

·초급간부로서 전투준비, 교육훈련, 부대관리능력 배양에 노력하고 현장에서 실질적으로 적용하자.

·전투준비와 전투지휘능력 배양

·교육훈련 교관으로서의 능력 배양

·부대관리능력 배양

·상황과 임무에 따라 문제해결자를 찾아 임무를 주고 자신의 권한과 영향

력을 적절히 행사할 수 있는 실행력을 기르자.

· 업무수행의 기본이 되는 강인한 체력을 연마하자.

· 작은 일부터 성공경험을 쌓고 상대방들에게도 경험시키자.

· '연대행정업무통합관리체계'에 대해서 이해하고, 초급간부로서 직접 활용해야 할 핵심 메뉴는 사용요령은 반드시 숙지 · 숙달하자.

3) 상황판단력

◎ '상황판단력'이란 무엇인가?

문제의 핵심을 파악, 적시에 최적의 대안을 제시하는 능력이며, 상황을 대관세찰(大觀細察)하여, 전체 속에서 내가 할 일과 상급부대 건의사항을 구분하고, 합리적인 방안을 찾아내는 것이다.

◎ 왜 '상황판단'을 향상시켜야 하는가?

• '상황판단력'을 향상시켰을 때 얻게 되는 이점

· 전문적인 식견이 높아지고, 사고의 외연(外延)이 확대된다.

· 상대방과 동료들이 나의 능력을 신뢰하며, 시행착오가 줄어든다.

· 전투시 위기를 효과적으로 관리할 뿐만 아니라 호기(好機)로 전환시켜 전세를 역전시킬 수 있다.

• '상황판단력'을 향상시키지 않았을 때 문제점 · 불이익

· 상급자의 결심에만 의존하게 되고, 자신감이 없어진다.

· 잘못된 판단으로 시간 · 자원 · 노력을 낭비한다.

· 전투시 적시에 결심하지 못하여 부대를 혼란에 빠트리고, 불필요한 전투손실을 입게 된다.

◎ 어떤 모습이 잘못된 '상황판단'인가?

• 확실한 정보를 가지고 판단하기 위해 각종 제반요소와 상황만 되묻다가 적기를 놓쳐버리는 경우

• 특정단서, 또는 한 가지 정보에만 집착하거나 지나치게 확대해석하여

판단하는 경우

- 상대방이 건의하면 그때서야 판단하거나, 간단한 문제조차 제대로 결심하지 못하는 행위
- 임무수행간 우발상황을 예측해보지 않고, 현재의 상태만 가지고 판단하려는 경우

◎ 어떻게 하면 '상황판단력'을 개발할 수 있는가?

- 마음과 생각 바꾸기
  · 하루 중 30분 이상은 차분히 앉아서 마음의 여유와 안정을 갖고, 당면한 문제들을 머릿속으로 정리해보자.
  · 임무수행시 항상 우발상황을 예측해보고, 이에 대한 대처방안을 미리 생각하는 워게임(War Game)을 생활화하자.
  · 나의 지식을 과신하지 말고, 누구에게나 배우겠다는 생각으로 집단지성을 발휘하여 지식과 사고의 폭을 넓히자.
  · 임무나 과업을 부여받았을 때 이를 핵심문제와 주변문제로 쪼개어 구분하고, 단순화시키는 사고의 습관을 가지자.
- 행동으로 실천하기
  · 상황파악을 위한 통찰력(Insight)을 이해하고 연마하자.
  · 상대방들에 대한 편견이나 선입견을 버리고, 객관적으로 장·단점을 파악하여 적재적소에 배치하자.
  · 과업 추진 전 다양한 의견을 수렴하여 상대방들과 공감대를 형성하며, 이를 바탕으로 유연하고 냉철하게 판단하자.
  · 과업수행간 애매한 문제로 판단에 고민이 되면 상급부대 지시, 규정과 방침을 확인하여 합법성 여부를 검토하자.
  · 임무를 부여받으면, METT+TC(S)요소에 의거하여 분석하고, 평가하는 사고습관과 상황조치능력을 기르자.
  · 부대 내 발생하는 작은 징후나 현상도 무시하지 말고, 주의 깊게 관찰하자.
  · 과업 수행 전 위험예지교육 Check List를 확인하여 발생 가능한 안전사

고를 예측하고 상황조치능력을 배양하자.

·상황판단력을 증진시키기 위해 SWOT(스와트)기법 등 과학적이고 체계적인 방법을 활용하자.

·평소 직무분야 교범과 관련 자료를 탐독하여 올바른 판단을 위한 '경험지식'을 축적하자.

·임무를 수행할 때 관련된 내용들을 한눈에 볼 수 있도록 각종 필요한 요소들을 시각화하도록 노력하자.

·전투나 훈련시 첩보와 정보를 구분하여 객관적으로 평가하고, 발생하는 상황들의 공통점과 연계성을 관찰하는 습관을 가지자.

4) 지적수용력

◎ '지적수용력'이란 무엇인가?

새로운 지식을 받아들이려는 개방적 태도와 관점, 지식탐구 노력, 신지식 활용 능력이며, 초급간부로서 자신의 계급·직책에서 필요한 전문지식을 습득하기 위해 부단히 노력하고, 새로운 지식과 정보를 업무에 적용하여 활용할 수 있는 능력이다.

◎ 왜 '지적수용력'을 함양해야 하는가?

• '지적수용력'을 함양했을 때 얻게 되는 이점

·어제의 나보다 조금 더 발전하는 원천이 된다.

·급변하는 환경변화에 적응이 수월하고, 미래의 불확실한 상황을 예측하여 대응방안을 준비하는데 도움을 준다.

·전투시 다양하고 기발한 전술과 전투기술을 창안할 수 있고, 이를 적용하여 적의 허(虛)를 찌를 수 있다.

• '지적수용력'을 함양하지 않았을 때 문제점·불이익

·현실에 안주하게 되어 자기 성장이 정체되고, 빠른 환경변화에 적응하지 못해 결국 도태된다.

·상대방들과의 소통이 원활하지 못하고, 과업 수행시 지금까지 해오던 관

행에만 의존하게 된다.
· 전투시 아집과 독선에 사로잡혀 부대를 위기에 빠트릴 수 있다.

◎ 어떤 모습이 잘못된 '지적수용력'인가?
• 교범, 관련규정은 등한시하고, 타인의 경험이나 Know-How, 의견만 수용하여 당면한 문제를 쉽게 처리하려는 접근방법
• 자신의 직무분야나 군사지식 습득 노력은 소홀히 하고, 사적 분야의 지식과 정보 습득에만 치중하는 태도
• 인접부대에서 잘하고 있는 점을 자신의 상황이나 환경을 고려하지 않고 그대로 답습하여 업부에 적용하려는 행태
• 배우려는 마음은 있으나, 비판적인 사고 없이 무조건 수용하려는 태도

◎ 어떻게 하면 '지적수용력'을 함양할 수 있는가?
• 마음과 생각 바꾸기
· 호기심을 갖는 것은 '나를 성장시킨다'는 것을 인식하자.
· 자신의 직무분야나 군사관련 지식뿐만 아니라 다양한 분야(인문, 과학, 상식 등)의 지식을 탐구하는데 게을리하지 말자.
· 자신의 관점과 지식만이 옳다는 아집과 편견을 버리고, 주변 사람의 의견을 존중하고 경청하여 집단지성을 적극적으로 활용하겠다는 마음을 가지자.
· 상대방들이 자기개발과 조직발전에 새로운 지식을 적극 활용하도록 독려하고, 여건을 조성해주는 것이 중요함을 인식하자.
• 행동으로 실천하기
· 교범이나 군사관련 서적을 틈틈이 탐독하고, 독서노트를 작성하여 업무에 활용하자.
· 다양한 인문학적 소양을 확장하기 위해 노력하자.
· 모르는 것이 생기면 귀찮더라도 검색엔진을 이용하여 반드시 찾아보고 확인하는 습관을 가지자.
· '국립국어원 표준국어대사전 앱'
· 네이버, 다음, 구글 등 자료 검색엔진

· 초급 간부들에게 상대적으로 부족한 '결정지능(Crystallized intelligence)'을 향상시키기 위해 '결정지능을 높이는 19가지 방법'을 실천하자.
· 머리가 경직되지 않도록 모든 일에 흥미 가지기
· 사물이나 대상의 본질을 파악하여 요약하는 습관 가지기
· 결정지능의 토대를 만들기 위해 특정분야에 관심을 가지기 등
· 지적 자극활동을 꾸준히 하여 두뇌를 늘 깨어 있게 하자.
· 습득한 지식을 지혜로 승화시키는 연습을 꾸준히 하자.
· 4차 산업혁명에 대해서 관심을 가지고, 관련 지식을 탐독하고 군에 적용할 수 있는 분야를 찾아 연구하자.

4. 역량 개발

리더의 역량은 개발될 수 있다. 만일 개발될 수 없다면 학교교육, 부대훈련, 자기개발 노력이 무의미해진다. 먼저 역량을 개발시키고자 하는 대상의 특징을 정확히 진단하고, 그 결과에 따라 적절한 동기를 부여하면서 열정과 애정을 갖고 꾸준히 지도한다면 역량은 개발될 수 있다. '역량 개발'의 범주를 구성하는 핵심요소는 '자기개발', '상대방개발', '긍정의 전사공동체 육성(조직개발)'이다.

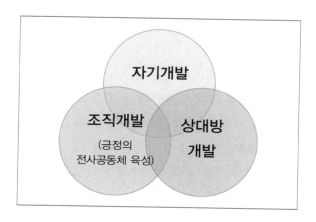

위의 3가지 핵심요소를 포함한 이유는 다음과 같다.

첫째, 리더는 현재 및 장차 예상되는 역할을 수행하는데 필요한 능력을 스스로 개발하고 향상시켜야 한다.

둘째, 상대방의 역량을 개발시키는 것은 리더의 중요한 책임이므로 '상대방개발'을 또 다른 핵심요소로 선정하였다. 리더는 상대방의 현재 및 차후직책에서 필요한 임무수행능력을 개발시켜야 한다.

셋째, 공동의 목표달성을 위해 조직의 갈등을 슬기롭게 해결하고 단합을 이끌어 내어 '긍정의 전사공동체로 육성(조직개발)'해야 한다. 긍정의 전사공동체가 됨으로써 조직원 서로가 신뢰하는 가운데 공동체 가치를 우선하고, 멸사봉공의 자세와 전우애로 화합·단결되어, 밝고 긍정의 에너지가 넘치는 바람직한 방향으로 조직 분위기가 개선될 수 있기 때문이다.

1) 자기개발

◎ '자기개발'이란 무엇인가?

현재 및 장차 역할수행에 필요한 능력을 스스로 개발하고 향상시키는 활동이며, 리더로서 자신의 부족한 자질과 역량을 인식하고, 현재 및 장차 역할을 수행하는데 필요한 능력을 구체적·계획적으로 개발하고 향상시키는 노력이다.

◎ 왜 '자기개발'을 실천해야 하는가?

• '자기개발'에 성공했을 때 얻게 되는 이점
  · '발전'을 중요한 가치로 인식하면 모든 갈등·모순에도 의미가 생기고, 타인의 조언과 비난도 기분 좋게 받아들일 수 있게 된다.
  · 자신의 직무에 전문성을 갖춰 임무수행에 자신감이 생기고, 긍정적·적극적으로 군 복무를 하게 된다.
  · 발전하는 자신의 모습이 주변사람들에게 귀감이 되고, 부대와 상대방들에게도 좋은 영향을 준다.

- '자기개발'을 소홀히 했을 때 발생하는 문제점·불이익
  - 노력하지 않아 발전이 없고, 생활이 무기력해진다.
  - 상대방들에게 무능력한 간부로 인식되어, 존경받지 못한다.
  - 전장에서 전술지식 부족과 체력적 열세로 전투상황에 제대로 대처하지 못하며 부대를 올바로 지휘할 수 없다.

◎ 어떤 모습이 잘못된 '자기개발'인가?
- 현재 및 장차 직무수행에 필요한 능력개발은 등한시하고, 자격증 획득에만 노력을 집중하는 경우
- 미래에 이루고자 하는 비전과 목표는 거창한데, 정작 이를 위한 노력과 실천은 미미
- 처음에는 열정을 가지고 거창하게 자기개발 계획을 세우지만, 중도에 힘들거나 흥미가 떨어지면 쉽게 포기하는 경우

◎ 어떻게 하면 '자기개발'이란 요소를 실천할 수 있는가?
- 마음과 생각 바꾸기
  - 자신을 타인과 비교하며 좌절하지 말고, 어제의 내 모습과 비교하며 앞으로 발전적으로 변화될 모습을 상상하자.
  - 자신의 인식이 먼저 바뀌어야 가치관이 바뀌게 되고, 결국 행동이 바뀌게 된다는 것을 명심하자. (KEL 모형)
  - 오늘 하루도 헛되이 보내지 말고, 나를 발전시키는 일에 시간과 노력을 집중할 것을 다짐하자.
  - '무능력한 리더는 부대와 상대방들을 위태롭게 한다.'는 것을 명심하고, 자신의 직무에 전문가가 되겠다고 다짐하자.
  - 자신의 한계를 규정하여 포기하지 말고, 단점보다는 장점을 생각하며, 스스로 '할 수 있다!'는 유능감을 높이자.
- 행동으로 실천하기
  - 자기진단을 통해 현재 자신의 수준과 장·단점을 정확히 파악하고, 이를 수용하여 자기발전의 기초로 삼자.

· 평가·달성 가능한 수준으로 목표를 선정하고, 일일·주간·월간 단위로 구체적인 자기개발 실천계획을 작성하자.

· 자기개발과 관련된 각종 이론과 기법들을 찾아서 자신의 생활 가운데 적용하자.

· 실생활에 '셀프리더십' 실천

· 르윈(Lewin)의 '변화이론'을 적용

· 조하리(Johari)의 마음의 창 중 '맹점'에 주목

· 자신이 본받고 싶은 '롤모델'을 정하고, 이러한 롤모델의 특성과 나의 모습을 비교하여 부족한 점을 보완하자.

· 자기개발에 동참할 동료와 팀을 만들어 함께 실천함으로써 서로 격려하며, 성취동기와 추진력을 높이자. (무리의 법칙)

· 올바른 '팔로워십'에 대해서 이해하고 스스로 개발하자.

· 군 관련 학위, 각종 자격증, 어학시험 등 자기의 전문성과 지식을 확장하기 위해 끊임없이 도전하자.

2) 상대방개발

◎ '상대방개발'이란 무엇인가?

상대방의 현재 및 차후직책에서 임무를 수행하는데 필요한 능력을 개발시키는 것이며, 상대방의 현 수준을 정확히 파악하여 맞춤식으로 지도하고, 여건보장과 동기부여를 통해 지속적으로 성장시키는 것이다.

◎ 왜 '상대방개발'을 실천해야 하는가?

• '상대방개발'에 노력했을 때 얻게 되는 이점

· 상대방에 대한 나의 영향력이 높아지고 가르치는 과정에서 나도 성장하게 된다.

· 상대방들의 성취동기가 높아지고, 교육의 연쇄작용이 나타난다.

· 개인과 조직의 전투수행능력이 향상되고, '임무형지휘'의 토대가 마련된다.

- '상대방개발'을 소홀히 했을 때 발생하는 문제점·불이익
  - 상대방들의 임무 이해수준이 낮고 추진방법이 졸렬(拙劣)하여 업무성과가 저조하다.
  - 상대방들이 목표의식 없이 생활하며, 노력하려는 자세를 보이지 않아 부대가 정체되고 퇴보한다.
  - 상대방들의 전술적 이해도가 부족하고 전투수행능력이 저조하여 작전계획과 상관의 명령을 제대로 시행할 수가 없다.

◎ 어떤 모습이 잘못된 '상대방개발'인가?
- 상대방들의 능력향상 보다는 상대방개발을 핑계로 부대의 외적인 성과와 실적을 올리는 데에만 집착
- 상대방의 직책과 직무에 관련된 능력개발보다는 직무와 관계없는 능력개발 지원이 우선시 되는 경우
- 상대방들의 동기부여나 공감대 형성 없이 성과위주 보여주기식 능력개발만 강조하고 강압적으로 통제하는 경우

◎ 어떻게 하면 '상대방개발'을 잘 할 수 있는가?
- 마음과 생각 바꾸기
  - 원석을 다듬어 예술품으로 만든다는 생각으로 상대방들의 약점보다는 강점에 주목하자.
  - 상대방들에게 해줄 수 있는 최고의 복지는 전장에서 그들이 살아남을 수 있도록 철저히 훈련시키고 능력은 개발하는 것임을 명심하자.
  - 내가 먼저 솔선수범함으로써 상대방들이 나를 보고 자기개발에 대한 동기를 자극할 수 있도록 하는 것이 중요함을 인식하자.
  - '상대방들의 발전이 곧 전투력 향상'이라는 인식을 갖자.
- 행동으로 실천하기
  - 상대방들의 수준을 객관적으로 진단하고 평가하기 위해 다양한 방법들을 이용하여 데이터를 구축하고 상대방지도에 활용하자.
  - 적정한 수준의 목표와 달성했을 때의 청사진을 제시하고, 상대방과 공감

대를 형성하여 자발적으로 실천할 수 있도록 만들자.
· 특정분야의 수준이 저조한 상대방은 멘토를 지정하여 눈높이에 맞춰 단계적으로 성장할 수 있도록 지도해주자.
· 상대방개발 노하우에 대해 정보를 주는 각종 자료들을 탐색하고 학습하자.
· 상대방개발을 위한 구체적인 계획을 작성하고, 단기목표를 설정하여 상대방이 성공경험과 성취감을 느낄 수 있도록 해주자.
· '코칭'을 이용하여 상대방들의 자기개발 욕구를 자극하자.
· 임무부여시에는 명확한 의도와 과업을 제시하고 상대방이 자율성을 바탕으로 스스로 문제를 해결할 수 있도록 충분한 시간과 권한을 위임하는 임무형지휘를 실천하자.
· 상대방들의 학습효과를 높이기 위해 발표와 교육 등의 기회를 자주 부여하고, 제대로 말하는 방법을 습관화시키자.
· 상대방들이 능력개발을 위해 자율적으로 몰입할 수 있도록 환경과 여건을 조성해주자.
· 훈련·작전수행간 노하우(Know – How)를 노트에 기록하고, 이를 상대방들에게 전수하여 역량을 향상시키자.

3) 긍정의 전사공동체 육성〔조직개발〕

◎ '긍정의 전사공동체 육성'이란 무엇인가?

밝고 긍정적인 조직문화가 정착되고, 전투와 경쟁에서 싸워 승리하며, 멸사봉공, 전우애 등 공동체 가치로 화합·단결되는 부대를 만드는 것이다.
구성원 모두가 군인임과 동시에 무적의 戰士로서 전투와 경쟁에서 '승리하는 부대', 공동체 가치로 화합·단결되어 '하나되는 부대'로 육성하는 것이다.

◎ 왜 '긍정의 전사공동체'를 육성해야 하는가?

• '긍정의 전사공동체'가 되었을 때 얻게 되는 이점
· 통제나 지시가 없어도 자발적으로 임무를 수행하게 된다.
· 상대방들에게 좋은 영향을 미쳐 '즐겁게 근무하는 부대', '승리하는 부대',

'하나되는 부대'로 정착된다.

· 전투시 끈끈한 전우애로 일심동체(一心同體)가 되어 강력한 전투력을 발휘할 수 있다.

- '긍정의 전사공동체'가 되지 않았을 때의 문제점·불이익

· 부대의 사기가 떨어지고, 단결력이 저하된다.

· 마지못해 임무를 수행하고, 부대 성과도 기대할 수 없다.

· 전투시 사분오열(四分五裂)되어 패배하게 된다.

◎ 어떤 모습이 잘못된 '전사공동체'인가?

- 부대 분위기를 좋게 하기 위해서는 무조건 잘해주기만 해야 한다고 생각하는 지휘스타일

- 상대방들의 복지와 근무환경에 신경 쓴다는 이유로 사적인 분야까지 과도하게 참견하고 간섭하는 행위

◎ 어떻게 하면 '긍정의 전사공동체'를 육성할 수 있는가?

- 마음과 생각 바꾸기

· 지금 내가 하고 있는 일이 좋은 결과를 가져올 것이라는 믿음과 항상 긍정적으로 생각하는 마음을 갖자.

· 나의 사소한 행동들이 조직 전체에 영향을 미친다는 점을 인식하고, 나 자신부터 도전과 성취를 통해 긍정적인 마음을 가지겠다고 다짐하자.

· 작전·훈련은 힘들지만, 병영생활은 상대방들이 웃으며 즐겁게 생활할 수 있는 분위기를 조성하겠다고 다짐하자.

· 상대방들이 긍정적인 마음으로 복무할 수 있도록 교육하자.

· 나 자신부터 군인정신을 신념화하고, 전술·전기에 대한 전문성을 갖춤으로써 '싸워 승리하는 부대'를 만들겠다고 다짐하자.

- 행동으로 실천하기

· 나의 상대방들이 도전을 통해 성취를 경험하도록 지도하자.

· 때론 질책도 필요하다. 그러나 긍정의 비율이 더 높아야 한다. 내가 지휘하는 조직에 기적의 「로사다 비율」을 실천하자.

· 군대는 속성상 통제·규제·지시가 필요하다. 하지만 상황에 맞는 권한 위임과 신뢰는 부대를 활기차고 긍정적으로 변화시키는 열쇠다.

· 잘 살펴보면 어떤 상대방나 조직도 최소 1개 이상의 강점(장점)이 있다. 강점(장점)에 주목하고 강점이 극대화 되도록 지도하자.

· 팀워크 방해요인을 식별·제거하고 향상방법을 실천하자.

· '긍정적 말투'를 사용하고, '덕분에' 운동을 실천하자.

· 부대원들의 갈등을 주기적으로 파악하고, 해결함으로써 전우애가 충만하고 화합·단결된 '하나되는 부대'를 만들자.

· 상대방들을 인정하고 칭찬하자.

· 일과시간 준수는 부대의 군기와 기율을 유지하는 기본이다. 상대방들이 일과시간을 준수토록 교육하고, 업무와 휴식이 적절히 조화를 이루도록 관심을 갖자.

5. 영향력 발휘

영향력은 '명백한 물리력이나 직접적인 명령의 행사 없이 효과적으로 작용하는 힘'이다.

직접적인 명령이나 지시 없이도 리더가 원하는 방향으로 구성원들이 움직일 수 있도록 보이지 않는 힘인 영향력을 행사한다는 것은 사실 놀랍고, 매력적인 연구대상이 아닐 수 없다. 이런 이유에서 영향력은 리더십의 핵심 개념이다. 영향력은 직책영향력과 개인영향력으로 구분된다. 부여된 직책에 따르면 합법적, 보상적, 강제적 권위가 직책영향력에 포함된다. 법과 규정의 범위 내에서 행사하는 직책영향력은 매우 효과적인 힘의 원천임에 틀림없지만 오직 직책영향력만으로 리더십을 행사해서는 구성원의 진정한 헌신과 마음에서부터 우러나는 복종을 기대할 수 없다. 직책영향력 못지않게 중요한 개념이 개인영향력이다. 리더의 인격, 인간미, 매력 등이 빚어내는 준거적 권위와 전문분야에 능통한 전무가적 권위가 개인영향력을 구성한다.

동일한 직책에 임명된 리더들이 서로 다른 영향력을 발휘하는 것은 개인 영향력의 크기가 다르기 때문이다. 개인영향력을 증진시킬 수 있는 효과적인 방법이 '영향력 발휘' 범주의 핵심요소들이다. '영향력 발휘' 범주를 구성하는 핵심요소는 '솔선수범', '동기부여', '소통', '신뢰구축'이다.

위의 4가지 핵심요소를 포함한 이유는 다음과 같다.

첫째, '솔선수범'은 상대방들에게 영향력을 발휘하는 가장 강력한 수단이기 때문에 중요하다. 앞장서서 행동으로 실천함으로써 구성원들의 본보기가 되는 것은 매우 중요하다. 특히, 어렵거나 위험할 때 앞장서는 리더의 솔선수범은 상대방들을 이끄는 강력한 영향력의 비밀이다.

둘째, 목표달성을 위해 구성원들의 의욕과 열정을 불러일으키는 '동기부여'는 구성원을 움직이는 핵심 역량이다.

셋째, 조직 내에서 '소통'이 되지 않으면 부여된 임무를 완수할 수 없다. 상호작용을 통해 자신의 생각을 전달하고 상대방을 이해하는 소통은 긍정적인 영향력을 행사하기 위한 중요한 전제조건이다.

넷째, 구성원의 신뢰를 받지 못하는 리더는 제대로 영향력을 행사할 수 없기 때문에 '신뢰구축'은 무엇보다 중요하다. 그러므로 리더는 '솔선수범', '동기부여', '소통' 등 다양한 노력과 접근을 통해 구성원들의 마음과 믿음을 얻는 '신뢰구축'에 성공해야 한다.

1) 솔선수범

◎ '솔선수범'이란 무엇인가?

앞장서서 행동으로 실천하여 구성원들의 본보기가 되는 것이며, 상대방들과 동고동락(同苦同樂)하며, 내가 하기 싫은 일은 상대방에게 시키지 말고, 어렵고 힘든 일에 앞장서서 행동을 보이는 것이다.

◎ 왜 '솔선수범'을 실천해야 하는가?

• '솔선수범'을 실천했을 때 얻게 되는 이점

· 상대방들에게 존경받으며, 상급자·동료에게는 신뢰를 받는다.

· 상대방들이 자발적으로 따르며, 임무에 적극적으로 동참한다.

· 전투시 위기에 처하거나 어려운 상황에 부딪히더라도 부대원들이 용기를 내어 헌신적으로 임무를 수행하게 된다.

• '솔선수범'을 실천하지 않았을 때 문제점·불이익

· 현장 감각이 없어지고, 임무수행간 시행착오가 반복된다.

· 상대방들이 어렵고 힘든 일은 피하고, 수동적인 태도를 갖게 된다.

· 전투시 영(令)이 서지 않아, 상대방들이 명령을 따르지 않는다.

◎ 어떤 모습이 잘못된 '솔선수범'인가?

• 자신의 역할을 인식하지 못하고, 조직을 활용하지 못한 채 무조건 다 직접 하려고만 하는 태도

• 전체적인 큰 그림을 보지 못하고, 특정 일부국면에 빠져서 열심히만 하는 모습

• 솔선수범을 지휘의 수단이 아닌 전부로 착각하고, 상대방들의 동기유발이나 동참은 등한시한 채, 본인만 열심히 하는 경우

• 시범을 보인다는 명목하에 상대방들을 무시하거나 자신의 능력을 과시하는 행태

• 임무수행시 공명심(功名心)에만 혈안이 되어 만용을 부리고, 무계획적으로 앞장서 행동하는 경우

◎ 어떻게 하면 '솔선수범'이란 요소를 실천할 수 있는가?

• 마음과 생각 바꾸기

· '현장에 문제와 답이 있다.'는 생각으로 상대방들과 함께 동고동락(同苦同樂)하며, 현장에서 지휘하겠다고 다짐하자.

· 나부터 말과 행동을 일치시키고, 올바른 언행을 사용하여 상대방들을 존중하고, 배려하는 분위기를 만들겠다고 다짐하자.

· 사소한 일이라도 관련 규정과 방침·지침을 숙지하고, 나부터 지켜 상대방들에게 좋은 본보기가 되겠다고 다짐하자.

· 내가 먼저 변화해야 타인을 변화시킬 수 있음을 인식하고, 매일 나를 돌

아보며, 행동으로 실천하겠다고 다짐하자.

· 전투시 리더의 가장 큰 특권은 '상대방들보다 앞에 서서 싸울 수 있다는
것'임을 인식하고, 자랑스럽게 여기자.

• 행동으로 실천하기

· 어렵고 위험한 일은 상대방에게 미루지 말고, 반드시 내가 헌신하여 책임
지고 해결하자.

· 각종 훈련 및 근무간 규정과 방침을 준수하고, 모범을 보임으로써 상대방
들이 닮고 싶도록 하자.

· 교육훈련예정표를 확인하여 중요하고 위험한 과업과 내가 위치할 곳이
어디인지를 판단하고, 현장위주로 임무를 수행하자.

· 앞장서 행동한 후에는 상대방들이 이를 통해 자신감을 갖고 동참할 수
있도록 격려하고, 지지하여 신뢰감을 심어주자.

· 자신이 바라는 '바람직한 팔로워'의 모습이 있다면, 나도 상관에게 그러한
'바람직한 팔로워'가 되자.

· 각종 작전이나 전투시 진두지휘로 모범을 보여 상대방들을 감화시키고,
사기를 고양시키자.

2) 동기부여

◎ '동기부여'란 무엇인가?

목표달성을 위해 구성원들의 의욕과 열정을 불러일으키는 것이며, 임
무수행의 목적을 알려주고, 인정과 칭찬, 격려, 공정한 신상필벌로 상
대방들의 사기, 의욕, 열정을 이끌어 내는 비법이다.

◎ 왜 '동기부여'를 실천해야 하는가?

• '동기부여'를 했을 때 얻게되는 이점

· 자발적으로 업무에 임하게 되며, 과정이 힘들더라도 임무를 완수하려고
노력한다.

· 임무에 대한 주인의식과 창의성이 향상되고, 결과에 대해 책임의식이 높

아진다.

· 부대 사기가 높아지고, 전투에서 승리하겠다는 의지가 강해진다.

• '동기부여'를 하지 않았을 때 발생하는 문제점·불이익

· 군복무에 대한 가치와 의욕이 떨어지고, 상대방들을 다그치며, 탓하는 행동이 반복되어 스트레스가 쌓인다.

· 상대방들이 시키는 일만 억지로 하고, 불평불만을 늘어놓는다.

· 업무성과가 낮고, 부대전체 사기가 저하된다.

· 전투시 목표와 임무에 대한 의지가 약해져 작전에 실패하게 된다.

◎ 어떤 모습이 잘못된 '동기부여'인가?

• 업무를 부여하면서 너무 자주 또는 지나치게 큰 보상을 약속하거나 자신의 능력을 벗어난 보상을 약속하는 경우

• 일의 진행 또는 결과를 평가하면서 사기를 높인다고 진정성이 결여된 채 의례적이고 반복적으로 칭찬하는 경우

• 개별적인 관심과 배려가 지나쳐서 계급과 직책의 권위는 경시하고 인간적으로만 친해지려고 하는 경향

◎ 어떻게 하면 '동기부여'란 요소를 개발할 수 있는가?

• 마음과 생각 바꾸기

· 군복무 비전과 목표를 상기하고, 업무는 시켜서 하는 것이 아닌 내 스스로 주도적으로 추진하겠다고 다짐하자.('자율성')

· 하루에 한 명은 칭찬과 격려를 하겠다고 생각하고, 질책을 할 때는 신중하게 언행과 감정을 조절하자.('관계성', '유능성')

· 출근하면 상대방들의 이름을 친근하게 불러주고, 하고 있는 일에 관심을 표명하여 호감을 주겠다고 다짐하자.

· 상대방들이 성장·발전하는 것을 느낄 수 있도록 성취감을 줄 수 있는 업무나 방법을 매일 한가지씩 생각해보자.('유능성')

• 행동으로 실천하기

· 육군수첩에 자신의 군생활 비전과 세부목표, 실천계획을 작성하고, 매일

보면서 목표의식을 강하게 만들자.('자율성')

· 임무를 부여할 때 반드시 목적과 배경, 목표를 설명해주고, 임무 후에는 성과를 알려주어 보람을 갖도록 하자.('자율성')

· 유명한 사람들의 성공사례나 자기개발서 탐독으로 반복되는 일상에 스스로 자극을 주고, 상대방들에게도 권하고 교육하자.('자율성', '유능성')

· 동기부여의 구체적인 이론과 방법을 학습하여 적용하자.

· 성과가 기대에 못 미치더라도 부대원의 노력을 인정하고 칭찬해주며, 진정성을 담아 구체적으로 조언해주자.

· 상대방들의 기본적 욕구나 권리를 제한하거나 통제하지 말고, 불가피할 경우에는 이유와 명분을 명확하게 설명하자.('관계성')

· 작전이나 교육훈련시 능력과 특성을 고려하여 임무를 부여하고, 적임자임을 강조하여 상대방들의 기(氣)를 살려주자.('관계성', '유능성')

· 작전, 교육훈련과 연계된 경연대회를 활성화하여 선의의 경쟁의식을 높이고, 성취감을 갖게 하자.('유능성')

3) 소통

◎ '소통'이란 무엇인가?

상호작용을 통해 자신의 생각을 전달하고 상대방을 이해하는 것이며, 말과 글을 정확하고 간결하게 표현하여 자신의 생각을 전달하고, 상대방의 의사표현은 존중의 마음으로 잘 경청하는 것이다.

◎ 왜 '소통'해야 하는가?

• 올바른 '소통'을 했을 때 얻게 되는 이점

· 구성원간 친밀도와 유대감이 높아지고, 신뢰가 형성된다.

· 상대방들이 쉽게 이해·공감하여 부대가 한 방향으로 움직이게 된다.

· 전투준비, 교육훈련, 부대관리에 임무형지휘가 가능해진다.

• '소통'을 제대로 하지 않았을 때 문제점·불이익

· 자신의 것대로만 상대방의 말과 행동을 이해하기 때문에 상대방·동료들

과 현저한 인식 차이가 발생한다.
- 일방적인 지시와 전달 위주의 부대운영으로 부대내에 소통에 벽이 생기고, 상하간 신뢰가 깨진다.
- 부대 내 불평과 불만이 고조되고, 단결을 저해하여 효율적인 조직성과 달성이 제한된다.

◎ 어떤 모습이 잘못된 '소통'인가?

- 상대방이 의견을 개진할 때 귀담아 듣지 않고, 자기주장만 되풀이하며 훈계나 설교조의 말투로 대화
- 회의시 일방적 지시나 경고·위협투의 의사표현으로 참석자들의 의견 개진을 막고, 토의 분위기를 경직시킴.
- 논쟁을 할 때 상대방의 열등감이나 무능력을 은근히 암시하는 표현을 하여 상대방 기분을 상하게 하는 대화 방식
- 자신의 업무나 업적을 과시하기 위해서 업무와 무관한 사람들에게 업무내용을 과장하여 자랑하는 행위

◎ 어떻게 하면 '소통'이라는 요소를 개발할 수 있는가?

- 마음과 생각 바꾸기
  - 사회와 조직은 다양성이 존재하는 곳이다. 무엇을 보고 판단할 때 다름과 다양성의 차이를 인정하자.
  - 오늘 출근하여 상대방들과 대화할 때 중간에 말을 끊지 않고, '열린 마음으로 끝까지 경청'하겠다는 스스로 다짐하자.
  - 하루를 정리하면서 동료·상대방들에게 상처 준 것이나 실수한 것은 없는지 생각하고, 반성해 보는 습관을 갖자.
- 행동으로 실천하기
  - 상대방과 대화를 할 때 '너 – 메시지(You - message)'보다는 '나 – 메시지(I - message)'를 적극 사용하자.
  - 공감적 경청과 간결하고 정확하게 말하는 연습을 하자.
  - '긍정형 말투'를 사용하고 '덕분에' 운동을 실천하자.

・말하기 전 내용의 핵심을 머릿속으로 정리한 후 가능한 수치나 백업자료를 활용하여 말하는 습관을 기르자.

・자신의 말을 녹음하여 들어보고, 불필요한 언어습관이나 부적당한 발음과 내용을 반복 연습하여 고치자.

・개인적 의견이나 고충은 반드시 지휘계통으로 건의하고, 상대방들의 정당한 의견과 고충은 적극적으로 해결하자.

・중요한 사항은 적절한 시점에 복명복창과 임무수행계획보고(Back Briefing)로 정확히 이해했는지를 확인하자

・다양한 의사소통방법을 개발하여 주기적으로 실시하자.

4) 신뢰구축

◎ '신뢰구축'이란 무엇인가?

부대원의 마음을 얻어 서로 굳게 믿고 의지하는 관계를 정립하는 것이며, 말과 행동이 일치하여 진실되고, 자기분야의 전문적인 지식을 갖추고 있어 어떠한 임무도 믿고 맡길 수 있는 상태이다.

◎ 왜 '신뢰구축'을 해야 하는가?

• '신뢰구축'이 되었을 때 얻게 되는 이점

・상대방들의 마음을 얻어 자발적인 복종을 이끌어 낼 수 있다.

・부대원들이 자신을 믿는 리더를 위해 주인의식을 가지고 임무를 수행하게 된다.

・전투상황에서 이심전심(以心傳心)의 협조된 전투가 가능하다.

• '신뢰구축'이 되지 않았을 때 문제점・불이익

・매사 의심하고, 경계하여 좋은 대인관계를 맺을 수 없다.

・상대방들이 리더의 말을 믿지 않아 소통이 점차 단절된다.

・부대원간 갈등이 생겨 임무수행이 불가능해지고, 부대의 단결력이 저하된다.

・전투시 불신으로 부대가 지리멸렬(支離滅裂)하여 흩어진다.

◎ 어떻게 하면 '신뢰를 구축'할 수 있는가?

- 마음과 생각 바꾸기
  - 자신을 정확히 진단하여 자기 행동이 부대원들에게 어떠한 영향을 주는지 평가하고, 부족한 점을 고치겠다고 다짐하자.
  - 상대방들의 신뢰를 얻는 최고의 방법은 그들이 '부대와 상관으로부터 존중받는다고 느낄 때'임을 명심하고 부대원 개개인을 소중한 인격체로 인식하고, 전우로서 존중하자.
  - 상대방들이 실수했을 때, 그 입장과 처지를 이해하고 격려해 줄 수 있는 마음자세를 가지자.
- 행동으로 실천하기
  - 호감이 생기면 신뢰가 강화된다. 부대원들과 인간적인 호감을 높이기 위해 의도적으로 노력하자.
  - 상관과 상대방간의 신뢰구축은 임무형지휘 성패의 핵심요소다. 신뢰구축을 위해 다음과 같은 사항을 상호 준수하자.
  - 동료나 선·후배, 상급자에게 멘토링을 요청하여 나의 대인관계행동에 대한 조언을 듣고 발전의 디딤돌로 삼자.
  - 부대원들의 불협화음을 주기적으로 파악하여 '갈등요인'을 정리하고, 적시에 갈등을 해결하자.
  - 각종 작전·훈련, 대민지원 등 어렵고 힘든 임무수행시에는 항상 앞장서서 솔선수범하자.
  - 나눠먹기식 포상이 아닌 성과에 따라 명확히 포상하고 공적사실은 게시판이나 결산시간을 통해 모두에게 공개하여 불신을 없애자.
  - 계급과 직책에 맞는 전문지식을 갖추기 위해 노력하자.
  - 상대방들과 동고동락(同苦同樂)하면서 불편한 것과 원하는 사항을 확인하여 조치하고, 상대방들의 복지에 관심을 갖자.

다함께 참여하는 조별과제

1. 육군의 가치관에 대해 조별 토의 후 발표하시오.

2. 군에서 추구하는 리더다움에 대해 조별 토의 후 발표하시오.

면접시험 출제(예상)

오늘날 리더십에는 여러 가지 이론이 있다. '긍정형 리더십' 이론에서 '주인의식을 가지고 능동적으로 실천하자'를 설명해 보세요?

◐ Tip

지원자의 리더십을 검증하려는 질문입니다. 최대한 침착하고 자신있게 핵심내용을 설명하고 사례를 들어 설명한다면 좋은 평가를 받을 것입니다.

답변 예문

긍정형 리더십 이론에서 주인의식을 가지고 능동적으로 실천하자에 대해 말씀드리겠습니다.

주인의식을 갖자는 것은 내가 주인의 마음으로 일하자는 것입니다.

즉, 힘들고 남이 하기 싫어하는 일에 내가 먼저 동참하고, 매사에 불평불만을 하지 않고 긍정적으로 생각하며, 상급자 입장에서 생각하고 행동해야 한다고 생각합니다.

사례를 하나 들어보겠습니다.

낙하산을 만드는 회사를 운영하는 사장이 있었는데, 낙하산 불량률을 줄이기 위해 백방으로 노력하였으나, 여전히 불량률은 감소하지 않았습니다. 사장은 급기야 "낙하산 불량률 테스트는 자기가 만든 것은 자기가 한다."라고 선언하고 비행기에 직원을 싣고 하늘로 올라간 후 한 사람씩 낙하를 시켰더니 낙하산 불량률이 제로가 되었다고 합니다.

조직원들이 주인정신을 갖고 임하느냐, 아니냐에 따라 그 결과는 사뭇 다르게 나타난다는 사례입니다.

⊙ Tip

어느 면접관이 갑질을 하고 싶었다. 지원자의 신상에 관한 질문은 하지 말라고 교육을 받았으면서... 얼굴이 말처럼 긴 지원자에게 이런 질문을 하였다. "지원자는 얼굴이 필요 이상으로 무척 길구먼. 혹시 자네는 '머저리'와 '바보'가 어떻게 다른지 아는가?" 면접관은 이 말을 들은 지원자가 얼굴을 붉히고 화를 낼 줄 알았다. 그러나 지원자는 태연하게 대답했다. 이 재치있는 대답으로 합격이 되었다. 뭐라고 했을까요?

▸ "네, 결례되는 질문을 하는 쪽이 머저리이고, 그런 말에 대답을 하는 쪽이 바보입니다."

나는 가수다(나도 노래를 잘 할 수 있다~)

대찬인생	ー박현빈

박차고 태어나서 겁날게 뭐가 있냐
깨지고 박살나도 제대로 한판 붙어봐
딱 한번 인생인데 기죽고 살지마라
가슴을 활짝 펴고 멋있게 사는거야
세상만사 그런 거지 가끔은 꼬일 때도
있지
소주한잔 걸치고 이렇게 소리쳐봐
한번죽지 두번죽냐 덤빌테면 모두 덤벼봐
깡으로 치자면 둘째가라면 섭섭해
한번 뽑은 칼이라면 찔러야지 호박이라도
까지것 어떠냐 목숨한번 걸어봐

살다보면 실수로 호박같은 인생 되어도
전혀 포기해선 안되지 악착같이 살아내
야지
내가 살아가는 인생은 삼세판이 아니라
는 걸

그래 하나뿐인 내 인생을 대차게 살아
보는거야

대차게 살기위해 이 땅에 태어났다
실패를 하더라도 뼈 빠지게 한번 살아봐
뛰는 놈 머리위로 나는 놈 있다지만
그런 건 상관없어 오십보백보니까
청춘이야 갔다지만 불같은 열정 없다지만
그렇다고 내 인생 파김치 된 건 아냐
한번죽지 두번죽냐 덤빌테면 모두 덤벼봐
깡으로 치자면 둘째가라면 섭섭해
한번 뽑은 칼이라면 찔러야지 호박이라도
까지것 어떠냐 목숨한번 걸어봐
까지것 어떠냐 목숨한번 걸어봐

군 장학생 면접 대비

13 군 장학생 면접 대비

    지원자는 면접일 등록을 위해 계룡대 육군본부 2정문 앞에서 우회전하여 인재선발센터(Tmap 검색) 등록 장소(07 : 30시까지)에 도착해야 한다. 면접은 육본 인재선발센터(1 - 2 - 3 면접장)에서 우수인재선발을 위해 인사사령부 현역간부들의 안내로 하루에 3개조씩 편성(08 : 00, 12 : 00, 14 : 30)하여 체계적으로 진행한다. 전체 대기실에서 조 편성이 완료되면 '지원자 번호'를 부여하여 순서에 따라 1면접장 또는 2~3면접장을 시작으로 돌아가면서 진행한다. 2020년부터는 국민체력인증제를 시행하여 부사관 지원서를 접수하기 6개월 이내에 발급받은 체력인증서를 함께 제출하여 평가를 받는다. 기존의 계룡대 안으로 이동하여 운동장(400트랙)에서 1.5km달리기를 하고, 실내체육관으로 이동하여 윗몸일으키기, 팔굽혀펴기 순으로 실시했던 체력평가제도는 시행하지 않고 인재선발센터에서 우수인력 선발을 위한 면접평가를 진행한다.

(인재선발센터 등록 / 개인·집단토의 면접)

1. 군 장학생 면접 합격 핵심 포인트

면접 때 옷차림은 매우 중요한 것이므로
정장을 잘 준비하여 멋지고 세련된 복장을 착용하고 가는 것이 좋다.
해병대 면접 볼 때 붉은 계열의 상의를 착용하듯이…
면접은 자신을 알리는 과정이라고 생각하고,
자신 있게 대답하며,
면접관의 질문을 한 번에 알아듣고,
다른 지원자의 답변도 잘 경청하는 자세를 보인다면 합격하실 수 있다.
준비한 내용을 외우려고 하지 말고
먼저 질문내용의 핵심을 파악하여
거울을 보며 실전처럼 연습하기 바란다.
핸드폰으로 자신의 답변하는 목소리를 녹음하여 들어보거나,
생활관에서 학생 상호간에 실전처럼
질문하고 답하는 연습을 반복하는 것도 좋은 방법이 될 것이다.

★Point① 첫인상을 중시하자.

면접은 면접관과 지원자가 서로 처음 얼굴을 대하는 맞선의 자리다. 따라서 무엇보다 첫인상이 중요하다. 남·녀간의 맞선은 서로 상대적이지만 면접 맞선은 일방적이다. 면접관이 선택의 열쇠를 쥐고 있다. 그래서 더욱 첫인상이 중요하다. 무엇보다 밝은 인상, 청결한 자세로 침착하게 입실하도록 한다.

★Point② 편안한 분위기를 연출하자.

서로 대화를 하거나 질의응답 할 때 상대방의 표정을 읽고 일의 성사 여부를 가리는 것이 일반적이다. 면접 전날 웃는 연습과 표정관리를 반복해 봐야 한다. 그렇다고 마냥 웃고 있을 수만은 없다. 편안한 분위기 연출이 요구된다.

★Point③ 심호흡으로 긴장을 풀자.

시험을 앞두고 긴장하지 않는 사람이 없다. 그러나 지나친 긴장은 오히려 실수를 유발할 가능성이 있다. 심호흡을 두세 번 해서 긴장을 조절하자. 첫 번째 질문에는 당황하지 말고 약간 간격을 두고 대답하면 마음이 안정된다. 긴장으로 인해 호흡이 막히거나 난처한 상황에 놓일 때는 "……습니다"의 말 끝을 명확하고 힘 있게 하는 것만으로도 얼굴표정과 행동이 밝아진다. 말하는 요령은 평소보다 약간 느리다고 느껴질 정도가 편하며 자기의 페이스도 지켜진다.

★Point④ 열심히 듣는다.

면접관이 질문을 하는 데 손을 만지작거리거나 시선을 다른 데로 두거나 하면 이미 면접관의 관심은 떠나 있다. 면접관의 입술을 바라보면서 진지하게 듣고 있다는 표정관리가 요구된다. 답변이 상당히 궁색하다고 느껴지는 질문이라 하더라도 중간에 표정을 바꾸지 않고 끝까지 듣는 진지함이 있어야 한다. 그리고 면접관이 말하려는 바가 무엇인지 이해할 수 있어야 한다. 이를 위해서 평소에 될 수 있는 대로 자기보다 손위의 사람과 자주, 많이 대화할 필요가 있다.

★Point⑤ 질문의 요지를 파악한다.

무엇을 묻고 있는지, 무슨 이야기를 하고 있는지 그 정확한 의도와 내용을 간파해야 답변이 가능하다. 요지 파악이 안 되었으면 그냥 넘어가거나 우물쭈물하지 말고 과감하게 "죄송하지만 다시한번 말씀해 주시겠습니까?"라고 정중히 요청한 다음 질문의 의미를 이해하고 대답하도록 한다.

★Point⑥ 결론부터 이야기한다.

자기의 의견이나 생각을 상대방에게 정확한 결론부터 밝혀야 이해가 쉽다. 결론을 먼저 이야기한 다음 필요한 부연 설명을 하자. 배경 설명부터 한 다음에 결론을 이야기하면 지루하거나 상대를 얕보는 느낌을 주게 된다.

★Point⑦ 올바른 경어를 사용한다.

올바른 경어사용법이 의뢰로 쉽지가 않다. 시간·장소 등의 환경에 따라 경어법도 달라지는 경우가 있다.

★Point⑧ 자신의 대화 스타일로 말한다.

웅변하듯이 하거나 너무 큰 소리로 답변해서는 안 된다. 그리고 특정인의 대화법을 흉내 내서도 안 된다. 오직 자신이 남들과 같이 이야기할 때의 대화법을 조리 있게 사용해야 분위기가 어색하지 않다.

★Point⑨ 알아듣기 쉽게 말한다.

서로 이야기를 하는데 무슨 내용인지 알아듣기가 어려우면 소용이 없다. 어려운 용어나 전문용어, 대학가의 은어, 사투리 등을 절제없이 사용하면 면접관이 이해하기 어렵게 된다. 간단명료하고 일상적인 말로 쉽게 말하는 습관이 필요하다.

★Point⑩ 답변내용이 서류와 일치하도록 하라.

면접에서의 기본적인 질문은 대개 이미 제출된 지원서나 이력서 또는 자기소개서 등에 기록된 내용에 의지하게 된다. 여기서 간혹 기재사항과 실제 답변 사이에 혼동을 두는 경우가 왕왕 있게 되는데 진솔하고 일관성 있게 기록하도록 하고 사본을 하나 만들어 두어 사전에 한번 훑어보는 것이 좋다.

★Point⑪ 자신 있는 부분에서 승부를 건다.

많은 질문 가운데 답변에 전부 자신이 있다면 이는 지나친 자만이다. 질문을 자기에게 유리한 국면으로 끌고 가는 지혜가 필요하다. 그리고는 자신을 자신있게 보여줄 수 있는 질문에 승부수를 던진다.

★Point⑫ 적극적이면서 성의껏 답한다.

면접관은 거짓과 허황이 있는 달변을 원치 않는다. 오히려 어눌하지만 또박또박 성의껏 답변하는 자세가 높은 점수를 받는다. 싫은 질문, 답변이 곤란한 질문을 받더라도 최선을 다해 자기주장이나 입장을 전달하여 노력한다.

★Point⑬ 흥분하지 않는다.

집안의 약점, 출신학교에 대한 나쁜 소문, 전공의 실용성 유무 등 민감한 부분을 건드리는 질문을 받으면 누구나 흥분하기 쉽다. 이 같은 질문으로 면접관은 감정조절과 표정관리를 어떻게 하는지를 살피려 한다. 흥분은 절대 금물이다.

★Point⑭ 먼저 자기소개 연습을 해둬라.

면접은 결국 자기 자신을 파는 것이라 할 수 있다. 그러므로 자신에 대한 최대한의 것을 보여줄 수 있어야 한다. 막상 자기소개를 주문받게 되면 사전 준비와는 달리 당황하는 수가 있다. 짧게는 1분, 길게는 3분 정도에 걸쳐 이야기할 수 있는 것으로 연습해 두자. 물론 이때 가능하다면 영어로도 연습해 두는 것이 바람직하다.

★Point⑮ 끝까지 최선을 다한다.

질문 핵심에서 벗어난 답변을 했거나, 면접관으로부터 조소를 받을 정도로 분위기를 나쁘게 만들었다고 포기하면 안 된다. 면접에서도 역전이라는 것이 충분히 가능하다. 끝까지 최선을 다하는 자세가 중요하다.

2. 면접시 금기사항

① 지각은 절대 금물이다. 10분 내지 15분 일찍 도착하여 둘러보고 환경에 익숙해지는 것이 필요하다(지각하면 입장 불가).
② 앉으라고 할 때까지 앉지 말라. 의자로 재빠르게 다가와 앉으면 무례한 사람처럼 보이기 쉽다.
③ 옷을 자꾸 고쳐 입지말라. 침착하지 못하고 자신 없는 태도로 보인다.
④ 시선을 다른 방향으로 돌리거나 긴장하여 발장난이나 손장난을 하지 말라.
⑤ 대답 시 너무 말을 꾸미지 말라.

⑥ 질문이 떨어지자마자 바쁘게 대답하지 말라.

⑦ 혹시 잘못 대답하였다고 해서 혀를 내밀거나 머리를 긁지 말라.

⑧ 머리카락에 손대지 말라. 정서불안으로 보이기 쉽다.

⑨ 면접장에 타인이 들어올 때 절대로 일어서지 말라.

⑩ 면접관이나 담당자 책상에 있는 서류를 보지 말라.

⑪ 농담을 하지 말라. 쾌활한 것은 좋지만 지나치게 경망스런 태도는 합격에 대한 의지부족으로 보인다.

⑫ 대화를 질질 끌지 말라.

⑬ 천장을 쳐다보거나 고개를 푹 숙이고 바닥을 내려다보지 말라. 질문에 대해 대답할 말이 생각나지 않는다고 천장을 쳐다보거나 고개를 푹 숙이고 바닥을 내려다보지 말라.

⑭ 자신 있다고 너무 큰 소리로, 너무 빨리, 너무 많이 말하지 말라.

⑮ 면접위원이 서류를 검토하는 동안 말하지 말라.

3. 실전 면접 질문 및 답변(예문)

① 해외 파병에 대해 어떻게 생각하는가? 기회가 되면 지원하겠는가?

② 전투부사관과에 지원한 동기는?

③ 상관이 어려운 업무를 맡겼을 때 대처방법?

④ 용사 문제 대처 요령(상대방이 말을 안 들을 때/무시할 때 대처법)

⑤ 상관이랑 업무적인 일에서 의견차이가 났을 때 대처법?

⑥ 계급의 필요성/계급이 나누어져 있는 이유는 뭐라고 생각하는가?

⑦ 평소 자신에게 비춰진 군의 이미지는 어떠한가?

⑧ 감명 깊게 읽은 책의 제목과 내용을 말해보시오.

⑨ 주한 미군 철수에 대한 의견은?

⑩ 마지막으로 하고 싶은 말은?

① 해외 파병에 대해 어떻게 생각하는가/지원하겠는가?

☞ 우리나라는 파병의 역사를 가진 나라입니다. 또한 타국의 파병을 지원 받아서 6·25전쟁을 치른 국가입니다. 또한 우방국가의 하나인 미국이 한국에 이라크 파병 요구하는 것은 당연한 일이며, 파병안에 찬성하고 즉시 파병모집을 하여 자이툰부대를 조직해서 이라크에 대한 파병을 하는 것은 매우 타당한 일이라고 생각합니다. 제가 만약에 전투부사관에 합격하여 해외파병에 대한 모집과 또 이에 대한 조건이 맞는다면, 파병에 동참하여 한국군에 대한 좋은 이미지를 남기고 미군과 어깨를 나란히 하는 군인으로서의 자부심을 느끼고 싶습니다.

☞ 6·25전쟁 시 한국을 지원한 UN파병국은 16개국(전투병 파병: 미국, 영국, 캐나다, 터키, 호주 등), 국제사회에서 6·25전쟁 시 전투병, 의료, 물자지원 등 한국을 지원하고 지지한 나라는 63개국.

② 전투부사관에 지원한 동기는?

☞ 부사관이라는 직위는 지휘계통의 장교의 임무를 지원하고, 명령을 정 확히 용사들에게 전달함으로써, 장교와 용사 사이를 유연하게 이어주 는 준 지휘관의 업무를 수행하는 것으로 알고 있습니다. 따라서 ○○○ 은 전투부사관이라는 직위에 매력을 느끼고, 군대에서 이러한 직분을 스스로 잘 행할 수 있다는 자신감에 지원하게 되었습니다(전투부사관과: 보병, 포병, 기갑병과로 전방 GOP부대와 해강안부대에 우선 보직되어 근무할 예정임).

③ 상관(신임소대장)이 어려운 업무를 맡겼을 때 대처방법은?

☞ 군의 조직은 상명하복이 존재하는 조직이라고 알고 있습니다. 따라서 먼저 명령에 복종하여 임무를 수행하고, 임무수행을 하다 어려 움에 부딪히면(부당하다면) 상관에게 적절한 대안을 건의해 볼 것이며, 그렇지 않다면, 최선을 다해 임무완수에 노력할 것입니다.

④ 용사 문제 대처 요령(상대방이 말을 안 들을 때/무시할 때 대처법)

☞ 상대방이 말을 듣지 않을 경우는, 폭력과 폭언을 통한 강제적 통제방법이 아닌, ○○○은 문제의 용사와 함께 대화와 서로가 가진 생각을 교환함으로써 그 합의점에 이르도록 노력할 것입니다. 만약 제가 용사보다 군경험이 적다하여 무시를 하게 될 경우는, 그 용사들보다 알지 못하는 부분, 잘 하지 못하는 부분을 체크하여 보다 완벽하고 모범적으로 임무를 수행할 수 있도록 자기관리를 하여 따르도록 하겠습니다.

⑤ 상관이랑 업무적인 일에서 의견차이가 났을 때 대처법은?

☞ 상관이라 함은 군에서 저보다 더 많은 경험과 노하우를 알고 또 이에 대처하는 능력이 저보다 월등하다고 믿습니다. 물론 저의 사고와 상관의 업무적인 측면에서 상의한 의견차이가 난다면, 먼저 상관과 업무에 있어서의 약간의 의견을 표명하고, 절충안을 찾되, 상관의 주장에 보다 관심을 표명할 것입니다.

⑥ 계급의 필요성/계급이 나누어져 있는 이유?

☞ 군대에서 계급은 반드시 필요하며, 군 조직의 효율성을 높이고 일사불란한 명령체계로 전투에서 승리하기 위하여 계급체계가 나눠져 있다고 생각합니다.

여러 군중을 다스리는 리더가 있습니다. 여기에도 명령자와 피명령자라는 단순한 2개의 계급체계로 나뉘어진다고 생각합니다. 따라서 계급의 구분은 이러한 명령하달에 있어서 매우 유연한 역할을 하는 것이라고 생각합니다. 따라서 계급이 세분화 됨으로써, 일반적인/특정한 명령의 하달속도가 빠르고 또한 명령에 대한 피명령자가 해야 할 일이 자연스럽게 정해지는 매우 중요한 매개체라고 생각합니다.

⑦ 평소 자신에게 비춰진 군의 이미지는 어떠한가?

☞ 우리나라는 휴전상태인 분단국가입니다. 저는 군대란 큰 의미에서 국방을 책임지며, 국가안보와 평화를 위해서 반드시 필요한 존재라고 생

각합니다.

작은 의미에서는 우리가족이 편안하게 살 수 있는 것은 군이 지켜주기 때문이라고 생각합니다.

개인적으로 군에서 전투부사관이 되어 저의 능력을 맘껏 발휘할 수 있는 곳이라고 생각합니다.

⑧ 감명 깊게 읽은 책의 제목과 내용을 말해보시오.

☞ 동인 문학상을 수상하였던 김훈 작가의 "칼의 노래"를 감명 깊게 읽었습니다.

이순신 장군의 일생을 소설화한 내용으로써, 어렸을 적 막연하게 알았던 이순신 장군에 대한 생각에 많은 변화를 가져온 책입니다. "눈으로 본 것은 모조리 보고하라. 귀로 들은 것은 모조리 보고하라. 본 것과 들은 것을 구별해서 보고하라. 눈으로 보지 않은 것과 귀로 듣지 않은 것은 일언반구도 보고하지 마라" 이 구절이 지금 기억에 남습니다.

명장으로서 병사를 지휘하는 위치에서 정확하게 판단하고, 나로 인해 목숨을 버려야 할 병사들에게 무엇을 어떻게 할지 정확하고도 구체적으로 짚어주는 그러한 면모를 보면서 많은 감동을 받았으며, 제가 전투부사관이 된다면 저도 임무수행시에 병사들에게 이러한 합리적이고 정확한 판단에 의거한 명령을 내리는 군인이 되고 싶습니다.

⑨ 주한 미군 철수에 대한 의견은?

☞ 한반도에서 주한 미군의 철수는 아직 때가 아니며, 자주국방으로 이어지는 길이 아니라고 생각합니다.

오늘날 주한 미군이 주둔하고 있느냐 없느냐의 문제는 국가의 신용도 하락과 연관이 된다고 생각합니다. 미군의 철수로 인한 경제적으로 한국의 사회는 많은 문제가 나타나리라 생각합니다. 투자한 외국자본의 유출과 투자 유치국으로서의 신용 하락으로 인해 국내의 정치적·경제적 문제가 나타나리라 생각합니다. 따라서 미군의 철수에 대해서는 그렇게 낙관적인 입장만으로 생각하지 않습니다.

⑩ 마지막으로 하고 싶은 말은?

☞ 저는 군 간부가 되기 위해 ○○학과를 선택했고, 군 장학생이 되기 위해 지난 방학을 반납하고 대학 기숙사에 들어와 합숙하며, 교수님들로부터 도제교육을 받았습니다. 태어나서 정말 제일 열심히 공부하였습니다. 꼭 합격하여 군에 꼭 필요한 전투부사관이 되고 싶습니다.

* 도제교육: 교수가 알고 있는 모든 것을 제자에게 가르쳐 준다.

4. 집단면접(토의)시 '군인정신' 사례

① 백마고지전투의 대대장!

1952년 10월 6일에 개시된 백마고지전투에서 제9사단은 중공군의 인해전술로 고지의 주인공이 여러 차례 바뀌자 역습을 실시해 백마고지 정상을 탈환하기로 결심하고 10월 11일 제29연대 2대대장인 김경진 소령에게 역습을 하달하였다.

정상 바로 남쪽 남측면의 낮은 능선에서 역습명령을 받은 대대장 김 소령은 고지 정상을 차지한 중공군이 진지를 보강하기 전에 신속히 역습을 감행하기로 하고 제5중대를 주공으로, 그리고 제6중대와 제7중대를 조공으로 공격을 감행하였다.

역습의 주공인 제5중대가 돌격을 감행하자 정상을 점령하고 있던 2개 중대규모의 적은 제5중대를 향해 박격포와 직사화기를 집중하였다. 정상 100m 전방에서 적의 탄막에 걸린 제5중대는 더 이상의 전진이 불가능해졌고 공격이 일시 중단될 수밖에 없었다.

상황을 지켜보던 대대장 김 소령은 제6중대를 제5중대의 좌측으로 진출시키는 한편 자신도 직접 제5중대장에 있는 최전방까지 포복으로 다가갔다.

악전고투하는 용사들에게 지휘관이 함께 한다는 사실을 알림으로써 그들의 전의를 북돋으려는 의지였다.

대대장의 이런 행동에 용기를 얻은 대대는 공격을 재개하였다. 10시 20분 경 정상 20m 전방까지 접근한 대대장이 최후의 돌격사격을 실시하려는 순간, 적의 박격포탄 두 발이 날아와 주변에서 폭발하였다.

제5중대와 제6중대는 과감히 돌격을 감행하여 고지를 탈환하는데 성공하였으며, 결국 나흘 뒤에 제9사단은 백마고지전투의 승전가를 부를 수 있었다.

② 김만술 상사: 베티고지의 영웅

1953년 여름, 휴전을 앞두고 전선에서는 피아간 치열한 고지 쟁탈전이 벌어지고 있었다. 당시 제1사단은 연천 서쪽 임진강 양안에 걸쳐 주저항선을 형성하고 적산리 부근에서 고양산 동쪽까지 배치되어 있었다. 이때 사단 좌측의 제11연대는 2대대로 하여금 전초진지인 베티고지와 그 일대를 방어하게 하였다. 베티고지가 있는 고양산 일대는 임진강이 남쪽으로 흐르고 있었다. 베티고지는 아군 주진지와 따로 떨어져 임진강 건너에 위치한 높이 120∼150m 정도 되는 3개 봉우리의 작은 구릉지이다. 적은 이 고지 능선을 따라 용이하게 접근할 수 있는 반면, 아군은 주진지로부터 병력증원과 보급지원에 있어서 강을 도하해야만 하고 더구나 7월의 장마는 이러한 어려움을 가중시켰다. 또한 이 세 연봉 사이의 거리도 150m 정도에 지나지 않아서 큰 규모의 부대를 이곳에 전개할 수 있는 지형적인 조건이 되지 못했다. 그러므로 소규모의 병력으로 이 고지를 유지할 수밖에 없는 난점을 가지고 있어서, 포병의 화력지원이 무엇보다도 중요하였다.

이에 따라 제2대대장은 베티고지를 수비하는 7중대에게 1개 소대만을 남기고 모두 철수하도록 지시하였다. 이로써 중대병력은 209m 고지 남쪽으로 집결하게 되었으며 남은 1개 소대만이 이곳에 배치되어 있다가 7월 13일 밤부터 적의 공격을 받게 되었다. 중공군들은 인명 손실을 무시하고 밤이고 새

벽이고 계속 공격을 가해 왔다. 고지를 방어하던 소대는 소대병력의 반수 이상의 피해를 입고 더 이상 고지를 방어할 여력이 없어졌다. 고지방어 임무는 6중대에 하달되었다.

제6중대장은 2소대를 선정하여 김만술 특무상사에게 7월 15일 15시 30분까지 베티고지를 인수할 것을 명령하였다. 김만술 상사를 포함한 35명의 병사들은 임진강을 건너기 위해 배를 탔다. 강 한복판에 이르자 아군의 도하를 눈치챈 적의 사격으로 1명이 부상당하여 나머지 34명을 이끌고 베티고지 중앙봉에 진출, 현지 방어소대와 임무를 교대하였다. 소대는 사낭을 다시 쌓아 진지를 보수하면서 적의 야간 침투에 대비하였다. 어둠이 깔리기 시작하자 고지 밑에서 삽질하는 소리가 나고 인기척이 들리기 시작하였다. 적이 야간 공격을 위해 고지 아래까지 진출하여 준비하고 있는 것이 분명했다.

저녁 8시, 일몰과 함께 적의 포화가 시작되어 포탄이 아군의 진지에 작렬하기 시작하였다. 드디어 적이 서쪽 야산을 타고 내려와 아군 교통호 앞 굴속에 대기하고 있던 제1파와 합류했다. 김만술 상사는 언덕을 올라오는 적의 선봉에 기관총과 소총사격을 집중했다. 쓰러지는 놈, 엎드리는 놈, 그런데도 후속병력은 그것을 짓밟으며 계속 몰려왔다. 베티고지의 중앙봉 일대는 순식간에 적으로 가득찼다. 그 규모는 김만술 소대의 수 배였다.

"진내사격을 요청하고 전원 호 속으로 대피해라! 유개호로 대피!" 이윽고 아군 포병부대의 지원사격이 개시되자 김만술 소대는 재빨리 유개호로 들어가 입구를 봉쇄하였다. 김만술은 사낭으로 막은 입구에 앉아 밖으로 수류탄을 던졌다. 적들도 포격을 피해 아군의 고통호로 밀려들었기 때문이다. 그러자 아군이 던진 수류탄에 의해 교통호는 순식간에 적의 시체로 가득찼다. 결국 적은 교통호를 넘어서지 못한 채 퇴각하였다. 김만술은 지친 병사들을 독려하였다.

"모두 기운을 내, 중공군이 또 언제 공격해 올지 모른다. 흩어진 사낭을 정리하고 진지보수를 하자." 밤 10시경. 적은 심야공격을 또다시 가해 왔다. 이번에는 중앙봉 좌우로 2개 중대 규모의 적이 공격하기 시작하는 것이었다.

김만술 상사는 적의 공격 형태로 보아 이들과 정면으로 대응하여 싸우는 것보다 포병화력을 요청하여 아군의 손실 없이 섬멸하는 것이 효과적이라고 판단하였다. 대대 OP로부터 포격이 개시되자 지축을 흔드는 요란한 폭음소리와 함께 적들이 무수히 쓰러졌다. 그럼에도 불구하고 적의 선두는 교통호까지 돌격해오고 있었다. 소대원들은 수류탄을 쉴 새 없이 던지면서 결사적으로 적과 싸웠다. 그 시간은 불과 10여 분만에 적들을 다시 격퇴하였다.

중공군은 새벽에도 두 차례나 베티고지를 공격하였으나 많은 피해를 입어서 그다지 적극적인 공세는 아니었다. 그러나 새벽 5시가 좀 지나서 중앙봉의 북쪽 경사면에 적이 다시 나타났다. 중대규모의 병력이었다. 소대원들은 밤을 새운 전투에서 많은 수가 전사했거나 부상을 당해 인원수가 절반으로 줄어 있었다. 그러나 적의 선두가 소대 사정거리에 들어오자 일제히 사격이 개시되었다.

"한 놈도 살려두지 마라!" 김만술 상사는 고래고래 고함을 질렀다. 적들이 가까이 다가오자 이번에는 수류탄을 일제히 투척하였다. 수류탄이 터지면서 많은 중공군들이 쓰러졌지만 계속 돌진해왔다. 마침내 적 2명이 먼저 교통호 안으로 들어왔다. 김만술은 총검으로 이들을 무찔러 버렸다.

"호 안으로 대피하라! 대피!" 김만술 상사는 상대방들에게 수류탄을 계속 투척하라고 지시하면서 진내사격을 요청하였다. 그동안에도 적은 교통호에 돌입했지만 호 안에서 던지는 수류탄에 무수히 죽어갔다. 이때 아군의 포병이 베티고지에 대하여 치열한 포격을 퍼붓자 중공군들은 많은 사상자를 남기고 썰물처럼 물러났다. 그렇지만 김만술 소대의 병력도 12명밖에 남아있지 않았다.

베티고지의 새벽은 짙은 안개에 휩싸여 지척을 분간할 수 없을 정도였다. 김만술은 탄창을 갈아 끼우고 수류탄을 다시 분배해 주었다. 중공군들이 그냥 있을 것 같지 않았기 때문이다. 6시 40분. 적은 짙은 안개를 이용하여 다시 공격을 감행해 왔다. 다시 수류탄전이 시작되었고 적도 방망이수류탄으로 맞섰다. 이윽고 적이 교통호까지 밀려들어오자 백병전이 벌어졌다. 수적으로 불리한 김만술 소대는 이제야말로 생사를 판가름하는 혈전을 벌여야 했다. 김상사가 선두에 서서 상대방들을 호령하고 격려하면서 적병 수명을 찔러 쓰러뜨리자 이를 본 용사들도 힘을 얻은 듯 적병들을 닥치는 대로 쓰러뜨렸다. 바람이 불어 안개가 걷히기 시작하자 적들은 아군의 포격이 겁났는지 후퇴하기 시작했다. 후퇴하는 적의 꽁무니로 기관총이 불을 뿜었고 몇 명이 더 꼬꾸라졌다. 날이 훤하게 밝았을 때 아군의 포격이 다시 시작되었고 항공기의 폭격이 적진을 강타했다.

온몸에 부상을 당하면서도 끝까지 진지를 포기하지 않고 싸운 김만술 상사와 12명의 영웅들은 새로 투입된 제3소대와 16일 오전 11시 50분에 임무를 교대하고 중대로 귀환하였다. 이 전투에서 김만술 소대는 적 사살 314명, 포로 3명 등 실로 놀라운 전과를 올렸다.

미 십자훈장 수상 장면   경무대에서 이승만 대통령과 함께

③ 구하사의 경기관총 엄호사격!

1951년 8월 당시, 전 전선이 교착 상태에 빠져있었다. 휴전회담에서 군사분계선이 논의되고 있었기 때문이었다. 이러한 상황에서 중공군 제67군이 중부전선의 요역인 금성지구에 투입되었다. 이에 대하여 미 제9군단은 「크리버」작전을 계획하여 군단 저항선인 백암산－적근산－금화의 북쪽에 구축된 적의 전진거점과 수색기지를 격파하는 동시에 금성방면의 전진기지를 확보하려고 하였다.

당시 적근산 지역에 아 2사단이 공격하게 되었고, 주공제대인 제32연대는

9월 21일 06:00시를 기하여 공격개시선을 통과하여 공격하였다. 32연대 1중대는 492고지의 목표 2를 향해 공격을 하고 있었다. 구자춘 하사는 경기관총 사수로 중대의 우측 제1선에서 소대의 전진을 엄호하고 있었다. 경기관총은 이날따라 어깨에 찰싹 밀착해오는 기분이었다. 발사음도 반동도 가볍게 느껴졌다. 목표는 말할 것도 없이 적의 자동화기의 화력 거점이었다. 일보일보, 육박전진을 거듭한 중대는 마침내 수류탄 투척거리까지 접근하여 치열한 수류탄전을 전개하면서 '최후의 돌격'의 기회만을 남기게 되었다.

구 하사도 중대의 전진에 뒤따라 경기관총의 위치를 전진시켜갔다. 적의 직사화력은 더욱 치열해 졌으며, 수류탄도 수없이 날아왔다. 소대 정면의 유개호 하나를 완전히 침묵시키고 난 구 하사는 소대 우측에서 집중되어 오는 측방사격을 제압하기 위해 경기관총의 위치를 바꾸기로 하고 바로 5m 앞에 조그마한 바위를 안고 있는 관목 서너 그루가 서있는 지점으로 몸을 일으켜 단숨에 뛰어가려고 경기관총의 손잡이를 움켜쥔 바로 그 순간 구 하사의 눈앞에서 섬광이 번쩍 하더니 굉음과 함께 적의 수류탄이 터졌다. 구 하사는 그 자리에 푹 꼬꾸라지고 말았다. 오른쪽 허벅지에 뜨거운 통증이 느껴졌다. 정강이에도 파편 한 개가 꽂히는 순간 구 하사는 정신이 멀어짐을 느끼면서도 팔을 내밀어 자신이 넘어지면서 놓쳐버린 경기관총이 눈앞에서 발견되자 어금니를 꽉 물고 파편이 박힌 오른쪽 다리를 끌면서 기어가 경기관총을 가까스로 잡자말자 우측의 적진을 향해 맹타하기 시작하였다. 바로 이때를 놓치지 않고 중대는 중대장의 돌격 함성과 함께 일제히 돌진해 나가고 있었다. 심한 출혈로 정신이 몽롱해지는 가운데서도 구 하사의 정확한 엄호사격으로 적의 측사 위협은 제압되었다.

13:20에 제2목표를 탈취한 제1·2중대가 승리의 개가를 드높이 올렸으니 이 목표가 바로 김일성 고지였다.

④ 일등병의 을지무공훈장!

1951년 9월 2일 제8연대의 작전명령은 16:00까지 554고지를 점령하라는 시한까지도 명시한 공격임무였다. 제1대대장(박주용 소령)은 제2중대를 좌 1선으로 하고 제2중대를 우 1선에 내세워 05:00시에 공격을 개시했는데, 7부 능선에 이르기까지 2개의 경계진지를 돌파하고 1개소의 지뢰밭을 제거해야 할 정도로 어려운 공격이었다. 또한 진출로 상에는 지뢰밭이 깔려있고 머리 위로 무수한 박격포 탄이 쏟아지는 가운데 수 없이 굴러 내리는 수류탄마저 숨 돌릴 틈도 주지 않았다.

더구나 좌 1선의 제2중대는 자동 화력의 벽에 부딪혀야만 했다. 소대뿐만 아니라 중대가 고착되고 말았다. 적의 자동 화력을 무릅쓰고 나가려면 막대한 병력 손실을 감수해야만 했기 때문이었다. 강 소위는 마침내 단독 공격을 결심했다. 중대가 이대로 있다가는 곡사화력에 의해 대 손실을 입을 것이 명백하다고 판단했기에 적 기관총 진지를 박살내야만 한다고 생각한 강 소위는 전령 인성일 일병에게 "넌 여기서 꼼짝 말고 있어! 내가 쓰러지거든 중대장님께 보고하라"하는 한 마디만 남긴 채 치폐물을 벗어나 포복해 나갔다.

7m 가량 포복한 뒤에 수류탄 두 발을 던진 다음 다시 세 번째의 수류탄을 던지려는 찰나 적의 기관총탄이 소나기처럼 쏟아지기 시작했다. 인성일 일병은 기도하는 마음으로 소대장의 뒷모습을 지켜보고 있었는데, 생사를 초월한 소대장이 용감하게 수류탄을 던지다가 장렬한 최후를 마치는 모습을 보자 "소대장님!"하고 가슴이 찢어지는 한마디를 외치며 자신도 모르게 적진으로 포복해 나갔다.

빗발치는 총탄도, 진동하는 포성도 겁나지 않았으며 적진이 바로 눈앞에 있다는 것도 별로 의식되지 않았다. 김 상병이 뒤따라오는 것도 별로 의식되지 않았으며 다만 소대장을 쓰러뜨린 적의 기관총이 눈앞에 있다는 사실만을 느낄 뿐이었다. 적의 기관총 진지가 가까워졌는지 불을 내뿜는 기관총 총구의 열기가 화끈하게 느껴지는 순간 인성일 일병은 비로소 자신의 위치를 깨달았다.

적 엄체호의 바로 밑까지 접근해 있었으며 등골을 꿰뚫는 공포감을 어쩔수가 없었다. 머리 위의 총안을 올려다 봤다. 키가 닿지 않는 높이었으며 이 높이를 재빨리 계산한 김응표 상병은 모릎을 세워 엎드리면서 인 일병에게 자기의 등위에 올라서서 수류탄을 빼서 투척토록 하였다. 팔을 올려 뻗으면 알맞은 높이에 총안이 있었으며 그 시커먼 안쪽으로 수류탄 한발을 까넣고 또 한발을 까넣었다. 작렬하는 폭음과 함께 검은 연기를 내뿜는 총안에 또 한발을 투척했다.

이에 힘입은 중대는 제3소대를 선두로 일제히 공격했으며 드디어 554고지의 정상을 점령하였다.

⑤ 올빼미 일등병!

2소대 1분대가 소대장으로부터 매복근무 명령을 받은 것은 7월 22일 17:00경이었다. 중대장은 휴전을 며칠 앞둔 시점이라 중공군의 대공세 기도를 파악하기 위해 1개 분대를 차출해서 금성천 남쪽의 적 정찰대의 통로 상에 매복을 실시하여 포로획득을 명하였다. 매복임무를 부여받은 분대장 신태중 이등중사는 매복지점으로 즉시 이동하였다. 매복지점에 도착하여 신태중 이등중사는 부대에서 가장 신임이 두터운 홍성표 일병을 매복지점 가장 중요한 위치에 그를 배치하였으므로 포로획득을 위한 매복 작전의 성공여부는 그에게 달려 있다고 해도 과언이 아니었다.

시간이 흐르면서 모기마저 윙윙거리며 귓바퀴를 맴돌아 짜증을 한층 더 돋구었다. 홍일병은 몇 번이나 목구멍을 타고 넘어오는 짜증을 어금니를 깨물어가며 참고 있었다. 홍일병이 할 수 있는 것이라고는 귀로 듣고, 눈으로 보는 것뿐이었다. 그러나 그는 용케도 참아 내며 연신 올빼미 눈을 두리번거리면서 귀로는 바람결 스치는 소리까지 놓치지 않고 있었다. 잠시 후 적의 그림자가 하나 둘 개울가에 나타나기 시작했다. 모두들 몸을 낮추고 살금살금 개울을 건너 곧장 바로 왔다.

1개 소대 규모의 병력이므로 당황하지 않을 수 없었으며 적을 생포할 수 있는 경우가 아닌 한 섣불리 사격할 수 없는 노릇이었다. 1개 분대로서 1개 소대와 부딪쳐 사격전을 벌인다는 것은 모험이었다. 잘못하면 적을 포로로 잡기는커녕 오히려 이쪽이 포로가 될 공산마저 크기 때문이다. 홍 일병이 망설이는 동안 적은 그의 앞으로 다가왔다. 선두에 다발총을 든 중공군의 모습이 똑똑히 보이자 그는 수류탄을 뽑아 들었다. 당장 눈앞에 나타난 적들을 그냥 놓아 보낼 수는 없다고 판단했기 때문이다. 그는 적이 그의 앞을 지나치자 적의 뒤로 가만히 다가섰고, 수류탄을 적의 한가운데 집어던졌다. 수류탄이 터지자 분대원들은 더 이상 기다릴 수가 없다는 듯이 치열한 소화기 사격과 함께 수류탄 몇 발을 계속 던졌다. 적은 어찌할 바를 모르고 허둥거렸다. 홍 일병은 땅 바닥에 납작 엎드린 채 적의 동태를 지켜보았다. 혼비백산한 적들은 한동안 보이지 않는 어둠속을 향해 다발총을 난사하면서 응전하더니 급기야 꽁무니를 뺄 기미를 보였다.

홍 일병은 낮은 포복으로 적 배후로 접근해 적병들이 등을 돌리려하는 순간을 포착해서 가까이 있는 한명에게 달려들어 덜미를 내리쳐 거꾸러뜨려 마침내 사로잡고야 말았다. 그 이튿날 새벽, 홍 일병의 부대는 분대원 전원 이상 없이 포로 1명을 앞세워 보무도 당당히 중대본부로 복귀하였는데, 매복 중에 분대가 거둔 성과는 포로 1명 외에도 적 사살이 10명이나 되었다. 분대는 하루밤 매복 작전으로서는 큰 전과라 하지 않을 수 없었으며 올빼미 일등병의 활약이 절대적이었다.

⑥ 백마고지의 불사신!

1952년 10월, 철원 근방의 백마고지에서는 중공군 3개 사단 4만 명의 병력을 맞이하여 국군 제9사단은 10일간의 격전을 치루면서 24번이나 고지의 주인이 바뀌는 전사상 유례없는 혈전을 벌이고 있었다.

1952년 9월 13일, 국군 제9사단장인 김종오 장군은 특공대를 선발하여 적의 포로를 잡아오라고 명령을 하달하였다. 이에 박희경 중사 등 10명이 선발되었다. 9월 13일 밤 09:00시 특공대원들은 출발하였다. 얼마 후에 좌측의 공격조가 적 기관총진지에 접근 도중, 적 보초에게 발각되고 말았다. 갑자기 적 보초의 고함이 울리고 적 진지에서는 기관총이 불을 뿜기 시작했다. 고요한 정적에 잠겨있던 산천이 콩 볶는 듯한 요란한 소리로 가득찼다. 박 중사는 대원들을 찾았지만, 대원들은 아무런 응답이 없었다. 이때 박희경 일등중사는 다리에 심한 통증을 느끼며 앞으로 쓰러졌다. 적의 총탄이 다리를 관통한 것이다. 박 중사는 가지고 있던 헝겊으로 다리를 단단히 싸매고 적병들의 소리가 나지 않는 쪽으로 돌아서 후퇴하기 시작했다. 탈출을 하는 도중 적의 지하동굴 진지를 발견하였다. 박 중사는 적의 방망이 수류탄 2발을 동굴내부에 연이어 던졌다. 이후 동굴 내부에 사격을 가한 후 안쪽에 대고 소리쳤다. "무기를 버리고 나와라! 너희들은 포위되었다." 갑작스러운 기습에 놀란 적은 무기를 동굴 밖으로 던진 후 손을 들고 밖으로 나왔다. 모두 7명이었다. 6명은 중공군 군관들이었고 1명은 북한군 간호군관이었다.

박 중사는 7명을 모두 결박한 다음 후퇴하고 있었다. 이때 능선 상에 중공군의 모습이 보였다. 박 중사는 포로들과 함께 은밀히 숨어 있었으나 포로 중 한명이 소리치는 바람에 발각되었다. 박 중사는 이를 예상하고 있었기에 그들에게 정확하게 사격을 가하였다. 하지만 그와 동시에 적의 총탄이 박 중사의 하복부를 관통하였다. 박 중사는 튀어나오는 창자를 수건으로 틀어막으며 포로들에게 태연히 전진할 것을 명령했다. 포로들이 자신의 심한 부상을 눈치 채면 큰일이었다. 복부에서 흐르는 피 때문에 바지와 군화 속까지 젖어버리고 더 이상 참을 수 없는 통증은 금방이라도 쓰러질 것 같았으나 박 중사는 이를 악물고 견뎌냈다.

아침 6시경 드디어 박 중사는 사경 속에서 해매 다가 아군 수색대가 나와 있는 지점에 도달하자마자 실신하고 말았다. 너무나 많은 출혈을 했기 때문에 그의 몸은 거의 죽음 직전의 상태였다.

이 전투에서 10명의 특공대 중 9명은 백마고지에서 장렬한 전사를 하였으나 박 중사는 기적적으로 4발의 총상을 입고도 5명의 포로를 이끌고 생환하는 쾌거를 이루었다. 그는 실로 백마고지의 불사신이었다.

⑦ 던지면 다가서고 또 던지면 또 다가서라

1965년 7월 8일 오후 조 일병은 경기도 고양군 중면 백석리에 있는 자기 집에서 나른한 오수에 떨어져 오래간만에 얻은 외출을 즐기고 있었다. 한 반 시간 지났을까? 어렴풋이 들려온 요란한 소리에 단잠을 깬 그는 엉겁결에 일어나 대문을 박차고 밖으로 뛰쳐나갔다. 그리 멀지 않은 지점에 정복경관이 과한을 쫓고 있었다. 괴한은 제대복 차림인 것 같았다. 누구하나 도와주려는 눈치도 없이 모여든 부락민들은 구경꾼처럼 바라보고만 있었다. 경찰관은 총을 가지고 위협하는 것이었으나 괴한은 만만치가 않았다. 조 일병은 본능적으로 달려가서 경찰관과 합세하였다. 당황한 괴한은 도리 없음을 간파했는지 수류탄을 끄집어내어 가장 가까이 추격해오는 조 일병에게 던졌다. 때아닌 폭발에 그 부근에 있던 사람들은 얼굴이 시퍼렇게 질렸다. 위험을 느낀 사람들이 슬슬 꽁무니를 빼기 시작했다. 그러나 조 일병은 더 세차게 쫓아갔다. 괴한은 두 번째 수류탄을 던졌으나 폭파시간을 앞지르는 조 일병에게는 당할 수가 없었다. 수류탄을 던지는 순간마다 그는 거의 반사적으로 괴한에게 더욱 접근해 가고 있는 것이 아닌가? 괴한의 수류탄은 항상 조 일병의 훨씬 뒤에서 터지곤 하였다. 괴한은 마지막 한발의 수류탄을 조일병 쪽을 향해 또 투척하였다. 그 바람에 조 일병은 훨씬 괴한에게 다가서고 수류탄은 엉뚱한 곳에서 터졌다. 다급해진 괴한은 45구경 권총으로 조 일병을 쏴댔다. 괴한은 무척 당황한 눈치였다. 그러나 수류탄을 피하는 능란한 그인지라 권총쯤은 소용없었다. 이제 몇 발의 거리로 적에게 다가갔다. 황급해진 괴한은 다시 권총으로 맞섰다.

그러나 이미 괴한의 권총에는 실탄이 없었다. 조 일병은 비호같이 달려들어 괴한의 뒷덜미를 움켜잡았다. 그러나 괴한은 만만치 않았다. 때마침 휴가로 귀대 중이던 제〇〇사단 소속 유종구 상병이 조 일병에 합세함으로써 괴한의 생포와 후송이 손쉽게 성공했다. 그 후 조사에 의하여 밝혀진 일이지만 이 괴한은 남한의 각종 정보를 수집 월북하려던 무장 간첩이었다. 이러한 조 일병의 방첩공로가 상부에 알려지자 1965년 7월 13일 육군참모총장은 그에게 화랑무공훈장과 포상금을 하사하였다. 결국 조 일병의 공로로 중요한 국가기밀이 북한으로 유출 직전에 차단되었던 것이다.

⑧ 턱뼈의 관통도 나를 막지 못한다.

1992년 5월 21일 밤, 보병 제3사단 GP 남방 1.3km 지점으로 북한의 무장 침투조 3명이 침투했다. 이들의 이동상황을 추적하며 적의 접근을 기다리던 매복조는 현장에서 적 2명을 사살했다.

하지만 1명이 도주했고, 육군은 수색조를 편성해서 도주한 1명을 찾아내는 작전을 전개하였다. 박철호 병장도 수색조의 일원으로 도주병을 추격했다. 작전 중 바로 앞에 있던 문 병장이 적의 총탄에 관통상을 입고 쓰러졌고, 박 병장은 적을 사살하고야 말겠다는 신념으로 추격을 했다.

추격 도중 박 병장도 적이 쏜 유탄으로 인해 아래턱뼈를 관통당해 유혈이 낭자한 상태가 되었으나 피투성이 얼굴을 한 채, 적을 다시 쫓기 시작했고, 이를 본 도주병은 몇 차례 응사하면서 도주를 계속했지만, 박 병장의 무서운 모습에 기가 질려 전의를 상실하였고, 함께 추격하던 하 상사가 정확한 사격으로 도주병을 사살하였다. 박 병장은 추격과정에서 자신도 모르게 들어간 지뢰지대에서 자신을 구출하러 들어오는 전우들을 만류하여 혼자 지뢰지대를 개척, 통과한 후 대대장에게 추격 결과를 보고하고 의식을 잃었으나 다행히 목숨을 건졌고 충무 무공훈장을 받는 영광을 안았다.

⑨ 적의 포화 속에 빛나다.

2011년 11월 23일 북한군은 기습적으로 연평도를 대상으로 무차별 포격을 가했다. 당시 연평부대에 근무하던 임준영 상병은 적의 사격과 동시에 사격 진지로 달려갔다.

"화염이 치솟았지만 아무 소리도 들리지 않았습니다. 머릿속에는 오직 K-9 자주포를 쏴야 한다는 생각밖에 없었습니다." 방탄모에 붙은 불길은 어느새 턱끈을 타고 내려왔다. 방탄모 턱끈과 전투복은 화염에 까맣게 그을렸지만 임 상병은 자주포를 포상으로 이동시켜 대응사격을 시작했다.

임 상병은 "장약이 적탄에 맞아 불이 붙어서 몇 미터 높이의 불기둥이 솟았는데, 그 불꽃이 방탄모에 튀어서 불이 붙은 것 같지만 솔직히 어떤 경로로 불이 붙었는지도 몰랐다."며 "평소 연습했던 대로 중대장의 지시에 따라 대응사격을 했다."고 말했다.

언론매체의 집중적인 관심 속에서도 그는 다음과 같이 담담하게 말했다. "나는 영웅이 아니라 군인입니다."

⑩ 유혹을 물리치고 소신대로 근무하여 승리한 중대장!

미 육군 모 부대에서 있었던 일이다. 각 중대가 기록사격에 임하고 있던 때였다. 어느날 예하 중대장들을 집합시킨 연대장은 기록사격에서 각 중대 모두 100% 합격의 성적을 내야 한다고 강조하였다. K중대장은 무거운 표정으로 발걸음을 옮겨 가며 중대에 돌아왔다. 대대 연병장에서는 각 소대장들이 대원들의 예비훈련에 골몰하고 있었다. 교관뿐 아니라 모든 장교는 훈련지도에 나설 것을 지시했기 때문일 거라고 생각하며 중대장 자신도 각개 병사들의 훈련 정도를 체크하면서 열심히 돌아다녔다. 대부분의 병사들이 누구나가 합격권 내에 들어갈 것만 같이 좋은 훈련을 하고 있었다. 그러나 아직도 미달되리라고 믿어지는 병사들도 많았다.

드디어 기록사격이 시작되었다. 그러나 결과는 너무나도 예상을 뒤엎었다. 어찌된 일인지 100%는커녕 80% 미달의 성적이었다. 중대장을 비롯한 각 소대장들은 수심에 가득찼다. 중대장은 불합격자를 별도로하여 열심히 지도하면서 재차 사격을 시켰다. 날이 저물도록 사격장에서는 총소리가 그칠 줄 몰랐다. 성적이 약간 상승되었다. 80%선을 겨우 상회하기에 이른 것이다. K중대장은 연대장의 원하는 바를 달성하지 못한 채 그대로를 연대에 보고하였다. 그 결과 중대장은 연대장으로부터 불신을 받게 되었고 K중대는 그 연대 18개 중대에서 100% 합격을 달성치 못한 유일한 중대가 되고 말았다. 그로부터 얼마 뒤, 참모회의 끝에 사격을 실시하도록 결정되어 각 중대에서는 지명된 2개 분대씩 출전하여 자웅을 겨루게 되었다. 사격이 진행됨에 따라 게시판에는 각 병사들의 사격점수가 장병들이 주시하는 가운데 기록되었다.

연대장의 눈은 휘둥그래졌다. 평소 가장 성적이 불량했던 K중대가 1, 2등을 다투며 톱으로 달리고 있는 것이었다. 결과는 말할 것도 없이 K중대가 1위였다. 그제서야 연대장은 깨달았다. K중대를 제외한 모든 중대장들이 허위 보고로 연대장을 속인 사실에 대한 흑백이 들어난 것이다. 그 후 불신임을 받던 K중대장이 지금까지와는 달리 가장 신망을 받는 중대장으로서 각광을 받게 되었던 것이다. 승리는 항상 정의의 편에 있는 법이다.

다함께 참여하는 조별과제

1. 군인정신 측면에서 가장 존경하는 인물을 제시하고 리더십에 대해 조별 토의 후 발표하시오.

2. 면접합격 핵심포인트에 대해 조별 토의 후 발표하시오.

면접시험 출제[예상]

성공하는 리더가 되려면 인간관계에서 중요한 3가지 '말씀씨'가 있다. '미안해요' '고마워요' '사랑해요'이다. 동의하면 설명해 보세요.

◐ Tip

지원자의 인성과 품성을 살펴보기 위한 질문입니다. 긍정형 리더로서 평소에 갖고 있던 생각을 정리하여 자신 있게 설명하면 됩니다.

답변 예문

성공하는 리더가 가져야 할 말씀의 씨앗 세 가지 미안해요, 고마워요, 사랑해요에 대해 설명하겠습니다.

첫 번째, '미안해요'는 자존심을 내세워 잘 못하는 사람이 있습니다. 제 자신도 '미안합니다' 하면 될 것을 이 핑계 저 핑계를 댔던 기억이 있습니다. 잘못을 해놓고 사과를 하지 않는다면 상대방을 화나게 만들고 자신도 마음이 편치는 않을 것입니다. 상대방이 누구이든 제가 잘못한 일에 대해서는 먼저 미안합니다. 사과하는 습관을 갖겠습니다.

두 번째, '고마워요'입니다. 오늘의 제가 있기까지 가족과 주변분들로부터 많은 도움을 받고 성장했다고 생각합니다. '고맙습니다' 표현을 가장 많이 했어야 한다고 생각합니다. 음식에 대한 고마움, 수고에 대한 고마움, 어떤 수고든지, 그 수고가 비록 사소한 것일지라도 고마움을 표현하는 사람은 주변에 감사와 훈훈함이 함께 하리라고 생각합니다.

세 번째, '사랑해요'입니다. 이 말은 아주 좋은 표현임에도 불구하고 적극적으로 사용하는 사람이 아주 적다고 합니다. '사랑합니다' 표현은 처음에는 조금 어색하고 어려울 수 있습니다. 하지만 '사랑합니다' 마음이 통하는 사람에게 이성간이 아니더라도 표현하면 주변 분위기를 생동감 있게 할 수 있습니다.

제가 군 간부가 되면 병영생활에서 '미안해요' '고마워요' '사랑해요' 세 가지 말씀 씨앗을 움트게 하는 군 간부가 되겠습니다.

유머 한마디(나도 웃기는 리더가 될 수 있다~)

◐ Tip

병영에서 병사들이 '삼행시' 놀이를 하고 있었다. 핸) 핸님, 지가 혀가 짧습니다. 핸님. 드) 드럽게 짧아요. 노래 한 번 불러볼께요. 행님. 폰) 폰당 폰당 돌을 던디자. 웃자 웃자~~~ 다음은 새) 새같이 날고 싶습니다. 형님. 우) 우린 날 수 없단다. 아 그야. 깡) 깡이 있지 않습니까? 형님. 웃음이 나오냐? 잘 좀 해봐라. 멍) 멍게야 노올자. 게) 게랑 놀아라. 다음은 진짜 웃기는 것으로 해보겠습니다. '해-파-리'입니다. 뭐라고 했을까요?

▶ "해) 해파리야, 파) 파리가 널 사랑한대, 리) 리얼리?"

나는 가수다(나도 노래를 잘 할 수 있다~)

○ Tip

나의 등 뒤에서

－복음성가

1. 나의 등 뒤에서 나를 도우시는 주
   나의 인생길에서 지치고 곤하여
   매일처럼 주저앉고 싶을 때 나를 밀어주시네

2. 나의 등 뒤에서 나를 도우시는 주
   평안히 길을 갈 때 보이지 않아도
   지치고 곤하여 넘어질 때면 다가와 손 내미시네

3. 나의 등 뒤에서 나를 도우시는 주
   때때로 뒤돌아보면 여전히 계신 주
   잔잔한 미소로 바라보시며 나를 재촉하시네

   (후렴)
   일어나 걸어라 내가 새 힘을 주리니
   일어나 너 걸어라 내 너를 도우리

참고문헌

1. 군 관련 문헌

교참 8-1-00 육군 리더십(육군본부, 2017. 1.)

야교 1-0-1 병영생활(육군본부, 2004. 2.)

교회 06-6-7 인간중심 리더십에 기반을 둔 임무형 지휘(육군본부, 2006. 8.)

교참 08-7-19 강한친구 만들기 리더십 교육 프로그램(육군본부, 2008. 3.)

교참 8-1-7 부대관리 Know How 123(육군본부, 2006. 6.)

교참 전장리더십(육군리더십센터, 2011. 5.)

초급간부 자기개발서 리더십(육군본부, 2018. 7.)

기본교재 양성과정 리더십(육군교육사령부, 2019. 1.)

2. 단행본

강경표 외.「군 초급간부를 위한 리더십」. 진영사(2017)

김경만.「깔딱깔딱 유머집」. 시간과공간(2016)

김민호.「성공하는 리더를 위한 삼국지」. 예문(1999)

김종래.「칭기스칸의 리더십 혁명」. 크레듀(2006)

김진배.「상황유머 119」. 무한(2001)

김헌식.「세종, 소통의 리더섭」. 북코리아(2009)

국방부.「장병도의 참된 삶」. 국군인쇄창(2009)

국방연구소.「21세기 한국군 리더십 육성방안」. 국군인쇄창(2001)

권영호.「마음을 움직이는 리더십이야기」. 북코리아(2015)

데일카네기.「인간경영 리더십」. 씨앗을 뿌리는 사람(2005)

데일카네기.「카네기 인간관계론」. 씨앗을 뿌리는 사람(2006)

류재화·정헌.「유머의 추억」. 페르소나(2016)

박기동.「조직행동론」. 박영사(2001)

박유진.「현대사회의 조직과 리더십」. 양서각(2007)

서진수. 「고전에서 배우는 리더십」. 미디어숲(2008)

송영수. 「리더웨이」. Crebu(2008)

스티븐코비. 「성공하는 사람들의 7가지 습관」. 김영사(2006)

스티븐코비. 「원칙중심 리더십」. 김영사(2001)

스티븐코비. 「신뢰의 속도」. 김영사(2009)

신응섭 외. 「리더십의 이론과 실제」. 학지사(2002)

신인철. 「팔로워십 리더를 만드는 힘」. 한스미디어(2007)

육군군사연구소. 「장교와 지휘관에 대한 성찰」. 국군인쇄창(2012)

육군리더십센터. 「최고의 리더들이 말한다」. 국군인쇄창(2012)

육군리더십센터. 「명장에게 배우는 리더십」. 국군인쇄창(2012)

육군본부. 「육군가치관 및 장교단 정신 실천지침서」. 국군인쇄창(2008)

육군본부. 「지휘·통솔 그 실제와 본질」. 국군인쇄창(2003)

이상교. 「손자병법 속에 숨은 조직관리의 비밀」. ESSAY(2009)

임관빈. 「성공하고 싶다면 오피턴트가 되라」. 팩컴(2011)

전옥표. 「이기는 습관」. 쌤앤파커스(2007)

정우일 외. 「리더와 리더십」. 박영사(2014)

조성룡. 「명장 일화」. 병학사(2003)

조성룡. 「고급제대 전장리더십 사례연구」. 국방대학교(2013)

조셉 포크먼. 「변화역량을 키우는 피드백의 힘」. 북폴리오(2007)

존 코터. 「변화의 리더십」. 21세기북스(2005)

최병순. 「군리더십」. 북코리아(2011)

허동욱. 「부사관·장교 합격 면접」. 박영사(2019)

홍사중. 「리더와 보스」. 사계절출판사(1998)

저자소개

허동욱
충남대학교 대학원 졸업(군사학 박사)
예)육군 대령
육군대학 인사행정처장, 합동군사대학교 참모학과장 역임
육군본부 군사연구소 및 분석평가단 자문위원 역임
육군본부 군사연구지 논문심사위원(現)
한국군사학논총 학술지 편집위원(現)
합동군사대학교 명예교수(現)
학군제휴 협약대학교 협의회 회장(現)
대덕대학교 '잘 가르치는 교수'(DDU Best Professor) 최우수상 수상
현재 대덕대학교 군사학부 학과장 및 교수

대표저서
「시진핑시대의 한반도 군사개입전략」(북코리아, 2013)
「한국사」(박영사, 2019)
「부사관·장교 합격 면접」(박영사, 2019)

본 책은 대덕대학교 '융복합 교양교과목 개설 사업' 일환으로 연구된 자료를 보완하여 출판하였음.

軍 소통리더십

초판발행   2020년 5월 25일

지은이   허동욱
펴낸이   안종만·안상준

편 집   한두희
기획/마케팅 정연환
표지디자인   조아라
제 작   우인도·고철민

펴낸곳   (주) **박영사**
            서울특별시 종로구 새문안로3길 36, 1601
            등록 1959. 3. 11. 제300-1959-1호(倫)
전 화   02)733-6771
f a x   02)736-4818
e-mail   pys@pybook.co.kr
homepage   www.pybook.co.kr
ISBN   979-11-303-0971-2   93390

정 가   20,000원